高职高专土木与建筑规划教材

建筑工程定额与预算

杨建林　主　编

清华大学出版社
北京

内 容 简 介

本书依据高校建筑工程类、工程造价管理类专业"建筑工程定额与预算"课程的教学要求,根据《河南省房屋建筑与装饰工程预算定额》(HA 01—31—2016)上册、《河南省房屋建筑与装饰工程预算定额》(HA 01—31—2016)下册、《建设工程工程量清单计价规范》(GB 50500—2013)、《房屋建筑与装饰工程工程量计算规范》(GB 50854—2013),结合工程造价领域颁布的法规和相关政策以及工程造价专业人才培养方案进行编写。为了便于教学和学习,每章开始设有学习目标和教学要求,采用项目案例导入和项目问题导入的方式进入本章主题,注重培养和提高学生的应用能力。

全书共 9 章,包括建筑工程定额与预算概述,建筑工程定额,工程量计算,设计概算,施工图预算,概算定额、概算指标与投资估算指标,工程结算与竣工决算,工程量清单计价,工程造价软件应用等。本书的特点是实用性强,注重实际应用能力的培养,体现"新"和"精",所选工程案例皆具代表性,书中附有案例工程的解析过程,步骤翔实、内容全面、通俗易懂,适合在教学过程中边讲边练、对照检查计算的准确性。每章后设置了"实训练习",供学生课后练习使用,帮助学生巩固所学内容。

本书可作为高职高专、成人高校及民办高校的建筑工程技术、工程管理、工程造价、工程监理等土建施工类专业和房地产经营与管理、物业管理等相关专业的教材,同时也可作为结构设计人员、施工技术人员、工程监理人员等相关专业技术人员、企业管理人员学习专业知识的培训用书。

图书在版编目(CIP)数据

建筑工程定额与预算/杨建林主编. —北京:清华大学出版社,2019(2024.2重印)
(高职高专土木与建筑规划教材)
ISBN 978-7-302-51167-0

Ⅰ. ①建… Ⅱ. ①杨… Ⅲ. ①建筑经济定额—高等职业教育—教材 ②建筑预算定额—高等职业教育—教材 Ⅳ. ①TU723.3

中国版本图书馆 CIP 数据核字(2018)第 209941 号

责任编辑:桑任松
封面设计:刘孝琼
责任校对:周剑云
责任印制:丛怀宇

出版发行:清华大学出版社
      网　　　址:https://www.tup.com.cn,https://www.wqxuetang.com
      地　　　址:北京清华大学学研大厦 A 座　　　邮　　编:100084
      社 总 机:010-83470000　　　邮　　购:010-62786544
      投稿与读者服务:010-62776969,c-service@tup.tsinghua.edu.cn
      质量反馈:010-62772015,zhiliang@tup.tsinghua.edu.cn
      课件下载:https://www.tup.com.cn,010-62791865
印 装 者:北京嘉实印刷有限公司
经　　销:全国新华书店
开　　本:185mm×260mm　　印　张:16　　字　数:384 千字
版　　次:2019 年 3 月第 1 版　　印　次:2024 年 2 月第 7 次印刷
定　　价:49.00 元

产品编号:078032-01

前　　言

为适应高等教育的发展需要，结合工程造价领域最新颁布的法规和相关政策以及土木工程、工程管理和工程造价的专业人才培养方案，根据《河南省房屋建筑与装饰工程预算定额》(HA 01—31—2016)上册、《河南省房屋建筑与装饰工程验算定额》(H A01—31—2016)下册、《建设工程工程量清单计价规范》(GB 50500—2013)、《房屋建筑与装饰工程工程量计算规范》(GB 50854—2013)组织编写了本书。

本书由实践经验和教学经验丰富的高校教师和部分经验十足的项目人员共同编写，最大的特点是实用性强，注重学生实际应用能力的培养，所选工程案例皆具代表性，书中附有案例工程的详细解析过程，步骤翔实、内容全面、通俗易懂，适合在教学过程中边讲边练、对照检查计算的准确性，尤其适合自学。

在每个章节的编排体例上，为了加强教学的指导性，本书在每章前设置了学习目标、教学要求、项目案例导入及项目问题导入等环节；在内容的编排中适当插入案例，通过案例激发学生的学习兴趣，提高学生分析问题、解决问题的能力；此外，本书对"实训练习"的类型适当加以拓展，分有单选题、多选题和问答题；同时，还增加了实训工作单以方便学生更好地掌握本书的精髓。

本书与同类书相比具有以下显著特点。

(1) 新：图文并茂，生动形象，形式新颖；

(2) 全：知识点分门别类，包含全面，由浅入深，便于学习；

(3) 系统：知识讲解前呼后应，结构清晰，层次分明；

(4) 实用：理论和实际相结合，举一反三，学以致用；

(5) 赠送：除了电子课件、每章习题答案和模拟测试AB试卷外，还相应地配套有大量的讲解音频、现场视频、模拟动画等，通过扫描二维码的形式即可展示建筑工程定额与预算的相关知识点，力求让初学者在学习时最大化地接受新知识，最快、最高效地达到学习目的。

本书由江苏城乡建设职业学院管理工程学院杨建林主编，参加编写的还有绍兴文理学院王天佐、浙江康诚市政园林工程有限公司秦兴华，长江工程职业技术学院郭丽朋，黄河水利职业技术学院李颖，长江三峡勘测研究院有限公司(武汉)刘铁峰，开封大学李军。具体的编写分工为杨建林负责编写第1章、第5章，并对全书进行统筹，李军负责编写第2章，李颖负责编写第3章，王天佐负责编写第4章，刘铁峰负责编写第6章，秦兴华负责编写第7章、第8章，郭丽朋负责编写第9章。在此对在本书编写过程中的全体合作者和帮助者表示衷心的感谢！

本书在编写过程中，得到了许多同行的支持与帮助，在此一并表示感谢。由于编者水平有限和时间紧迫，书中难免有错误和不妥之处，望广大读者批评指正。

编者

目　　录

电子课件获取方法.pdf

目录

建筑工程定额与预算
试卷 A.pdf

建筑工程定额与预算
试卷 A 答案.pdf

建筑工程定额与预算
试卷 B.pdf

建筑工程定额与预算
试卷 B 答案.pdf

第 1 章 建筑工程定额与预算概述 01

【学习目标】

- 了解工程建设的相关概念
- 了解工程定额的相关概念
- 了解工程预算的相关概念

【教学要求】

本章要点	掌握层次	相关知识点
工程建设概述	1. 了解工程建设的分类 2. 了解工程建设的程序	工程建设概述
工程定额概述	1. 掌握工程定额的分类 2. 掌握工程定额的作用和地位	工程定额概述
工程预算概述	1. 掌握工程预算的分类 2. 掌握工程费用的组成	工程预算概述

【项目案例导入】

甲方：M 通用机械厂

乙方：N 集团第八分公司

甲方为使本厂的自筹招待所尽快发挥效益，于 2005 年 3 月在施工图还没有完成的情况下，就和乙方签订了施工合同，并拨付了工程备料款。意在早做准备，加快速度，减少物价上涨的影响。乙方按照甲方的要求进场做准备，搭设临时设施，租赁了机械工具，并购进了大批建筑材料等待开工。当甲方拿到设计单位的施工图及设计概算时，出现了问题：

甲方原计划自筹项目总投资 150 万元，设计单位按甲方提出的标准和要求设计完成后，设计概算达到 215 万元，一旦开工，很可能造成中途停建现象。但不开工，施工队伍已进场做了大量工作。经各方面研究决定："方案另议，缓期施工"甲方将决定通知乙方后，乙方很快送来了索赔报告。

M 通用机械厂基建科：

我方按照贵厂招待所工程的施工合同要求准时进场(2005 年 3 月 20 日)并做了大量准备工作。鉴于贵方做出"缓期施工"的时间难以确定，我方考虑各种可能，以减少双方更大的损失。现将自进场以来所发生的费用报告如下：临时材料库及工棚搭设费；工人住宿、食堂、厕所搭建费；办公室、传达室、新改建大门费(接到图纸后时间内)；已购运进场材料费；已为施工办理各种手续费用；上交有关税费；共计 10 项合计 40.5 万元。甲方认真核实了乙方费用证据及实物，同意乙方退场决定，并给予了实际发生的损失补偿。

【项目问题导入】

1. 试分析哪些地方违反了正常的建设程序？
2. 简述违反建设程序应承担的后果。

1.1　工程建设概述

1.1.1　工程建设的概念

工程建设是固定资产扩大再生产的新建、扩建、改建、恢复工程以及与之有关的其他工作，其基本特征是社会固定资产的配置和再生产。

工程建设是形成新增固定资产的一种综合性的经济活动，其中新建和扩建是主要形式。其内容是把一定量的物质资料，如建筑材料、机械设备等，通过购置、运输、建造和安装活动，转化为固定资产，形成新的生产力或使用效益的过程，以及与其相关的其他活动，如土地征购、勘察设计、人员招聘、人员培训等，也是工程设计的组成部分。

工程建设的概念.mp3

工程建设是指活劳动和物化劳动的生产，是扩大再生产的转换过程，它以扩大生产、造福人类为目的，其主要效益是增加物质基础和改善物质条件。

任何一个国家维系社会经济的持续发展，都要投资工程建设。尤其是发展中国家，为了加速现代化生产发展的步伐，必须要进行大规模的工程建设。

1.1.2　工程建设的分类

1. 建设工程

建设工程是指为人类生活、生产提供物质技术基础的各类建筑物和工程设施的统称。

建设工程按照自然属性可分为建筑工程、土木工程和机电工程三类。一般理解的建筑工程是房屋和构筑物的工程。比较完整的工程内容包括永久性和临时性的建筑物和构筑物的房屋建筑、给水排水、暖气通风、电气照明、公路、桥梁等，以及与其相关的建筑场地平整，清洁绿化、电力线路及小区道路等建设。广义的建筑工程概念几乎等同于土木工程的概念，从这一概念出发，我们可以知道建筑工程在整个工程建设中占有非常重要的地位。

建设工程.mp3

2. 安装工程

安装工程是建设工程重要的组成部分，通常包括电气、通风、给排水以及设备安装等工作内容，除此之外工业设备及管道、电缆、照明线路等往往也涵盖在安装工程的范围内。

在工业项目中，机械设备和电气设备安装工程占有重要的地位。因为生产设备大多要安装后才能运转，不需要安装的设备很少。在非生产性的建设项目中，由于社会生活和城市设施的日益现代化，设备安装工程量也在不断增加。

3. 勘察与设计工程

勘察是指根据建设工程的要求，查明、分析、评价建设场地的地质构造和地理环境特征和岩土工程条件，编制建设工程勘察文件的活动。建设工程勘察的基本内容是工程测量、水文地质勘查和工程地质勘察。勘察任务在于查明工程项目建设地点的地形地貌、地层土壤岩性、地质构造、水文条件等自然地质条件资料，做出鉴定和综合评价，为建设项目的选址、工程设计和施工提供科学可靠的依据。

勘察与设计工程.mp3

设计是指根据建设工程的要求，对建设工程所需的技术、质量、经济、资源、环境等条件进行综合分析、论证，并编制建设工程设计文件的活动。

4. 设备、工器具购置

设备、工器具购置是指生产应配备的各种设备、工具、器具、生产家具及实验室仪器等的购置。

5. 其他相关建设工作

其他相关建设工作是指上述所列以外的各种工程建设工作。如可行性研究、土地征购、拆迁安置、工程监理、人员培训等。

1.1.3　工程建设的程序

建设程序是对基本建设项目从酝酿、规划到建成投产所经历的整个过程中的开展各项工作先后顺序的规定。它反映工程建设各个阶段之间的内在联系，是从事建设工作的各有关部门和人员都必须遵守的原则。

工程建设程序，是指基本建设全过程中各项工作必须遵循的先后顺序，这个顺序不是任意安排的，而是由基本建设进程，即固定资产

工程建设的程序.avi

和生产能力的建造和形成过程的规律所决定的。从工程建设的客观规律、工程特点、协作关系、工作内容来看，在多层次、多交叉、多关系、多要求的时间和空间里组织好建设工作，就必须使项目建设中各阶段和各环节的工作相互衔接。

1. 决策阶段

1) 提出项目建议书

项目建议书是由投资者(目前一般是项目主管部门或企、事业单位)对准备建设项目提出的大体轮廓性的设想和建议。主要是为确定拟建项目是否有必要建设，是否具备建设的条件，是否需要再做进一步的研究论证工作提供依据。国家规定，项目建议书经批准后，可以进行详细的可行性研究工作，但仍不表明项目非上不可，项目建议书并不是项目的最终决策。

项目建议书的内容，视项目的不同情况而有详有简。一般应包括以下几个方面：

(1) 建设项目提出的必要性和依据；

(2) 产品方案、拟建规模和建设地点的初步设想；

(3) 资源情况、建设条件、协作关系等初步分析；

(4) 投资估算和资金筹措设想；

(5) 经济效益和社会效益的估计。

编报项目建议书是项目建设最初阶段的工作，其主要作用是为了推荐建设项目，以便在一个确定的地区或部门内，以自然资源和市场预测为基础，选择合适的建设项目。

2) 进行可行性研究

可行性研究是在项目建议书被批准后，对项目在技术上和经济上是否可行所进行的科学分析和论证。国家规定的可行性研究报告的基本内容：

(1) 项目提出的背景和依据；

(2) 建设规模、产品方案、市场预测和确定的依据；

(3) 技术工艺、主要设备、建设标准；

(4) 资源、原材料、燃料供应、动力、运输、供水等协作条件；

(5) 建设地点、平面布置方案、占地面积；

(6) 项目设计方案，协作配套工程；

(7) 环保、防震等要求；

(8) 劳动定员和人员培训；

(9) 建设工期和实施进度；

(10) 投资估算和资金筹措方式；

(11) 经济效益和社会效益。

2. 勘察设计阶段

勘察设计是工程建设的重要环节，勘察设计的好坏不仅影响建设工程的投资效益和质量安全，而且其技术水平和指导思想对城市建设的发展也会产生重大影响。

(1) 进行现场勘察。

对地形、地貌、地质构造等一系列地质条件进行勘察，同时提供整治不良地质现象的相关资料建议。特别是涉及边坡开挖稳定的评价报告，要有明确的判断、结论和防治方案。

(2)　编制设计任务书。

根据批准的项目建议书和可行性研究报告，编制设计任务书。设计任务书是编制设计文件的主要依据，由建设单位组织设计单位编制。设计任务书的内容一般包括：建设目的和依据；建设规模；水文地质资料；主要技术指标；抗震方案；完成设计时间；建设工期；投资估算额度；达到的经济效益和社会效益等。

(3)　编制设计文件。

设计任务书报有关部门批准后，建设单位就可委托设计单位编制设计文件。

设计分阶段进行，对于技术复杂而又缺乏经验的建设项目，分三阶段设计，即初步设计、技术设计和施工图设计。一般建设项目均按两阶段设计，即初步设计和施工图设计。对于技术简单、方案明确的小型建设项目，可采用一阶段设计，即施工图设计。

初步设计阶段编制初步设计总概算，经有关部门批准后，即作为拟建项目工程投资的最高限额。技术设计阶段编制修正设计总概算，经批准后则作为编制施工图设计和施工图预算的依据。施工图设计阶段编制施工图预算，用以核实施工图预算造价是否超过批准的初步设计总概算，若超过就要调整修正初步设计内容。

3. 施工阶段

1)　施工招投标、签订承包合同

施工招标是建设单位将拟建工程的工程内容、建设规模、建设地点、施工条件、质量标准和工期要求等，制成招标文件，通过报刊或网上平台发布公告，告知有意承包者前来响应，以便吸引有意投标的单位参加竞争。施工单位获知招标信息后，根据设计文件中的各项条件和要求，并结合自身能力，提出愿意承包工程的条件和报价，参加施工投标。建设单位从众投标的施工单位中，选定施工技术好、经济实力强、管理经验多、报价较合理、信誉好的施工单位承揽招标工程的施工任务。

施工招投标是以施工图预算为基础，承包合同价以中标价为依据确定。施工单位中标后，应与建设单位签订施工承包合同，明确发承包关系。

2)　进行施工准备，组织全面施工

(1)　施工前准备。

施工准备阶段主要内容包括：组建项目法人、征地、拆迁、"三通一平"乃至"七通一平"；组织材料、设备订货；办理建设工程质量监督手续；委托工程监理；准备必要的施工图纸；组织施工招投标，择优选定施工单位；办理施工许可证等。按规定做好施工准备，具备开工条件后，建设单位申请开工，进入施工安装阶段。

按规定进行了施工准备并具备各项开工条件以后，建设单位要求批准新开工建设时，需向有关主管部门提出申请。项目在报批新开工前，必须由审计机关对项目的有关内容进行审计证明。审计机关主要是对项目的资金来源是否正当、落实项目开工前的各项支出是否符合国家的有关规定，资金是否存入规定的专业银行进行审计。建设单位在向审计机关申请审计时，应提供资金的来源及存入专业银行的凭证、财务计划等有关资料。国家规定，新开工的项目还必须具备按施工顺序需要，至少有三个月以上的工程施工图纸，否则不能开工建设。

(2) 全面施工。

建设工程具备开工条件并取得施工许可证后方可开工。项目新开工的时间，按设计文件中规定的任何一项永久性工程第一次正式破土开槽的时间而定。不需开槽的以正式打桩作为开工时间。铁路、公路、水库等以开始进行土石方工程作为正式开工时间。

全面施工是基本建设程序中的关键阶段，是对酝酿决策已久的项目具体付诸实施，使之尽快建成投资发挥效益的关键环节。在这个阶段中建设单位起着至关重要的作用，对工程进度、质量、费用的管理和控制责任重大。

【案例 1-1】 某装饰装修工程公司承揽了某综合办公楼的装修任务，在施工前，该装饰装修工程公司首先进行施工准备，对设计图纸进行了审查，并对现场施工做了准备。

问题：

(1) 在审查设计文件时，其审查的主要内容包括哪些？

(2) 施工现场准备的主要内容有哪些？

4. 竣工验收阶段

竣工验收是建设项目完成建设目标的重要标志，也是全面检验基本建设成果、检验设计水平和工程质量的重要步骤。只有竣工验收合格的项目，才能投入生产或使用。

当建设项目的建设内容全部完成，且建设内容满足设计要求，并按有关规定经过了单位工程、阶段、专项验收，完成竣工报告、竣工决算等必需文件的编制后，项目法人按建设限度管理规定，向验收主管部门提出申请，验收主管部门按规程组织验收。

竣工决算编制完成后，须由审计机关组织竣工决算审计。

竣工验收分两个阶段进行，首先进行技术预验收，然后进行竣工验收。竣工验收条件不合格的工程不予验收，质量不合格的工程验收实行"一票否决制"。有遗留问题的项目，对遗留问题必须有具体的处理意见，且有限期处理的明确要求并落实责任单位和责任人。

5. 投产经营后评价

投产经营后评价这一阶段主要是为了总结项目建设成功或失误的经验教训，供以后的项目决策借鉴；同时，也可为决策和建设中的各种失误找出原因，明确责任；还可对项目投入生产或使用后还存在的问题，提出解决办法、弥补项目决策和建设中的缺陷。

1.2 工程定额概述

1.2.1 工程定额的概念

建筑工程定额是在正常的施工条件下，完成单位合格产品所必须消耗的劳动力、材料、机械台班的数量标准。这种量的规定，反映出完成建设工程中的某项合格产品与各种生产消耗之间特定的数量关系。建筑工程定额是根据国家一定时期的管理体系和管理制度以及定额的不同用途和适用范围，由国家指定的机构按照一定程序编制的，并按照规定的程序审批和颁发执行。在建筑工程中实行定额管理的目

工程定额的概念.mp3

的，是为了在施工中力求以最少的人力、物力和资金消耗量，生产出更多、更好的建筑产品，取得最好的经济效益。

1.2.2　工程定额的分类

建筑工程定额是一个综合概念，是建筑工程中生产消耗性定额的总称，它包括的定额种类很多。为了对建筑工程定额从概念上有一个全面的了解，按其内容、形式、用途和使用要求，可大致分为以下几类。

(1) 按生产要素分类：可分为劳动消耗定额、材料消耗定额和机械台班消耗定额。

(2) 按用途分类：可分为施工定额、预算定额、概算定额、工期定额及概算指标等。

(3) 按其费用性质分类：可分为直接费定额、间接费定额等。

(4) 按其主编单位和执行范围分类：可分为全国统一定额、主管部门定额、地区统一定额及企业定额等。

(5) 按专业分类：可分为建筑工程定额和设备及安装工程定额。建筑工程通常包括土建工程、构筑物工程、电气照明工程、卫生技术(水暖通风)工程及工业管道工程等。

1.2.3　工程定额的性质

1. 科学性

工程建筑定额的科学性是由现代社会化大生产的客观要求决定的。定额的科学性，表现为定额的编制是在认真研究客观规律的基础上，自觉遵循客观规律的要求，用科学方法确定各项消耗量标准。所确定的定额水平，是大多数企业和职工经过努力能够达到的平均先进水平。

2. 系统性

工程建筑定额是由多种内容的定额结合而成的有机整体，它具有结构复杂、层次分明、目标明确的特点，工程定额是相对独立的系统。

3. 权威性和强制性

建筑工程定额具有很大的权威性，这种权威在一些情况下具有经济法规性质。权威性反映统一的意志和统一的要求，也反映信誉和信赖程度以及定额的严肃性。

强制性有相对的一面，在竞争机制引入工程建设的情况下，建筑工程定额水平必然会受到市场供求状况的影响，从而会产生一定的浮动。准确地说，这种强制性不过是一种限制，一种对生产消费水平的合理限制，而不是对降低生产消费的限制，也不是生产发展的限制。

4. 群众性

定额的拟定和执行，要有广泛的群众基础。定额的拟定，通常采取工人、技术人员和专职定额人员三种结合方式，使拟定定额时能够从实际出发，反映建筑安装工人的实际水平，并保持一定的先进性，使定额容易为广大人员所掌握。

5. 稳定性和时效性

建筑工程定额中的任何一种定额，在一段时期内都表现出稳定的状态。根据具体情况不同，稳定的时间有长有短，一般在 5～10 年之间。但是，任何一种建筑工程定额，都只能反映一定时期的生产力水平，当生产力向前发展了，定额就会变得陈旧。所以，建筑工程定额在具有稳定性特点的同时，也具有显著的时效性。当定额不能起到它应有作用的时候，建筑工程定额就要重新修订了。

建筑工程定额反映一定社会生产水平条件下的建筑产品生产和生产耗费之间的数量关系，同时也反映着建筑产品生产和生产耗费之间的质量关系。一定时期的定额，反映一定时期的建筑产品的生产机械化程度和施工工艺、材料、质量等建筑技术的发展水平和质量验收标准水平。随着我国建筑生产事业的不断发展和科学发展观的深入贯彻，各种资料的消耗量，必然会有所降低，产品质量及劳动生产率会有所提高。因此，定额并不是一成不变的，但在一定时期内，又必须相对稳定。

1.2.4 工程定额的作用和地位

1. 工程定额的作用

(1) 建筑工程定额具有促进节约社会劳动和提高生产效率的作用。企业用定额计算工料消耗、劳动效率、施工工期并与实际水平对比，衡量自身的竞争能力，促使企业加强管理，厉行节约的合理分配和使用资源，以达到节约的目的。

(2) 建筑工程定额提供的信息，为建筑市场供需双方的交易活动和竞争创造条件。

工程定额的作用.mp3

(3) 建筑工程定额有助于完善建筑市场信息系统。定额本身是大量信息的集合，既是大量信息加工的结果，又向使用者提供信息。建筑工程造价就是依据定额提供的信息进行的。

2. 工程定额的地位

建筑工程定额是指按国家有关产品标准、设计标准、施工质量验收标准(规范)等确定的施工过程中完成规定计量单位产品所消耗的人工、材料、机械等消耗量的标准，其作用如下。

工程定额的地位.mp3

(1) 定额是编制工程计划、组织和管理施工的重要依据。

为了更好地组织和管理施工生产，必须编制施工进度计划和施工作业计划。在编制计划和组织管理施工生产中，直接或间接地要以各种定额来作为计算人力、物力和资金需用量的依据。

(2) 定额是确定建筑工程造价的依据。

在有了设计文件规定的工程规模、工程数量及施工方法之后，即可依据相应定额所规定的人工、材料、机械台班的消耗量，以及单位预算价值和各种费用标准来确定建筑工造价。

(3) 定额是建筑企业实行经济责任制的重要环节。

当前，全国建筑企业正在全面推行经济改革，而改革的关键是推行投资包干制和以招标、投标、承包为核心的经济责任制。其中签订投资包工协议、计算招标标底和投标报价、签订总包和分包合同协议等，通常都以建筑工程定额为主要依据。

(4) 定额是总结先进生产方法的手段。

定额是在平均先进合理的条件下，通过对施工生产过程的观察、分析综合制定的。它比较科学地反映出生产技术和劳动组织的先进合理程度。因此，我们可以以定额的标定方法为手段，对同一建筑产品在同一施工操作条件下的不同生产方式进行观察、分析和总结，从而得出一套比较完整的先进生产方法，在施工生产中推广应用，使劳动生产率得到普遍提高。

【案例 1-2】　某河道堤防工程施工采用 1m³ 挖掘机挖装(Ⅲ类土)，10t 自卸汽车运输，平均运距 3km，74kW 拖拉机碾压，土料压实设计干重度 16.66kN/m³，天然干重度 15.19kN/m³，堤防工程量 500 000m³，每天三班作业，试求：

(1) 用 5 台拖拉机碾压，完工需用多少天？

(2) 按以上施工天数，分别需用多少台挖掘机和自卸汽车？

1.3　工程预算的概述

1.3.1　工程预算的概念

工程预算是对工程项目在未来一定时期内的收入和支出情况所做的计划。它可以通过货币形式来对工程项目的投入进行评价并反映工程的经济效果。它是加强企业管理、实行经济核算、考核工程成本、编制施工计划的依据，也是工程招投标报价和确定工程造价的主要依据。

工程预算的概念.mp3

1.3.2　工程预算的分类

1. 投资估算

投资估算是指在整个投资决策过程中，依据现有的资料和一定方法，对建设项目的投资额(包括工程造价和流动资金)进行的估计。投资估算总额是指从筹建、施工直至建成投产所产生的全部建设费用，其包括的内容应视项目的性质和范围而定。

2. 设计概算

设计概算是在初步设计或扩大初步设计阶段，由设计单位根据初步设计或扩大初步设计图纸、概算定额、指标，工程量计算规则，材料、设备的预算单价，建设主管部门颁发的有关费用定额或取费标准

设计概算.mp3

等资料，预先计算工程从筹建至竣工验收交付使用全过程建设费用的经济文件。换言之，即计算建设项目总费用。

3. 施工图预算

施工图预算是指拟建工程在开工之前，根据已批准并经会审后的施工图纸、施工组织设计、现行工程预算定额、工程量计算规则、材料和设备的预算单价、各项取费标准，预先计算工程建设费用的经济文件。

4. 招投标价格

招投标价格是指在工程招标项目阶段，根据工程预算价格和市场竞争情况等，先由建设单位或委托相应的造价咨询机构预先测算和确定招标标底，再由投标单位编制投标报价，最后通过评标、定标确定的合同价。

5. 施工预算

施工预算是施工单位内部为控制施工成本而编制的一种预算。它是在施工图预算的控制下，由施工企业根据施工图纸、施工定额并结合施工组织设计，通过工料分析，计算和确定拟建工程所需的工、料、机械台班消耗及其相应费用的技术经济文件。施工预算实质上是施工企业的成本计划文件。

竣工结算.mp3

6. 竣工结算

竣工结算是指一个建设项目或单项工程、单位工程全部竣工后，发承包双方根据现场施工记录，设计变更通知书，现场变更鉴定，定额预算单价等资料，进行合同价款的增减或调整。竣工结算应按照合同有关条款和价款结算办法的有关规定进行，合同通用条款中有关条款的内容与价款结算办法的有关规定有出入的，以价款结算办法的规定为准。

7. 竣工决算

工程竣工决算是指在工程竣工验收交付使用阶段，由建设单位编制的建设项目从筹建到竣工验收、交付使用全过程中实际支付的全部建设费用。竣工决算是整个建设工程的最终价格，是作为建设单位财务部门汇总固定资产的主要依据。

竣工决算.mp3

1.3.3 工程费用的组成

建筑安装工程费由直接费(直接工程费和项目措施费)、间接费(企业管理费和规费)、利润和税金组成。

1. 直接费

直接费由直接工程费和项目措施费组成。

1) 直接工程费

直接工程费是指在施工过程中消耗的构成工程实体的各项费用，包括人工费、材料费、施工机械使用费。

(1) 人工费：是指直接从事建筑工程施工的生产工人所开支的各项费用，内容包括：

① 基本工资：是指发放给生产工人的基本工资。

② 工资性补贴：是指按规定发放的各项补贴：煤、燃气补贴，交通补贴，住房补贴，流动施工津贴等。

③ 生产工人辅助工资：是指生产工人年有效施工天数以外非作业期间的应发给生产工人的工资。包括职工学习、培训期间的工资，调动工作、探亲、休假期间的工资，因气候影响的停工工资，女工哺乳期间的工资，病假在 6 个月以内的工资及产、婚、丧假假期的工资。

④ 职工福利费：是指按规定标准计提的职工福利费。

⑤ 生产工人劳动保护费：是指按规定标准发放的劳动保护用品的购置费及修理费，职工服装补贴，防暑降温费，在有碍身体健康环境中施工的保健费用等。

(2) 材料费：是指施工过程中耗费的构成工程实体的原材料、辅助材料、构配件、零件、半成品以及周转材料(如模板、脚手架等)的费用，内容包括：

① 材料原价(或供应价格)。

② 材料运杂费：是指材料自来源地运至工地仓库或指定堆放地点所发生的全部费用。

③ 运输损耗费：是指材料在运输装卸过程中不可避免的损耗。

④ 采购及保管费：是指为组织采购、供应和保管材料过程所需要的各项费用，包括采购费、仓储费、工地保管费、仓储损耗。

⑤ 检验试验费：是指对建筑材料、构件和建筑安装物进行一般鉴定、检查所发生的费用，包括自设试验室进行试验所耗用的材料和化学药品等费用。不包括新结构、新材料的试验费和建设单位对具有出厂合格证明的材料进行检验的费用以及对构件做破坏性试验及其他特殊要求检验试验的费用。

(3) 施工机械使用费：是指施工机械作业所发生的机械使用费以及机械安拆费和场外运费。施工机械台班单价应由下列八项费用组成：

① 折旧费：指施工机械在规定的使用年限内，陆续收回其原值及购置资金的时间价值。

② 大修理费：指施工机械按规定的大修理间隔所进行的必要大修理，以恢复其正常功能所需的费用。

③ 经常修理费：指施工机械除大修理以外的各级保养和排除临时故障所需的费用。包括为保障机械正常运转所需替换设备与随机配备工具附具的摊销和维护费用，机械运转及日常保养所需润滑与擦拭的材料费用及机械停滞期间的维护和保养费用等。

④ 安拆费及场外运费：安拆费是指施工机械在现场进行安装与拆卸所需的人工、材料、机械和试运转费用以及机械辅助设施的折旧、搭设、拆除等费用；场外运费是指施工机械整体或分体自停放地点运至施工现场或由一施工地点运至另一施工地点的运输、装卸、辅助材料及架线等费用。

⑤ 机械管理费：是指施工企业机械管理部门对机械进行保管、调配的费用。

⑥ 人工费：是指机上司机和其他操作人员的工作日人工费及上述人员在施工机械规定的年工作台班以外的人工费。

⑦ 燃料动力费：是指施工机械在运转作业中所消耗的固体燃料(煤、木柴)、液体燃料(汽油、柴油)及水、电等。

⑧ 税费：是指施工机械按照国家规定和有关部门规定应交纳的养路费、车船使用税、保险费及年检费等。

2) 项目措施费

项目措施费是指为完成工程项目施工，发生于该工程施工前和施工过程中非工程实体项目的费用。内容包括工程安全防护、文明施工措施费与施工措施项目费。

(1) 工程安全防护、文明施工措施费用，是指按照国家现行的建筑施工安全、施工现场环境与卫生标准和有关规定，购置和更新施工安全防护用具及设施、改善安全生产条件和作业环境所需要的费用。包括以下内容。

① 环境保护费：是指施工现场为达到环卫部门要求所需要的各项费用；

② 文明施工费：是指施工现场文明施工所需要的各项费用；

③ 安全施工费：是指施工企业为进行安全施工所需要的各项费用；

④ 临时设施费：是指施工企业为进行建筑施工所必须搭设的生活和生产用的临时建筑物、构筑物和其他临时设施费用等。

(2) 施工措施项目费。

① 大型机械进出场费及安拆费：是指机械在施工现场进行安装、拆卸所需人工费、材料费、机械费、试运转费和安装所需的辅助设施的费用及机械整体或分体自停放场地运至施工现场或由一个施工地点运至另一个施工地点，所发生的机械进出场运输及转移费用。

② 混凝土、钢筋混凝土模板及支架费：是指混凝土施工过程中需要的各种钢模板、木模板、支架等的支、拆、运输费用及模板、支架的摊销(或租赁)费用。

③ 高层建筑增加费：是指建筑物超过六层或者檐高超过 20 米需要增加的人工降效和机械降效等费用。

④ 超高增加费：是指操作高度距离楼地面超过一定的高度需要增加的人工降效和机械降效等费用。

⑤ 脚手架搭拆费：是指施工需要的各种脚手架搭拆费用及脚手架的摊销(或租赁)费用。

⑥ 施工排水、降水费：是指工程地点遇有积水或地下水影响施工需采用人工或机械排(降)水所发生的费用(包括井点安装、拆除和使用费用等)。

⑦ 检验试验费：是指新结构、新材料的试验费和建设单位对具有出厂合格证明的材料进行检验，对构件做破坏性试验及其他特殊要求检验试验的费用；包括试桩费、幕墙抗风试验费、桥梁荷载试验费、室内空气污染测试费等。

⑧ 缩短工期措施费：是指当合同工期小于定额工期时，应计算的措施费。包括以下内容：

a. 夜间施工增加费：是指因夜间施工所发生的夜班补助费、夜间施工降效、夜间施工照明设备摊销及照明用电等费用。

b. 周转材料加大投入量及增加场外运费：是指当合同工期小于定额工期时，施工不能按正常流水进行，因赶工需加大周转材料投入量及所增加的场外运费。

⑨ 无自然采光施工通风、照明、通信设施增加费：是指在无自然光环境下施工时所需通风设施、照明设施及通信设施所增加的费用。

⑩　二次搬运费：是指因场地狭小或障碍物等引起的材料、半成品、设备、机具等超过一定运距或发生的二次搬运、装拆所需的人工增加费(包括运输损耗)。

⑪　已完工程及设备保护费：是指工程完工后未经验收或未交付使用期间的保养、维护所发生的费用。

⑫　有害环境施工增加费：是指当施工环境中存在有毒物质、有害气体和粉尘时，其浓度超过允许值时所增加的人工降效及费用。

2. 间接费

间接费由企业管理费和规费组成。

1)　企业管理费

企业管理费是指建、安企业组织施工生产和经营管理所需费用。其内容包括：

(1)　管理人员工资：指管理人员的基本工资、工资性补贴、职工福利费、劳动保护费等。

(2)　办公费：是指企业管理办公用的文具、纸张、账表、印刷、邮电、书报、会议、水电、烧水和集体取暖(包括现场临时宿舍取暖)用煤等费用。

(3)　差旅交通费：是指职工因公出差、调动工作的差旅费、住勤补助费、市内交通费和误餐补助费，职工探亲路费，劳动力招募费，职工离退休、退职一次性路费，工伤人员就医路费，工地转移费以及管理部门使用的交通工具的油料、燃料、养路费及牌照费。

(4)　固定资产使用费：是指管理和试验部门及附属生产单位使用的属于固定资产的房屋、设备仪器等的折旧、大修、维修或租赁费。

(5)　工具用具使用费：是指管理使用的不属于固定资产的生产工具、器具、家具、交通工具和检验、试验、测绘、消防用具等的购置、维修和摊销费。

(6)　劳动保险和职工福利费：是指由企业支付的职工退职金、按规定支付给离休干部的经费，集体福利费、夏季防暑降温费、冬季取暖补贴、上下班交通补贴等。

(7)　劳动保护费：是企业按规定发放的劳动保护用品的支出。如工作服、手套、防暑降温饮料以及在有碍身体健康的环境中施工的保健费用等。

(8)　财产保险费：是指施工管理用财产、车辆等的保险费用。

(9)　财务费：是指企业为筹集资金而发生的各种费用。

(10)　税金：是指企业按规定交纳的房产税、车船使用税、土地使用税、印花税等。

(11)　其他：包括技术转让费、技术开发费、业务招待费、绿化费、广告费、公证费、法律顾问费、审计费、咨询费等。

2)　规费

规费是指政府和有关部门规定必须缴纳的费用(简称规费)。包括：

(1)　工程排污费：是指施工现场按规定缴纳的工程排污费。

(2)　社会保险费：

①　养老保险费：是指企业按规定标准为职工缴纳的基本养老保险费。

②　失业保险费：是指企业按照国家规定标准为职工缴纳的失业保险费。

③　医疗保险费：是指企业按照规定标准为职工缴纳的基本医疗保险费。

④　生育保险费：是指企业按照规定标准为职工缴纳的生育保险费。

⑤　工伤保险费：是指企业按照规定为职工缴纳的工伤保险费。

(3)　住房公积金：是指企业按规定标准为职工缴纳的住房公积金。

3．利润

利润是指施工企业完成所承包工程应收取的赢利。

4．税金

税金是根据国家有关规定，计入建筑安装工程造价内的增值税。

【案例1-3】　已知A项目为某甲级医院门诊楼，某施工单位拟投标此楼的土建工程。造价师根据该施工企业的定额和招标文件，分析得知此楼需人、材、机合计为2500万元，假定管理费按人、材、机之和的18%计，利润按4.5%计，规费按6.85%计，综合税率按3.51%计，工期为1年，不考虑风险。

问题：

试列式计算A项目的建筑工程费用。

本 章 小 结

本章学生们主要学习了工程建设的概念、分类、程序，学习了工程定额的概念、分类、性质、地位和作用，以及工程预算的概念、分类和组成，这些内容为学生们今后学习和工作打下了坚实的基础。

实 训 练 习

一、单选题

1．工程建设是形成新增固定资产的一种综合性的经济活动，其中新建和(　　)是主要形式。

    A．拆迁　　　　　　B．扩建　　　　　　C．改建　　　　　　D．恢复

2．下列选项中(　　)不属于按自然属性分类的工程建设项目。

    A．安装工程　　　　B．建筑工程　　　　C．机电工程　　　　D．土木工程

3．项目建设最初阶段的工作是(　　)。

    A．可行性研究　　　　　　　　　　B．编报项目计划书

    C．勘察现场　　　　　　　　　　　D．编制设计文件

4．建筑工程定额按其生产要素分类，可分为劳动消耗定额、(　　)和机械台班消耗定额。

    A．概算定额　　　B．间接费定额　　　C．施工定额　　　D．材料消耗定额

5．下列选项中不属于工程定额性质的是(　　)。

    A．群众性　　　　B．系统性　　　　　C．固定性　　　　D．科学性

二、多选题

1. 建筑工程定额按其生产要素分类，可分为(　　)。
   A. 劳动消耗定额　　　　B. 材料消耗定额　　　　C. 机械台班消耗定额
   D. 预算定额　　　　　　E. 概算定额
2. 直接费包括(　　)。
   A. 直接工程费　　　　　B. 措施费　　　　　　　C. 企业管理费
   D. 材料费　　　　　　　E. 利润
3. 人工费是指直接从事建筑工程施工的生产工人开支的各项费用，内容包括(　　)。
   A. 工资性补贴　　　　　B. 生产工人辅助工资　　C. 基本工资
   D. 奖金　　　　　　　　E. 职工福利费
4. 施工定额由下列(　　)组成。
   A. 时间定额　　　　　　B. 劳动定额　　　　　　C. 产量定额
   D. 机械定额　　　　　　E. 材料定额
5. 下列有关设计概算的阐述，正确的是(　　)。
   A. 设计概算一经批准，将作为控制建设项目投资的最高限额
   B. 设计概算是签订建设工程合同和贷款合同的依据
   C. 施工图预算是控制施工图设计和设计概算的依据
   D. 设计概算可分单位工程概算、单项工程综合概算、建设项目总概算三级
   E. 设计概算是考核建设项目投资效果的依据

三、简答题

1. 简述建设工程的分类。
2. 简述施工定额的概念。
3. 分析工程定额的作用。

第 1 章　课程答案.pdf

实训工作单(一)

班级		姓名		日期	
教学项目		工程建设概述			
任务	掌握工程建设相关概述	要求		1. 工程建设的概念 2. 工程建设的分类 3. 工程建设的程序	
相关知识		工程建设概述			
其他要求					
学习过程记录					
评语				指导老师	

实训工作单(二)

班级		姓名		日期	
教学项目		工程定额和预算			
任务	掌握工程定额和预算的相关知识	要求		1. 工程定额的概念和分类 2. 工程预算的概念 3. 工程建设的程序	
相关知识		工程建设概述			
其他要求					
学习过程记录					
评语				指导老师	

第 2 章　建筑工程
定额教案.pdf

第 2 章　建筑工程定额　02

【学习目标】

- 了解建筑工程定额的定义与发展
- 了解建筑工程定额的作用
- 掌握建筑工程定额的分类
- 掌握预算定额、施工定额的内容

【教学要求】

本章要点	掌握层次	相关知识点
定额概念	了解定额的概念和产生	定额
定额的性质和作用	1. 了解定额的性质 2. 了解定额的作用	定额的特点
定额的分类	掌握定额的分类	劳动消耗定额 材料消耗定额
施工定额	1. 了解施工定额的概念 2. 掌握劳动定额 3. 掌握材料消耗定额 4. 掌握机械台班使用定额	劳动定额 材料消耗定额 机械台班使用定额
预算定额	1. 了解预算定额的概念 2. 掌握消耗量指标的确定 3. 理解预算定额的编制	人工消耗指标 材料耗用量指标

【项目案例导入】

某高校机修实习车间的基础工程，分别为条形砖基础和 3：7 灰土垫层、钢筋混凝土独立柱基础和混凝土垫层，土壤为Ⅲ类。由于工程较小，采用人工挖土，移挖作填，余土场内堆放，不考虑场外运输。室外地坪标高为-0.15m，室内地坪为 6cm 混凝土垫层、2cm 水泥砂浆面层，柱基混凝土为 C20。

 【项目问题导入】

1. 根据《全国统一建筑工程预算工程量计算规则》的规定，土方工程量如何计算？是否考虑土方的可松性？

2. 屋面上没有维护结构的水箱间，其建筑面积如何计算？

3. 列出该基础工程所包括的分项工程名称及计量顺序。

4. 计算各分项工程的工程量。

2.1 定　额　概　述

2.1.1 概念和产生

定额产生于 19 世纪末资本主义企业管理科学的发展时期。定额的产生是资本主义社会生产发展对企业管理的客观要求，它的产生与管理科学的形成与发展密切地联系在一起，是企业管理科学化的必然结果。新中国成立以后，为满足我国经济建设发展的需要和国内大规模的恢复重建工作，我国的工程造价模式开始采用苏联模式，也就是基本建设概预算制度，所有的工程建设均是按照先期编制好的国家统一工程建设定额标准进行计价。

20 世纪 50 年代，是由政府统一预算定额与单价，基本属于政府决定造价。工程造价的确定主要是按设计图及统一的工程量计算规则计算工程量，并套用统一的预算定额与单价，计算出工程直接费，再按规定计算间接费及有关费用，最终确定工程的概算造价或预算造价，并在竣工后编制决算，经审核后的决算即为工程的最终造价。

20 世纪 90 年代，为了更加适应我国市场经济的发展，我国在沿袭传统定额计价模式的基础之上提出了"控制量，放开价，引入竞争"的基本改革思路。在这个过渡时期各地编制了新的预算定额，并规定了定额单价中有关人工、材料、机械价格作为编制期的基期价，进一步明确了市场价格信息，并引入竞争机制进行新的尝试。

2003 年 3 月我国相关部门颁布了《建设工程工程量清单计价规范》，并在 2003 年 7 月1 日起全国实施，该文件要求以统一的工程量计算规则和施工项目来划分规定，投标人必须在国家定额的指导下，结合工程情况、市场竞争情况及各种风险因素，将所报的综合单价作为竣工结算调整价的计价模式。该模式开始在建设工程项目中建立并发展起来，这种量价分离的计价模式经过长期发展已成为一种主流。

随着我国建设工程与国际市场关系越来越密切以及工程造价的不断发展，2013 年又重新编制了《建设工程工程量清单计价规范》，并于 2013 年 7 月开始实施。我国工程造价面临着又一次重大进步。

定额是规定的一个数额标准，它不仅给出数量标准，还同时规定相应的工作内容、技术条件、安全、质量等要求。在工程施工过程中，为了完成某一建筑产品的施工生产，就必须要消耗一定数量的人力、物力和资金。这些资源的消耗是随着施工对象、施工条件、施工方法、施工水平和施工组织的变化而变化的，因此单纯地把定额看成数量关系是不对的。定额是由改变总体生产中的各种生产因素，归纳出社会平均必需的质量标准和数量标准才形成的，因此，工程定额反映了一定时期内的技术水平与管理水平。

建筑工程定额是指在建筑产品生产中所需消耗的人工、材料、机械和资金的数量标准，是在正常施工条件下，为完成一定量的合格产品所规定的消耗标准。它反映的是生产关系和生产过程的规律，应用现代科学技术方法，找出产品生产与生产消耗之间的数量关系，用以寻求最大限度地节约生产消耗和提高劳动生产率的途径。在我国，建筑工程定额包括两大类，生产性定额和计价性定额。典型的生产性定额是施工定额，典型的计价性定额是预算定额。

定额的制定是从实际出发，根据生产某种建筑产品，工人劳动的实际情况和用于该产品的材料消耗、机械台班使用情况，并考虑先进施工方法的推广程度，通过调查、研究、测定、分析、讨论和计算后所制定出来的标准，体现了"技术先进、经济合理"的要求。同时，也反映在正常施工条件下，施工企业的生产技术和管理水平。

实行定额的目的，是定额可以调动企业和职工的生产积极性，不断提高劳动生产率，加速经济建设发展，增加社会物质财富，满足社会不断增长的物质和文化生活的需求。因此，在建筑企业的生产活动中贯彻应用定额，就能体现出以最少的人力、物力资源消耗，生产出质量合格的建筑产品，以获得最好的经济效益。

定额水平不是一成不变的，它随着社会生产力水平的变化而变化。定额只是一定时期社会生产力的反映。随着科学技术的发展和定额对社会劳动生产率的不断促进，导致定额水平往往会落后于社会劳动生产率水平。当定额水平已经不能促进生产和管理时，就应当修订已陈旧的定额，以达到新的平衡。

2.1.2　定额的性质和作用

1. 定额的科学性

定额的编制是在认真研究客观规律的基础上，在遵循客观规律的条件下，通过长期观察、测定以及广泛搜集资料，以实事求是的态度，用科学的方法综合研究后制定的。因此，它能找出影响劳动消耗的各种主观和客观的因素，提出合理的方案，促使提高劳动生产率和降低消耗。

定额的性质.mp3

工程建设定额的科学性包括两重意义。一是指工程建设定额必须和生产力发展水平相适应，反映出工程建设中生产消耗的客观规律。另一个是指工程建设定额管理在理论、方法和手段上必须科学化，以适应现代科学技术和信息社会发展的需要。

2. 定额的群众性

定额的群众性是指定额的制定和执行都具有广泛的群众基础。定额的拟定来源于广大工人群众的施工生产活动，是通过广泛的测定，大量数据的综合分析，在研究实际生产中的有关数据与资料的基础上制定出来的。拟定的定额从实际出发，反映建筑安装工人的实际水平，并保持一定的先进性，定额的执行要依靠广大群众的生产实践活动才能完成。因此它具有广泛的群众性；同时，定额的执行与许多部门单位及企业职工直接相关，随着科技的发展，定额应定期调整，以保证它与实际生产水平的一致，保持定额的先进合理。

3. 定额的法令性

定额的法令性是指定额经授权单位批准颁发后，在所属规定的范围内，任何单位都必须严格遵守，不得随意改变。各有关职能部门都必须认真执行，任何单位或个人都应当遵守定额管理权限的规定，不得随意变更定额的内容，不得任意降低或变相降低定额水平，如需要进行调整、修改和补充，必须经授权批准。

4. 定额的稳定性和时效性

任何一种建筑工程定额都是一定时期技术发展和管理水平的反映，在一段时间内都表现出稳定的状态。根据具体情况的不同，稳定的时间也有长有短，相对稳定性一般保持在5至10年之间。定额如果经常处于修改和变动状态，那么在执行中势必会发生一些困难和混乱。定额的执行需要一个实践的过程，只有通过实践的检验、观察和使用后才能发现问题，并在使用中不断加以完善和补充修订，因此应当有其稳定的使用期。

定额的不稳定也给定额的编制工作带来极大的困难。编制或修改定额是一项非常繁重的工作，需要工作人员大量地收集资料，反复地研究、测算、比较，经过审查和批准之后推广实施，这些工作往往需要很长的周期。所以，经常修改定额不论在组织上还是技术上都很困难。

任何一种定额，都只能反映一定时期的生产力水平，当生产力发展了，定额就会变得不适应。当定额水平不能促进施工生产和企业管理，甚至产生反效应时，就应修订已经陈旧的定额，以使两者达到新的平衡。所以定额只适应一段时期，有明显的时效性。

定额的作用主要表现在以下几个方面。

(1) 定额是计划管理的重要基础。

建筑企业在计划管理中，为了更好地组织和管理施工生产活动，必须编制各种计划，在编制计划过程中，直接或间接的要以定额计算来作为人力、物力、财力等需用量，因此定额是计划管理的重要基础。

(2) 定额是提高劳动生产率的重要手段。

定额的作用主要表现在以下几个方面.mp3

企业以定额可以促使工人节约社会劳动(工作时间、原材料)和提高劳动效率、加快工作进度，从而增加市场竞争，获取更多的利润。定额为生产者和管理者树立了评价劳动成果和经济效益的标准尺度，促使企业加强管理，把社会劳动的消耗控制在合理范围内。同时，它又可在更高层次上促使投资者有效地利用社会劳动。

(3) 定额是确定工程造价的依据。

同一项目投资多少，是使用定额和指标，对不同设计方案进行技术经济分析比较后确定的。工程造价是根据设计规定的工程标准和工程数量，并依据定额指标规定的劳动力、材料、机械台班数量，单位价值和各种费用标准来确定的，因此定额是确定工程造价的依据。

(4) 定额是推行经济责任制的重要环节。

全面推行经济责任制，是经济体制改革的重要内容之一。推行的投资包干和以招标承包为核心的经济责任制，其中签订投资包干协议，计算招标标底和投标标价，签订总包和分包合同协议，以及企业内部实行适合各自特点的各种形式的承包责任制等，都必须以各种定额为主要依据，因此定额是推行经济责任制的重要环节。

(5) 定额是总结先进生产的手段。

定额是在平均先进合理的条件下，通过对施工生产过程中的观察、分析综合制定的。它比较科学地反映出生产技术和劳动组织的先进合理程度。我们可以以定额的标定方法为手段，对同一建筑产品在同一施工操作条件下的不同生产方式进行观察、分析和总结，从而得出一套比较完整的先进生产办法，在施工生产中推广使用，使劳动生产率得到普遍提高。

(6) 定额是作为编制招标工程标底及投标报价的依据。

根据《中华人民共和国建筑法》和《中华人民共和国招标投标法》规定，建筑工程发包与承包的招标、投标活动应遵循公开、平等竞争的原则。这就要求在编制招投标工程标底时，要严格按照工程量清单计价规范、建筑工程预算定额、建筑工程招标投标等有关文件规定编制标底；每个投标单位也要严格按照工程量清单计价规范、建筑工程定额、企业定额、建筑工程招标文件及其他有关规定进行投标报价的编制，并及时投标。

2.1.3　定额的分类

1. 按定额生产要素消耗内容分类

(1) 劳动消耗定额。

劳动消耗定额简称劳动定额，又称人工定额。劳动消耗定额是指在正常施工技术和合理劳动组织的条件下，完成单位合格产品，所规定活劳动消耗的数量标准。为了综合和核算，劳动定额大多采用工作时间消耗量来计算劳动消耗的数量。

劳动消耗定额.mp3

(2) 材料消耗定额。

材料消耗定额简称材料定额，是指在合理使用材料的条件下，完成单位合格产品所规定的原材料、成品、半成品、构配件、燃料、水、电等消耗数量的标准。材料消耗定额是编制材料需要量计划、运输计划、供应计划、计算仓库面积、签发限额领料单和经济核算的依据。制定合理的材料消耗量定额，是组织材料的正常供应，保证生产顺利进行，以及合理利用资源，减少积压、浪费的必要前提。

(3) 机械消耗定额。

机械消耗定额是以一台机械一个工作日(8h)为计量单位,所以又称机械台班使用定额。机械消耗定额是指在正常施工技术、合理劳动组织及合理使用机械的条件下,完成单位合格产品所规定的施工机械台班消耗数量标准。机械台班消耗定额的内容包括准备与结束时间、基本作业时间、辅助作业时间、工人休息时间。

机械消耗定额.mp3

2. 按专业分类

(1) 通用定额。通用定额是指在部门间和地区间都可以使用的定额。

(2) 行业通用定额。行业通用定额是指具有专业特点在行业部门内可以通用的定额。

(3) 专业专用定额。专业专用定额是指特殊专业的定额,只能在指定范围内使用。

3. 按定额编制程序和用途分类

(1) 施工定额。

施工定额是建筑安装工人或工人小组在合理的劳动组织和正常的施工条件下,为完成单位合格产品所需消耗的人工、材料、机械的数量标准。它是建筑企业中用于工程施工管理的定额。施工定额是建筑工程定额中分得最细、定额子目最多的一种定额。

施工定额是施工单位加强企业管理,编制施工作业计划和施工预算,组织生产,企业内部实行经济包干,签发结算生产班组施工任务书,开展班组经济核算的依据,也是制定预算定额的基础。

施工定额.mp3

(2) 预算定额。

预算定额是建筑安装预算定额的简称,它是编制工程预结算时计算和确定一个规定计量单位的分项工程或结构构件的人工、材料和机械台班耗用量的数量标准。预算定额是编制施工图预算(设计预算)的依据,也是编制概算定额、概算指标的基础。预算定额是用途最广泛的一种定额,它包括建筑工程预算定额和设备安装工程预算定额。

预算定额.mp3

(3) 概算定额。

概算定额也叫扩大结构定额。它规定了完成单位扩大分项工程或单位扩大结构构件所必需消耗的人工、材料和机械台班的数量标准。

概算定额是在综合预算或预算定额的基础上,根据有代表性的建筑工程通用图和标准图等资料,对综合预算定额或预算定额相关子目进行适当综合、合并、扩大而成。

(4) 概算指标。

概算指标比概算定额更为综合和概括。它是在初步设计阶段编制工程概算所采用的一种定额,是以整个建筑物或构筑物为对象,以面积或体积计量单位规定人工、材料和机械台班耗用量的数量标准。它包括建筑工程概算指标和安装工程概算指标。

由于各种性质建设定额所规定的劳动、材料和机械台班消耗数量不一样,概算指标通常按工业建筑和民用建筑分别编制。概算指标的设定与初步设计的深度相适应,一般来说,概算指标是在概算定额和预算定额的基础上编制的,比概算定额更综合扩大。它是设计单位在初步设计阶段编制工程概算的依据，也是建设单位编制年度人物计划、施工准备期间编制材料和机械设备供应计划的依据，也可供国家编制年度建设计划做参考。

(5) 估算指标。

估算指标是在项目建议书和可行性研究阶段，计算投资需要量时使用的一种定额，一般以独立的单项工程或完整的工程项目为对象。它也是以预算定额、概算定额为基础的综合扩大。与概算定额和预算定额比较，投资估算指标以独立的建设项目、单项工程或单位工程为对象，综合项目全过程投资和建设中的各类费用，是一种扩大的技术经济指标。

4. 按主编单位和执行范围分类

(1) 全国统一定额。

全国统一定额是由国家建设行政主管部门综合全国工程建设的施工技术、施工组织管理和生产劳动的一般情况进行编制，并在全国范围内执行的定额，如《建筑安装工程劳动定额》《全国统一安装工程预算定额》。

全国统一定额反映一定时期社会生产力水平的一般状况，既可以作为编制地区单位估价表、确定工程造价、编制工程招标标底的基础，亦可作为制定企业定额和投标报价的参考。

(2) 行业统一定额。

行业统一定额是依据各行业部门专业工程技术的特点，以及施工生产的管理水平，参照全国统一定额的水平编制的，一般只在本行业和具有相同专业性质的范围内执行，属专业性定额，如铁道部编制的《铁路建设工程定额》。

(3) 地区统一定额。

地区统一定额包括省、自治区、直辖市定额。

地区统一定额是国家授权各地区主管部门根据本地区气候资源、物质技术和交通运输等条件的特点，参照全国统一定额水平编制的，只能在本地区使用，如《上海市建筑工程预算定额》。

(4) 企业定额。

企业定额是由施工企业根据本企业具体情况，参照国家、主管部门或地区定额的水平制定的定额。它只能在本企业内部使用，是一个企业综合素质的标志，也是工程量清单报价的重要依据。企业定额水平一般应高于国家现行定额，只有这样才能满足生产技术发展、企业经营管理和市场竞争的需要。

5. 补充定额

补充定额是指随着工程设计、施工技术的发展，现行定额不能满足需要的情况下，为补充缺陷所编制的定额。补充定额只能在指定的范围内使用，可以作为以后编制定额的基础。

2.2 施 工 定 额

2.2.1 施工定额概述

施工定额是施工企业(建筑安装企业)为组织生产和加强管理在企业内部使用的一种定额，属于企业生产定额的性质。它是建筑安装工人合理的劳动组织或工人小组在正常施工条件下，为完成单位合格产品所需劳动、机械、材料消耗的数量标准。施工定额分为劳动定额、材料定额、机械定额三种。

施工定额涉及企业内部管理的方方面面，包括企业生产经营活动的计划、组织、领导、协调和控制等各个环节，并在一定程度上反映出企业的素质和活力。施工定额应根据本企业的具体条件和可挖掘的潜力、市场的需求和竞争环境以及国家有关政策、法律、规章制度，编制自己的定额，自行决定定额的水平，允许同类企业和同一地区的企业之间存在定额水平的差距。

随着经济体制改革的深化和基本建设投资规模的不断扩大，建筑企业已成为市场的主体，不再坐等由行政分配施工任务和建设项目，而是面对着已经开放的、瞬息万变的国内外建筑市场。在这种形势下，国有建筑企业已经逐渐失去获得施工任务方面的优越地位，面对的竞争者是更多国有的、集体的、个体的和国外的建筑企业。

1. 编制施工定额必须遵循的原则

(1) 平均先进原则：指在正常的施工条件下，大多数生产者经过努力能够达到和超过的水平，通常这种水平低于先进水平，略高于平均水平。企业施工定额的编制应能够反映比较成熟的先进技术和先进经验，有利于降低工料消耗，提高企业管理水平。贯彻这种原则，能够促进企业的科学水平，提高劳动生产率，从而使企业经济效益得到更大的提高。

编制施工定额必须
遵循的原则.mp3

(2) 简明适用性原则：要求施工定额内容要反映企业所能承担的施工范围具有多方面的适应性，能满足组织施工和计算工人劳动报酬等多种需要。企业施工定额设置应简单明了，文字通俗易懂，易于群众掌握运用，计算要满足劳动组织分工，经济责任与核算个人生产成本的劳动报酬的需要。同时，企业自行设定的定额标准也要符合《建设工程工程量清单计价规范》"四个统一"的要求，定额项目的设置要齐全完备，定额步距大小适当，常用的对工料消耗影响大的定额项目步距可小一些，反之步距可大一些，这样有利于企业报价与成本分析。

(3) 以专家为主编制定额的原则：施工定额的编制具有工作量大、周期长的特点。这项工作具有很强的政策性和技术性。因此企业施工定额的编制要求有一支经验丰富，技术与管理知识全面，有一定专业水平的专家队伍，可以保证编制施工定额的延续性、专业性和实践性。

(4) 坚持实事求是，动态管理的原则：企业施工定额应本着实事求是的原则，结合企业经营管理的特点，确定工料机各项消耗的数量，对影响造价较大的主要常用项目，要多考虑施工组织设计，先进的工艺，从而使定额在运用上更贴近实际，技术上更先进，经济上更合理，使工程单价真实反映企业的个别成本。

此外，还应注意到市场行情瞬息万变，企业的管理水平和技术水平也在不断更新，不同的工程，在不同的时段，都有不同的价格，因此企业施工定额的编制还要注意是否符合动态管理的原则。

(5)　企业施工定额的编制还要注意量价分离，独立自产，及时采用新技术、新结构、新材料、新工艺等原则。

2. 编制施工定额前的准备工作

编制施工定额是一项非常复杂的工作，事先必须做好充分准备和全面规划。编制前的准备工作一般包括以下几个方面的内容。

(1)　明确编制任务和指导思想。

编制施工定额首先要明确是重新编制定额还是局部修订定额，是编制全国统一定额还是编制部门、地区定额，这些与编制工作量的大小、搜集资料的范围，编制工作的主旨和安排有很大的关系，必须事先明确规定，以免加大工作量。同时也必须有明确的指导思想，以保证国家有关的经济政策和技术政策在施工定额中得到贯彻，达到编制定额的预期效果。

(2)　系统整理和研究日常积累的定额基本资料。

其资料主要有三类，一类是现行定额执行情况和存在问题的资料；一类是企业和现场补充的资料；一类是已采用新结构、新材料、新机械和新操作方法的资料。通过整理和分析，为拟订定额编制方案提供依据。

(3)　拟定定额编制方案，确定定额水平、定额步距、表达方式等。

编制方案的内容包括：提出拟编定额的总设想；拟定定额章、节分项的目录；根据便于组织施工、便于准确计算工程量、便于统计和核算的要求，选择产品和工、料、机械的计量单位；设计定额表格的形式和内容。

3. 施工定额的作用

施工定额是施工企业管理工作的基础，也是建设工程定额体系的基础。施工定额在企业管理工作中的基础作用主要表现在以下几个方面。

(1)　施工定额是企业计划管理的依据。

施工定额在企业计划管理方面的作用，表现在它既是企业编制施工组织设计的依据，又是企业编制施工作业计划的依据。

施工组织设计是指导拟建工程进行施工准备和施工生产的技术经济文件，其基本任务是根据招标文件及合同协议的规定，确定出经济合理的施工方案，在人力和物力、时间和空间、技术和组织上对拟建工程做出最佳安排。它综合体现了企业生产计划、施工进度计划和现场实际情况的要求，是组织和指挥生产的技术文件，也是施工队进行施工的依据。

施工作业计划则是根据企业的施工计划、拟建工程施工组织设计和现场实际情况编制，它是以实现企业施工计划为目的的具体执行计划。因此，施工组织设计和施工作业计划是企业计划管理中不可缺少的环节。

(2) 施工定额是组织和指挥施工生产的有效工具。

企业组织和指挥施工队、组进行施工，是按照作业计划通过下达施工任务书和限额领料单来实现的。

施工任务单，即是下达施工任务的技术文件，也是班、组经济核算的原始凭证。施工任务单下达给班组的工程任务，包括工程名称、工程内容、质量要求、开工和竣工日期、定额指标、计价单价等内容。施工任务单上的工程计量单位、产量定额和计价单位，均需取自施工的劳动定额。

(3) 施工定额是计算工人劳动报酬的依据。

工人的劳动报酬是根据工人劳动的数量和质量来计量的，而施工定额为此提供了一个衡量标准，它是计算工人计件工资的基础，也是计算奖励工资的基础。

(4) 施工定额是企业激励工人的目标条件。

施工定额是衡量工人劳动数量和质量，提供出的成果和效益的标准。施工水平中包含着某些已成熟先进的施工技术和经验，工人要达到和超过定额，就必须掌握和运用这些先进技术，如果工人想大幅度超过定额，就必须创造性地劳动。

2.2.2 劳动定额

劳动定额，即人工定额。在先进合理的施工组织和技术措施条件下，完成合格的单位建筑安装产品所需要消耗的人工数量。它通常以劳动时间(工日或工时)来表示。劳动定额是施工定额的主要内容，主要表示生产效率的高低，劳动力的合理运用，劳动力和产品的关系以及劳动力的配备情况。

劳动定额是在认真研究生产规律的基础上，用科学的方法制定的，能够比较正确地反映完成单位合格产品所需要的劳动消耗量。通过劳动定额可以研究建筑企业的工时，从而找出影响工时的各种主客观因素，以便挖掘生产潜力，以最少的劳动消耗获得最大的经济效果。

劳动定额以时间定额或产量定额表示。

(1) 时间定额。

时间定额，就是某种专业、某种技术等级工人班组或个人，在合理的劳动组织和合理使用材料的条件下，完成单位合格产品所必需的工作时间。定额时间包括准备与结束时间、基本工作时间、辅助工作时间、不可避免的中断时间及工人必需的休息时间。时间定额以一个工人 8 小时工作日的工作时间为一个工日。时间定额的计算公式如下：

$$单位产品时间定额(工日) = \frac{1}{每工产量} \qquad (2\text{-}1)$$

$$单位产品时间定额(工日) = \frac{小组成员工日数总和}{机械台班产量} \qquad (2\text{-}2)$$

(2) 产量定额。

产量是在单位时间内(如小时、工作日或班次)规定的应生产产品的数量或应完成的工作量。这要求要以正常的施工技术和合理的劳动组织为条件，以一定技术等级的工人小组或个人完成质量合格的产量为前提。产量定额的计算公式如下：

$$每工产量 = \frac{1}{单位产品时间定额(工日)} \tag{2-3}$$

时间定额与产量定额互为倒数，即：

$$时间定额 \times 产量定额 = 1 \tag{2-4}$$

$$时间定额 = \frac{1}{产量定额} \tag{2-5}$$

$$产量定额 = \frac{1}{时间定额} \tag{2-6}$$

【案例 2-1】 人工挖基槽土(二类土)测时资料表明：挖 $1m^3$ 土需消耗的基本工作时间为 210min，辅助工作时间占工序作业时间的 2%，准备与结束工作时间、不可避免的中断时间、休息时间分别占工作日的 3%、2%、18%。

问题：

试确定上述工作的时间定额。

2.2.3 材料消耗定额

根据施工生产材料消耗工艺要求，建筑安装材料分为非周转性材料和周转性材料两大类。非周转性材料也称直接性材料，是指在建筑工程施工中一次性消耗并直接构成工程实体的材料，如砖、砂、石、钢筋、水泥等。周转性材料是指在施工过程中能多次使用、周转的工具型材料，如各种模板、活动支架、脚手架、支撑等。

材料消耗定额.mp3

施工中材料的消耗，可分为必需消耗的材料和损失的材料两类。

必需消耗的材料数量，是指在合理用料的条件下，生产合格产品所需消耗的材料数量。它包括直接用于建筑工程的材料、不可避免的施工废料和不可避免的材料损耗。其中：直接用于建筑工程的材料数量，称为材料净用量；不可避免的施工废料和材料损耗数量，称为材料损耗量。用公式表示如下：

$$材料总耗用量 = 材料净用量 + 材料损耗量 = 净用量 \times (1 + 损耗率) \tag{2-7}$$

材料损耗量是不可避免的损耗，如：场内运输及场内堆放在允许范围内不可避免的损耗、加工制作中的合理损耗及施工操作中的合理损耗等。损耗率常用计算方法是：

$$损耗率 = \frac{损耗量}{净用量} \times 100\% \tag{2-8}$$

【案例 2-2】 某砌筑一砖砖墙工程，技术测定资料如下所述。完成 $1m^3$ 砌体的基本工作时间为 16.6h(折算成一人工作)；辅助工作时间为工作班的 3%；准备与结束时间为工作班的 2%；不可避免的中断时间为工作班的 2%；休息时间为工作班的 18%；超运距运输砖每千块需耗时 2h；人工幅度差系数为 10%。

砌墙采用 M5 水泥砂浆，其实体积折算虚体积系数为 1.07，砖和砂浆的损耗率分别为 3%和 8%，完成 $1m^3$ 砌体需耗水 $0.8m^3$，其他材料占上述材料的 2%。

砂浆用 400L 搅拌机现场搅拌，完成 $1m^3$ 墙体所需机械净工作时间为：运料 200s，装料 40s，搅拌 80s，卸料 30s，正常中断 10s，机械利用系数 0.8，幅度差系数为 5%。

问题:

在不考虑题目未给出的其他条件的前提下,试确定:

(1) 砌筑 $1m^3$ 的一砖砖墙的施工定额;

(2) 砌筑 $10m^3$ 的一砖砖墙的预算定额。

2.2.4 机械台班使用定额

机械台班消耗定额是指在正常的施工(生产)技术组织条件及合理的劳动组合和合理使用施工机械的前提下,完成单位合格产品所必须消耗的一定品种、规格施工机械的作业时间。

机械台班消耗定额的内容包括准备与结束时间、基本作业时间、辅助作业时间、工人休息时间。其计量单位为台班(每一台班按照 8h 计算)。

机械台班消耗定额的表现形式有机械台班时间定额和机械台班产量定额两种。

(1) 机械台班时间定额。

机械台班时间定额,是指在合理劳动组织和合理使用机械条件下,完成单位合格产品所必需的工作时间,包括有效工作时间(正常负荷下的工作时间和降低负荷下的工作时间)、不可避免的中断时间、不可避免的无负荷工作时间。机械时间定额以"台班"表示,即一台机械工作一个作业班时间。一个作业班时间为 8h。

$$单位产品机械时间定额(台班) = \frac{1}{台班产量} \tag{2-9}$$

$$单位产品人工时间定额(工日) = \frac{小组成员总人数}{台班产量} \tag{2-10}$$

(2) 机械台班产量定额。

机械台班产量定额,是指在合理劳动组织与合理使用机械条件下,机械在每个台班时间内应完成合格产品的数量。

$$机械台班产量定额 = \frac{1}{机械时间定额(台班)} \tag{2-11}$$

机械台班产量定额和机械台班时间定额互为倒数关系。

2.2.5 施工定额的应用

某企业砌筑一砖墙的技术测定资料如下:

完成 $1m^3$ 砖砌体需基本工作时间 15.5h,辅助工作时间占工作延续时间的 3%,准备与结束工作时间占 3%,不可避免中断时间占 2%,休息时间占 16%。

砖墙采用 M5 水泥砂浆,实体体积与虚体积之间的折算系数为 1.07。砖和砂浆的损耗率均为 1%,完成 $1m^3$ 砌体需耗水 $0.8m^3$,其他材料费占上述材料费的 2%。

砂浆采用 400L 搅拌机现场搅拌,装料 50s,搅拌 100s,卸料需 40s,不可避免的中断时间 10s。搅拌机的出料系数为 0.65,机械利用系数为 0.8。

问题：确定砌筑 1m³ 砖墙的施工定额为多少？

答案：

(1) 劳动定额(人工消耗定额)。

1m³ 砖墙时间定额=15.5/[(1-3%-3%-2%-16%)×8]=2.549(工日/m³)

产量定额=1/2.549=0.392(m³/工日)

(2) 施工机械消耗定额。

首先确定混凝土搅拌机循环一次所需时间：50+100+40+10=200(s)

混凝土搅拌机纯工作 1h 的生产率为：3600÷200×0.4×0.65=4.68(m³)

混凝土搅拌机的产量定额为：4.68×8×0.8=29.952(m³)

1m³ 1.5 厚砖墙搅拌机台班消耗量=0.256/29.952=0.009(台班)

(3) 材料消耗定额。

砖：1.5 厚砖墙 1m³ 的砖净用量=522(块)

砖的消耗量=522×(1+1%)=527(块)

砂浆：1m³ 砖墙砂浆净用量=(1-522×0.24×0.115×0.053)×1.07=0.253(m³)

1m³ 砖墙砂浆的消耗量=0.253×(1+1%)=0.256(m³)

水：0.8(m³)

其他材料费用占上述材料费的 2%。

2.3　预 算 定 额

2.3.1　预算定额概述

预算定额是主管部门颁发的用于确定一定计量单位的分项工程或结构构件的人工、材料和施工机械台班消耗的数量标准以及用货币来表现建筑安装工程预算成本的额度，是在施工定额的基础上进行综合扩大编制而成的。预算定额中的人工、材料和施工机械台班的消耗水平根据施工定额综合取定，定额子目的综合程度大于施工定额，从而可以简化施工图预算的编制工作。预算定额是编制施工图预算的主要依据。预算定额项目中人工、材料和施工机械台班消耗量指标，应根据编制预算定额的原则、依据，采用理论与实际相结合、图纸计算与施工现场测算相结合、编制定额人员与现场工作人员相结合等方法进行计算。

1. 预算定额的内容

预算定额的内容包括总目录、建设行政主管部门发布的文件，文字说明、定额项目表和附录。具体内容如下。

1) 总目录

总目录主要是定额各分章、节的目录，方便查找定额项目所在的页码。

2) 建设行政主管部门发布的文件

该文件明确规定了预算定额的执行时间、适用范围，并说明了预算定额的解释权和管理权。

3) 文字说明

文字说明部分包括总说明、建筑面积计算规则、分部工程说明和分项工程说明。

(1) 总说明。

总说明概述建筑工程预算定额的编制目的、指导思想、编制原则、编制依据、定额的适用范围和作用，以及有关问题的说明和使用方法。

(2) 建筑面积计算规则。

建筑面积计算规则严格、系统地规定了计算建筑面积内容范围和计算规则，这是正确计算建筑面积的前提条件，从而使全国各地区的同类建筑产品的计划价格有一个科学的可比价。

(3) 分部工程说明。

分部工程说明是建筑工程预算定额手册的重要内容，是将单位工程中的结构性质相近，材料大致相同的施工对象结合在一起。它介绍了分部工程定额中的主要分项工程和使用定额的一些基本规定，阐述了该分部工程中各项工程的工程量计算规则和方法。

(4) 分项工程说明。

分项工程说明一般列在定额项目表的表头，主要说明本节工程工作内容及施工工艺标准；说明本节工程项目包括的主要工序及操作方法。

4) 定额项目表

定额项目是表示预算定额中核心的组成部分。定额项目表以各项消耗指标为核心内容，定额项目表中的各项消耗指标是编制预算的限额标准，不能随意突破。定额项目表主要包括分部分项工程的定额编号、项目名称、定额子目的"基价"。定额项目表下面可能有些说明，这些说明叫作附录。

5) 附录

附录编在预算定额的最后，包括机械台班价格、材料预算价格，它们是定额换算和编制补充预算定额的基本依据。预算定额的项目划分一般是根据建筑结构、施工顺序、工程内容及使用材料按章、节、项排列的。每一章又按工程内容、施工方法、使用材料等分成若干分项工程。每一节再按工程性质、材料类别等分成若干个项目(子目)。

2. 建筑工程预算定额的作用及基价确定

1) 预算定额的作用

(1) 建筑工程预算定额是编制施工图预算、确定工程造价的依据。

预算定额决定的是一定计量单位的分项工程和结构构件的人工、材料和机械台班消耗的数量标准，是计算建筑安装产品价格的基础。

(2) 建筑工程预算定额是编制施工组织设计的依据。

施工组织设计的重要任务之一，就是确定施工中所需人力、物力和机械设备的需求量，并做出最佳安排。根据预算定额，能够比较精确地计算出各项物质技术的需求量，为有计划地组织材料采购和预制构件加工、调配劳动力和机械等提供可靠、科学的依据。

(3) 建筑工程预算定额是对设计方案、施工方案进行技术经济分析和比较的依据。

在对结构方案的择优过程中，既要考虑该方案在技术先进性、适用性、美观大方等方面的要求，又要考虑符合经济的要求。这就更要依据预算定额进行技术经济分析，使这个结构方案能够满足各方面的要求。

(4)　建筑工程预算定额是拨付工程价款和进行工程竣工结算的依据。

通常情况下，业主根据承包商在施工过程中已完成的分项工程，向施工企业拨付工程价款以及单位工程竣工办理结算，都必须以预算定额为基础。

(5)　建筑工程预算定额是编制概算定额和概算指标的基础。

概算定额与概算指标都是在预算定额的基础上，根据有代表性的建筑工程通用图和标准图等资料，进行综合、扩大和合并而成的。

(6)　建筑工程预算定额是施工企业进行经济核算和经济活动分析的依据。

预算定额规定的人工、材料、机械的消耗指标是施工单位在生产经营中可以消耗的最高标准。实行经济核算的根本目的，是用经济的方法促使企业在保证质量和工期的条件下，用较少的劳动消耗取得较大的经济效果。企业可根据预算定额对施工中的劳动、材料、机械的消耗进行具体的分析，找出低工效、高消耗的薄弱环节，促进企业降低工程成本，提高劳动生产率。

(7)　建筑工程预算定额是编制招标标底、投标报价的基础。

在招投标过程中，不论是标底的编制，还是投标报价的确定，都必须以预算定额为依据。

2)　建筑工程预算定额基价的确定

建筑工程预算定额基价也称预算直接费，是以建筑安装工程预算定额规定的人工、材料和机械台班消耗指标为依据，以货币形式表示每一分项工程的单位价值标准。它除了取决于预算定额规定的人工、材料和施工机械台班消耗以外，还取决于人工的工资标准、材料预算价格和施工机械台班预算价格的合理确定。预算定额也是确定工程预算造价的基本依据。

预算定额基价包括人工费、材料费、机械费。它们之间的关系如下：

$$预算定额基价=人工费+材料费+机械费 \tag{2-12}$$

【案例 2-3】　结合案例 2-2 的基础资料，已知人工工日单价：20.5 元/工日；M5 水泥砂浆：130 元/m³；机砖：180 元/千块；水：0.8 元/m³；400L 砂浆搅拌机台班单价：120 元/台班。

问题：

试确定砌筑 10m³ 的一砖墙预算定额的工料单价。

2.3.2　消耗量指标的确定

1. 人工消耗指标的确定

预算定额中人工消耗指标是在正常施工生产的条件下，为完成该分项工程定额单位所需的用工数量，即应包括基本用工和其他用工两部分，人工消耗指标可以以现行的《建筑工程劳动定额》为基础进行计算。

1)　人工消耗指标的组成

预算定额中的人工消耗量指标包括完成该分项工程必需的各种用工量。

(1) 基本用工。

基本用工是指完成合格的分项工程所必须消耗的技术工种用工量。例如，砌筑各种墙体工程的砌砖、调制砂浆以及运输砖和砂浆的人工用工量。

$$基本用工 = \sum(综合取定的工程量 \times 时间定额) \tag{2-13}$$

(2) 其他用工。

其他用工是辅助基本用工完成生产任务所耗用的人工，按其工作内容不同又分为以下三类：

① 超运距用工。超运距是指劳动定额中已包括的材料、半成品场内搬运距离与预算定额规定的水平运输距离的差值。

$$超运距 = 预算定额取定运距 - 劳动定额规定运距 \tag{2-14}$$
$$超运距用工 = \sum(超运距材料数量 \times 时间定额) \tag{2-15}$$

② 辅助用工是指材料需要在现场加工的用工，如筛沙子、淋石灰膏等增加的用工量。

$$辅助用工 = \sum(材料加工数量 \times 相应的加工劳动定额) \tag{2-16}$$

③ 人工幅度差用工是指人工定额中未包括的，而在一般正常情况下又不可避免的一些零星用工，其内容如下：

a．各种专业工种之间的工序搭接、土建工程与安装工程的交叉、配合中不可避免的停歇时间；

b．施工机械在场内单位工程之间转移或施工过程中移动临时水电线路引起的临时停水、停电所发生的不可避免的间歇时间；

c．施工过程中水电维修用工；

d．隐蔽工程验收和工程质量检查影响的操作时间；

e．现场内单位工程之间操作地点转移影响的操作时间；

f．工序交接时对前一工序不可避免的修整用工；

g．施工过程中不可避免的其他零星用工。

人工幅度差一般占劳动定额的 10%～15%，公式如下：

$$人工幅度差 = (基本用工 + 辅助用工 + 超运距用工) \times 人工幅度差系数 \tag{2-17}$$

2) 人工消耗指标的计算

预算定额的各种用工量，应根据测算后综合取定的工程数量和人工定额进行计算。

(1) 综合取定工程量。

综合取定工程量是指按照一个地区历年实际设计房屋的情况，选用多份设计图纸，进行测算取定数量。

预算定额是一项综合性定额，它是按组成分项工程内容的各工序综合而成的。

编制分项定额时，要按工序划分的要求测算，综合取定工程量，如砌墙工程除了主体砌墙外，还需综合砌筑门窗洞口、附墙烟囱、弧形及圆形 、垃圾道、预留抗震柱孔等含量。

(2) 计算人工消耗量。

按照综合取定的工程量或单位工程量和劳动定额中的时间定额，计算出各种用工的工日数量。

① 基本用工的计算

相应工序基本用工数量=∑(某工序工程量×相应工序的时间定额)　　　(2-18)

② 超运距用工的计算

超运距用工=∑(超运距运输材料数量×相应超运距时间定额)　　　(2-19)

超运距=预算定额取定运距-劳动定额已包括的运距　　　(2-20)

③ 辅助用工的计算

辅助用工=∑(某工序工程数量×相应时间定额)　　　(2-21)

④ 人工幅度差用工的计算

人工幅度差=(基本用工+辅助用工+超运距用工)×人工幅度差系数　　　(2-22)

2. 材料耗用量指标的确定

材料耗用量指标是在节约和合理使用材料的条件下，生产单位合格产品所必须消耗的一定品种规格的材料、燃料、半成品或配件的数量标准。材料耗用量指标是以材料消耗定额为基础，按预算定额的定额项目，综合材料消耗定额的相关内容，经汇总后确定。

3. 机械台班消耗指标的确定

预算定额中施工机械消耗指标，是以台班为单位进行计算，每一台班为 8 小时工作制。预算定额的机械化水平，应以多数施工企业采用的和已推广的先进施工方法为标准。预算定额中的机械台班消耗量按合理的施工方法取定并考虑增加了机械幅度差。

机械幅度差是指在施工定额中未曾包括的，而机械在合理的施工组织条件所必需的停歇时间，在编制预算定额时应予考虑。其内容包括：

机械幅度差.mp3

(1) 施工机械转移工作面及配套机械相互影响损失的时间；

(2) 在正常的施工条件下，机械施工中不可避免的工序间歇；

(3) 检查工程质量，影响机械操作的时间；

(4) 临时水、电线路在施工中移动位置所发生的机械停歇时间；

(5) 工程结尾时，工作量不饱满所损失的时间。

由于垂直运输用的塔吊、卷扬机及砂浆、混凝土搅拌机是按小组配合，应以小组产量计算机械台班产量，不另增加机械幅度差。

2.3.3　人工工资标准、材料预算价格和机械台班预算单价的确定

1. 人工工资标准和定额工资单价

人工工日单价是指预算定额基价中计算人工费的单价。工日单价通常由日工资标准和工资性补贴构成。

1) 工资标准的确定

工资标准是指工人在单位时间内(日或月)按照不同的工资等级所取得的工资数额。研究工资标准的目的是为了确定工日单价，满足编制预算定额或换算预算定额的需要。

(1) 工资等级。

工资等级是按国家或企业有关规定，按照劳动者的技术水平、熟练程度和工作责任大小等因素所划分的工资级别。

(2) 工资等级系数。

工资等级系数也称工资级差系数，是某一等级的工资标准与一级工工资标准的比值。

2) 工日单价的计算

预算定额基价中人工工日单价是指一个建筑生产工人一个工作日在预算中应计入的全部人工费用。一般组成如下：

(1) 生产工人基本工资。根据有关规定，生产工人基本工资应执行岗位工资和技能工资制度。

(2) 生产工人工资性津贴：是指为了补偿工人额外或特殊的劳动消耗以及为了保证工人的工资水平不受特殊条件影响，而以补贴形式支付给工人的劳动报酬，它包括按规定标准发放的物价补贴，煤、燃气补贴，交通补贴，房租补贴，流动施工津贴及地区津贴等。

(3) 生产工人辅助工资：是指生产工人年有效施工天数以外非作业天数的工资，包括职工学习、培训期间的工资，调动工作、探亲、休假期间的工资，因气候影响的停工工资，女工哺乳时间的工资，病假在 6 个月以内的工资及产、婚、丧假期的工资。

(4) 职工福利费：是指按规定标准计提的职工福利费。

(5) 生产工人劳动保护费：是指按规定标准发放的劳动保护用品的购置费及修理费，徒工服装补贴，防暑降温费以及在有碍身体健康环境中施工的保健费用等。

2. 材料预算价格

1) 材料预算价格的概念

材料预算价格是指材料从其来源地到达施工工地仓库后出库的综合平均价格，是预算定额中材料消耗量与相应的材料预算价格的乘积。

建筑工程材料费一般在建筑工程造价中占有很大比重。通常情况下，材料费占整个建筑工程造价的 60%～70%。由此可见，材料预算价格的高低，将直接影响建筑工程预算造价的大小。所以，正确确定材料预算价格，有利于提高预算定额工作的质量、降低工程预算造价、促进施工企业的经济核算。

2) 材料预算价格的组成

材料价格由原价或出厂价、供销部门手续费、包装费、运输费和采购及保管费 5 个部分组成。其中，原价、运输费、采购及保管费是构成材料预算价格的基本费用。

3) 材料预算价格中各项费用的确定

(1) 材料原价。

材料原价一般是指材料的出厂价、销售部门的批发价和市场采购价，以及进口材料的调拨价等，其价格一般都是由国家或地方主管部门确定的。凡由材料生产单位供应的材料以出厂价格为原价；由销售部门供应的材料，以销售部门的批发价或市场批发价为原价；进口物资按照国家批准的进口物资调拨价格计算，如国内无同类产品又无批准的调拨价格时，按订货单位的实际成本计算；综合价是指同一种材料有几种来源，按供应比重和各地原价，采用加权平均法确定的原价。

（2）供销部门的手续费。

材料供销部门手续费是指某些材料由于不能直接向生产单位采购订货，需经当地物资供应部门或供销部门供应而支付的附加手续费。这项费用可按物资部门或供销部门现行的收费标准计算。其计算方法为：

$$材料供销部门手续费=材料原价×材料供销部门手续费率 \qquad (2-23)$$

如果供销部门的供货价格已包括了供应手续费，则不应再计算此项费用。

如果不经物资供应部门而是直接从生产单位采购直达到货的材料，不计算供销部门手续费。

（3）材料包装费。

材料包装费是指为了便于材料运输或为保护材料而进行包装所需要的费用。材料运到现场或使用后，要对包装品进行回收。包装费的计算，通常有两种情况：

①　凡由生产厂家负责包装的，如水泥、玻璃等材料，其包装费一般已计入原价内，不再另行计算，但应扣回包装品的回收值。

②　采购单位自备包装容器的材料，应计算包装费，加入材料预算价格中，材料包装费应按包装材料出厂价正常的折旧摊销进行计算。公式如下：

$$包装费=包装材料原价-包装材料回收价值 \qquad (2-24)$$

$$包装材料回收价值=包装原价×回收量比例×回收价值比例 \qquad (2-25)$$

（4）材料运输费。

材料运输费是指材料由发货地运至施工现场或堆放处的全部过程中所支付的一切费用。其具体包括车船等的运输费、调车费、出入库费、装卸费及合理的运输损耗等。

建筑材料的运输费占材料费的 10%～15%，有些地方的材料、运费往往相当于原价的 1～2 倍。可见，运输费直接影响建筑工程造价，所以为了减少运输，必须坚持就地、就近取材，运输线路应以最近、最合理而又可通行的道路为选取原则。

材料运输费用一般分市内运费和外埠运费两段计算。

①　市内运费。

市内运费是指材料从本市仓库或货库运至施工工地仓库的全部费用，包括出库费、装卸费和运输费，不包括从工地仓库或堆放地运至施工地点的运输费和二次搬运费。

②　外埠运费。

外埠运费是指材料由其来源地运至本市材料仓库或货站的全部费用，包括调车费、泊船费、车船运输费、装卸费及入库费等。一般是通过公路、铁路和水路运输。

材料运输费如图 2-1 所示。

（5）材料采购及保管费。

材料采购及保管费是指施工企业的材料供应部门，在组织材料采购、供应和保管过程中所需支出的各项费用。其中包括采购及保管部门人员的工资和管理费、工地材料仓库的保管费、货物过秤费及材料在运输和储存中的损耗费用等。材料的采购及保管费按材料原价、供应部门手续费、包装费及运输费之和的一定比率计算。目前，国家有关部门规定的采购及保管费率为 2.5%，但各地区根据本地的实际情况做了调整。

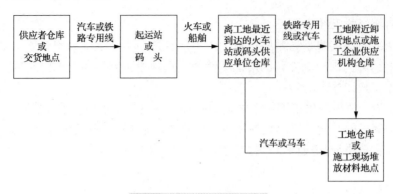

图 2-1　材料运输费示意图

综上所述，材料预算价格计算公式如下：

材料采购及保管费=(材料原价+供销部门手续费+包装费+运输费)×采购及保管费率

材料预算价格=(材料原价+供销部门手续费+包装费+运输费)×(1+采购及保管费率)

　　　　　-包装材料回收价值　　　　　　　　　　　　　　　　　　　　　　(2-26)

4)　机械台班预算单价

施工机械台班预算单价是指一个台班(工作 8 小时)中，为使机械正常运转所支出和分摊的人工、材料、折旧、维修以及养路费的总和。施工机械台班单价按有关规定由七项费用组成，这些费用按其性质分为第一类费用和第二类费用。

(1)　第一类费用。

第一类费用亦称不变费用，是指属于分摊性质的费用。包括：折旧费、大修理费、经常修理费和安拆费及场外运输费。

①　折旧费。

折旧费是指施工机械在规定使用期限内，陆续收回其原始价值即购买资金的时间价值。

②　大修理费。

大修理费是指施工机械按规定大修理间隔台班所必须进行的大修，以恢复其正常使用功能所需的费用。

③　经常修理费。

经常修理费是指施工机械除大修理以外的各级保养和临时故障所需的费用。

④　安拆费及场外运输费。

安拆费是指施工机械在施工现场进行安装拆卸，所需的人工、材料、机械、试运转费及机械辅助设施的折旧、搭设、拆除等费用。

场外运输费是指施工机械整体或分件，从停放场地点运至施工现场或由一个施工地点运至另一个施工地点，运距在 25km 以内的机械进出场运输及转移费用。

(2)　第二类费用的计算。

①　燃料动力费。

燃料动力费是指机械在运转或施工作业中所耗用的固定燃料(煤炭、木材)、液体燃料(汽油、柴油)、电力、水和风力等费用。

$$燃料动力费=台班燃料动力消耗量×相应单价 \qquad (2-27)$$

② 人工费。

人工费是指机上司机和其他操作人员的工作日人工费及上述人员在机械规定的年工作台班以外的人工费。

③ 养路费及车船使用税。

养路费及车船使用税是指机械按国家和有关部门规定应缴纳的养路费和车船使用税。

2.3.4 预算定额的编制

1. 编制原则

(1) 必须全面贯彻执行党和国家有关基本建设产品价格的方针和政策;

(2) 必须贯彻"技术先进、经济合理"的原则;

(3) 必须体现"简明扼要、项目齐全、使用方便、计算简单"的原则。

预算定额编制的
原则.mp3

2. 编制依据

(1) 劳动定额、材料消耗定额和施工机械台班定额以及现行的建筑工程预算定额等有关定额资料;

(2) 现行的设计规范、施工及验收规范、质量评定标准和安全操作规程等文件;

(3) 通用设计标准图集、定型设计图纸和有代表性的设计图纸等有关设计文件;

(4) 新技术、新材料、新工艺和新结构资料;

(5) 现行的工人工资标准、材料预算价格和施工机械台班费用等有关的价格资料。

3. 预算定额的编制步骤

(1) 准备阶段。在这一阶段主要是调集人员、成立编制小组,收集编制资料,拟定编制方案,确定定额项目、水平和表现形式。

(2) 定额编制阶段。在这一阶段主要是审查、熟悉和修改资料,以及进行测算和分析,按确定的定额项目和图纸等资料计算工程量,确定人工、材料和施工机械台班消耗量,计算定额基价,编制定额项目表和拟定文字说明。

预算定额的编制
步骤.avi

(3) 审查定稿、报批阶段。在这一阶段主要是测算新编定额的水平,审查、修改所编定额,定稿后报送上级主管部门审批、颁发并执行。

本 章 小 结

通过本章的学习,学生们主要了解施工定额、预算定额的使用范围;掌握建设工程定额的原理与组成以及定额的编制,同时为计算工程量打下理论基础。

实训练习

一、单选题

1. ( )是指在正常的施工条件下，为完成一定计量单位的合格产品所消耗的劳动、材料和机械的数量标准。

    A. 施工定额   B. 预算定额   C. 概算定额   D. 投资估算指标

2. 下面不属于建筑工程材料费的项目是( )。

    A. 材料原价   B. 材料的运费

    C. 混凝土模板及支架费   D. 材料运输损耗费

3. 劳动定额通常以"工日"为单位，按现行的制度，每一工作日时间为( )小时。

    A. 6   B. 7   C. 8   D. 12

4. 预算定额子目材料消耗量由材料净用量加上( )。

    A. 损耗量   B. 损耗系数   C. 损耗率   D. 使用量

5. 完成一定计量单位的分项工程或结构构件的各项工作过程的施工任务所必需消耗的技术基本用工是( )。

    A. 基本用工   B. 辅助用工   C. 超运距用工   D. 人工幅度差

6. ( )反映的是平均先进水平。

    A. 施工定额   B. 预算定额   C. 概算定额   D. 估算指标

7. 定额时间不包括( )。

    A. 施工本身造成的停工时间   B. 辅助工作时间

    C. 休息时间   D. 不可避免的中断时间

8. 材料的场外运输损耗包含在( )。

    A. 材料原价   B. 运杂费   C. 保管费   D. 采购费

9. 下列定额中属于施工企业为组织生产和加强管理在企业内部使用的定额是( )。

    A. 施工定额   B. 预算定额   C. 概算定额   D. 估算指标

10. 下列属于材料消耗中不可避免的材料损耗的是( )。

    A. 材料场外运输损耗   B. 材料场外堆放损耗

    C. 材料场内运输损耗   D. 材料场内堆放损耗

二、多选题

1. 按照专业性质分类，工程建设定额可分为( )。

    A. 通用定额   B. 全国统一定额   C. 行业通用定额

    D. 行业统一定额   E. 专业专用定额

2. 折旧费的计算依据包括( )。

    A. 机械预算价格   B. 残值率   C. 机械现场安装费

    D. 贷款利息系数   E. 耐用总台班数

3. 按定额反映的物质消耗内容分类，可以把工程建设定额分为( )。

  A. 建筑工程定额　　　B. 设备安装工程定额　　C. 劳动消耗定额

  D. 机械消耗定额　　　E. 材料消耗定额

4. 施工定额是由(　　)组成的。

  A. 劳动定额　　　　　B. 机械定额　　　　　　C. 材料定额

  D. 直接费定额　　　　E. 企业定额

5. 组成材料预算价格的费用有(　　)。

  A. 材料原价　　　　　B. 供销部门手续费　　　C. 采购保管费

  D. 包装费　　　　　　E. 场内运输费

三、简答题

1. 简述定额的性质和作用。

2. 简述定额的分类。

3. 简述预算定额的编制原则。

四、计算题

  1. 某项工程需要地方材料 A，经过调查研究有甲、乙两个供货地点，甲地出厂价格为 22 元/t，可供需要量的 65%；乙地出厂价格为 31 元/t，可供需要量的 35%。运输方式采用汽车运输，甲地离工地 63 公里，乙地离工地 79 公里，材料不需要包装，途中损耗为 5%，试计算该材料预算价格。假设有关地区汽车货物运输费为 0.19 元/t · km，装卸费 1.80 元/t，调车费 0.84 元/t，并且已知材料采购保管费率为 2.5%。地方材料由地方直接供应，不计供销部门手续费。

  2. 有 4350m³ 土方开挖任务要求在 11 天内完成。采用挖斗容量为 0.5m³ 的反铲挖掘机挖土，载重量为 5t 的自卸汽车将开挖土方量的 60% 运走，运距为 3km，其余土方量就地堆放。经现场测定的有关数据如下：

  (1) 假设土的松散系数为 1.2，松散状态容重为 1.65t/m³。

  (2) 假设挖掘机的铲斗充盈系数为 1.0，每循环一次时间为 2min，机械时间利用系数为 0.85。

  (3) 自卸汽车每次装卸往返需 24min，时间利用系数为 0.80。

试计算：需挖掘机和自卸汽车数量各为多少台？

第 2 章　课后答案.pdf

实训工作单(一)

班级		姓名		日期	
教学项目		建筑工程定额			
任务	掌握施工定额的相关知识	案例解析		1. 劳动定额案例 2. 材料消耗定额案例 3. 机械台班定额案例	
相关知识		施工定额			
其他要求					

案例分析过程记录

评语				指导老师	

实训工作单(二)

班级		姓名		日期	
教学项目		建筑工程定额			
任务	掌握预算定额的相关知识		案例解析	1. 材料预算价格计算 2. 机械台班预算单价确定 3. 预算定额编制	
相关知识			预算定额		
其他要求					
案例分析过程记录					
评语				指导老师	

第 3 章　工程量计算

03

【学习目标】

- 掌握工程量的计算原则及步骤
- 掌握基础工程、混凝土及钢筋混凝土工程、门窗工程、墙体工程、装饰抹灰工程、楼地面工程及零星装饰、屋面工程及防水工程、金属结构工程及脚手架工程的计算规则
- 知道大型机械设备进出场及安装的要求、安全文明施工的重要性

【教学要求】

本章要点	掌握层次	相关知识点
工程量的计算	1. 了解计算工程量的意义 2. 掌握工程量的计算顺序	工程量计算单位
建筑面积的计算	1. 了解建筑面积的概念 2. 掌握计算建筑面积	需要计算的面积 不需要计算的面积
基础工程	1. 了解桩基础的组成 2. 掌握桩基础的分类 3. 掌握地基基础的分类	桩基础的工程方案 地基基础施工的重要性
混凝土、门窗、墙体、装饰抹灰、楼地面、屋面工程、金属结构工程	1. 了解混凝土、门窗、墙体、装饰抹灰、楼地面、屋面工程、金属结构工程的概念 2. 掌握混凝土、门窗、墙体、装饰抹灰、楼地面、屋面工程、金属结构工程的计算规则 3. 掌握混凝土、门窗、墙体、装饰抹灰、楼地面、屋面工程、金属结构工程的分类	钢筋混凝土工程外加剂的主要功能 抹灰工程中的内抹灰、外抹灰 屋面防水的重要性 钢结构的特点

续表

本章要点	掌握层次	相关知识点
措施项目	1. 了解脚手架工程 2. 掌握垂直运输 3. 掌握安全文明施工费	脚手架的作用 安全防护、文明施工

 【项目案例导入】

某房屋的基础如图 3-1 所示，20 厚防水砂浆防潮层设在墙体-0.06m 处，混凝土垫层为 C10，混凝土条形基础为 C25，砖基础采用普通标准砖(规格为 240×115×53)，砌筑砂浆：-0.300m 以下采用 M7.5 水泥砂浆砌筑，其他部分采用 M5 水泥砂浆砌筑，土壤为三类土。土方开挖后集中堆放，采用人工运输 60m，余土采用 4.5t 自卸汽车运输 5km，不计室内回填土方，采用九夹板模板施工。

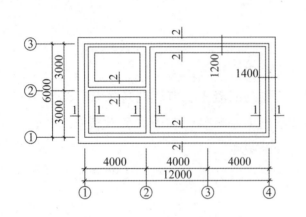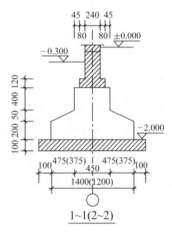

图 3-1 某房屋基础图

 【项目问题导入】

采用定额计价：

1. 计算工程量；
2. 汇总工程量并选套定额子目。

3.1 概　　述

3.1.1 正确工程量计算

工程量是指以物理量计量单位或自然计量单位所表示的各分项工程或结构、结构构件的实物数量。

物理计量单位，即需经量度的具有物理性质的单位。如"立方米""平方米""米""吨"等常用的计量单位。

自然计量单位，即不需要量度而按自然个体数量计量的单位。如"樘""个""台""组""套"等常用的计量单位。

工程量计算的内容有：工程清单、项目编码、综合单价、措施项目、预留金、总承包费、零星费用、消耗定额、企业定额、招标标底、投标报价、建设项目、单项工程、单位工程、分部工程、分项工程。

1. 正确计算工程量的意义

计算工程量是编制建筑工程施工图预算的基础工作，是预算文件的重要组成部分。工程预算造价主要取决于两个因素：一是工程量，二是工程单价，为正确编制工程预算，这两个因素缺一不可。因此，工程量计算的准确与否，将直接影响工程直接费，进而影响整个工程的预算造价。

正确计算工程量的
意义.mp3

工程量对于施工企业编制施工作业计划、合理地安排施工进度、组织劳动力和物资的供应是必不可少的指标。工程量也是基本建设财务管理和会计核算的重要依据。

2. 工程量计算的顺序

为了防止漏项、减少重复计算，在计算工程量时应该按照一定的顺序，有条不紊地进行计算。下面是计算通常采用的几种顺序。

1) 按施工顺序计算

按施工先后顺序依次计算工程量，即按平整场地、挖地槽、基础垫层、砖石基础、回填土、砌墙、屋面防水、外墙抹灰、楼地面、内墙抹灰、粉刷、油漆等分项工程进行计算。

2) 按定额顺序计算

按当地定额中的分部分项编排顺序计算工程量，即从定额的第一分部第一项开始，对照施工图纸，图中有的，就按该分部工程量计算规则算出工程量。凡遇定额所列项目，在施工图中没有的，就忽略，继续看下一个项目，其计算数据与其他分部的项目数据有关，则先将项目列出，其工程量待有关项目工程量计算完成后，再进行计算。例如：计算墙体砌筑，该项目在定额的第四分部，而墙体砌筑工程量为：墙身长度×高度-门窗内混凝土及钢筋混凝土构件所占体积+垛、附墙烟

平整场地.avi

挖地槽.avi

道等体积。这时可先将墙体砌筑项目列出，待工程第五分部混凝土及钢筋混凝土工程及第六分部门窗工程等工程量计算完毕后，再利用该计算数据补算出墙体砌筑工程量。这种按定额编排计算工程量顺序的方法，对初学者可以有效地防止漏算重算的现象。

3) 按图纸拟定一个有规律的顺序依次计算

(1) 按照顺时针方向计算法。按顺时针方向计算法就是先从平面图的左上角开始，自左至右，然后再由上而下、最后转回到左上角为止。例如计算外墙、地面、天棚等分项工

程，都可以按照此顺序进行计算。

(2) 按先横后竖，先上后下，先左后右的顺序计算，以平面图上的横竖方向分别从左到右或从上到下依次计算。此方法适用于内墙、内装饰等工程量的计算。

(3) 按照图纸上的构、配件编号顺序计算。在图纸上注明记号，按照各类不同的构、配件，如柱、梁、板等编号，依次按柱 Z1、Z2、Z3……，板 B1、B2、B3……等构件编号进行计算。

(4) 根据平面图上的定位轴线编号顺序计算。对于复杂工程，计算墙体、柱子和内外粉刷时，仅按上述顺序计算还可能发生重复或遗漏，这时，可按图纸上的轴线顺序进行计算，并将其部位以轴线号表示出来。如位于 A 轴线上的外墙，轴线长为①～②，可标记为A：①～②。此方法适用于内外墙挖地槽、内外墙基础、内外墙砌体、内外墙装饰等工程量的计算。

3.1.2 工程量计算原则

计算工程量应遵循的原则如下：

(1) 工程量计算所用的原始数据必须和设计图纸相一致。

工程量是按每一分项工程，根据设计图纸进行计算的，计算时所采用的原始数据都必须以施工图纸所表示的尺寸或施工图纸能读出的尺寸为准进行计算，不得任意加大或缩小各部位尺寸。特别对工程量有重大影响的尺寸(如建筑物的外包尺寸、轴线尺寸等)以及价值较大的分项工程(如钢筋混凝土工程等)的尺寸，其数据的取定，均应根据图纸所注尺寸线及尺寸数字，通过计算确定。

计算工程量应遵循
的原则.mp3

(2) 计算口径必须与预算定额相一致。

计算工程量时，根据施工图及有关资料列出的分项工程的口径(即分项工程所包括的工作内容和范围)，必须与预算定额中相应分项工程的口径相一致。只有口径一致，才能准确地套用预算定额中的定额基价。例如：金属结构分部定额中各定额项目均已包括刷一遍防锈漆。

(3) 计算单位必须与预算定额相一致。

计算工程量时，所计算工程子目的工程量单位必须与定额中相应子目的单位相一致。例如预算定额是以立方米作单位的，所计算的工程量也必须以立方米作单位。定额中许多用扩大定额(按计量单位的倍数)的方法来计量，如"10m""100m^2"等。因此，在计算时应注意分清，务必使工程子目的计量单位与定额一致，不能随意决定工程量的单位，以免由于计量单位搞错而影响工程量的正确性。

(4) 工程量计算规则必须与定额一致。

工程量计算必须与定额中规定的工程量计算规则(或计算方法)相一致，才符合定额的要求。预算定额中对分项工程的工程量计算规则和计算方法都做了具体规定，计算时必须严格按规定执行。

(5) 工程量计算的准确度。

工程量的数字计算要准确，一般应精确到小数点后三位，汇总时，其准确度取值要达到：

①　一般取两位小数；

②　吨(t)取三位小数；

③　个、件等取整数。

(6)　按图纸，结合建筑物的具体情况进行计算。

一般应做到主体结构分层计算；内装修按分层分房间计算；外装修分立面计算；或按施工方案的要求分段计算。由几种结构类型组成的建筑，要按不同结构类型分别计算；比较大的由几段组成的组合体建筑，应分段进行计算。

3.1.3　工程量计算的步骤

1. 工程量计算的一般步骤

(1)　根据工程内容和预算定额项目，列出计算工程量的分部分项工程名称；

(2)　根据一定的计算顺序和计算规则，列出计算式；

(3)　根据施工图纸上的设计尺寸及有关数据，代入计算式进行数值计算；

(4)　对计算结果的计量单位进行调整，使之与定额中相应分部分项工程的计量单位保持一致。

工程量计算的一般
步骤.mp3

2. 工程量计算的顺序

为了避免漏算或重复计算，计算工程量时应按照一定的顺序进行。

1)　单位工程计算顺序

(1)　按施工的先后顺序计算；

(2)　按定额项目的顺序计算。

2)　分项工程计算顺序

(1)　按顺时针方向计算(例如计算外墙、地面、天棚等都可以采用此法)；

(2)　按"先横后竖、先上后下、先左后右"的顺序计算(例如内墙、内墙基础、间隔墙等相互交错的各段)；

(3)　按构件编号顺序计算(例如钢筋混凝土构件、门、窗、屋架)；

(4)　按轴线编号顺序计算。

3.2　建筑面积的计算

3.2.1　建筑面积的概念

建筑面积亦称建筑展开面积，它是指住宅建筑外墙勒脚以上外围水平面测定的各层平面面积。它是表示一个建筑物建筑规模大小的经济指标。每层建筑面积按建筑物勒脚以上外围水平截面计算。它包括三项：即使用面积、辅助面积和结构面积。在中国内地，与建筑面积有关的法规有《商品房销售面积计算及公用建筑面积分摊规则》及现行的《建筑面积计算规则》。而在中国香港，建筑面积及使用面积的计算规则需遵循香港测量师学会发布的《量度作业守则》。

建筑面积的概念.mp4

1. 建筑面积计算的作用

(1) 建筑面积是确定建设规模的重要指标。项目立项批准文件所核准的建筑面积，是初步设计的重要控制指标，而施工图的建筑面积不得超过初步设计的 5%，否则必须重新报批；

(2) 建筑面积是确定各项技术经济指标的基础。有了建筑面积才能确定每平方米建筑面积的造价和工料耗用量；

(3) 建筑面积是计算有关分项工程量的依据。应用统筹计算方法，根据底层建筑面积，就可以很方便地推算出室内回填土体积、地(楼)面面积和天棚面积等。另外，建筑面积也是脚手架垂直运输机械费用的计算依据；

(4) 建筑面积是概算指标和编制概算的主要依据。概算指标通常是以建筑面积为计量单位。用概算指标编制概算时，要以建筑面积为计算基础。

2. 正确计算建筑面积的意义

(1) 有利于正确计算各种技术经济指标。

$$单位造价=总造价÷建筑面积 \tag{3-1}$$

$$单位用料=材料用量÷建筑面积 \tag{3-2}$$

$$建筑平面系数=使用面积÷建筑面积 \tag{3-3}$$

$$容积率=地上建筑总面积÷规划用地面积$$

(2) 有利于计算相关工程量。

3.2.2 需要计算的建筑面积

计算建筑面积的范围介绍如下。

(1) 单层建筑物不论其高度如何均按一层计算，其建筑面积按建筑物外墙勒脚以上的外围水平面积计算。单层建筑物如带有部分楼层者，亦应计算建筑面积。

(2) 高低联跨的单层建筑物，如需分别计算建筑面积，当高跨为边跨时，其建筑面积按勒脚以上两端山墙外表面间的水平长度乘以勒脚以上外墙表面至高跨中柱外边线的水平宽度计算；当高跨为中跨时，其建筑面积按勒脚以上两端山墙外表面间的水平长度乘以中柱外边线间的水平宽度计算。

(3) 多层建筑物的建筑面积按各层建筑面积的总和计算，其底层按建筑物外墙勒脚以上外围水平面积计算；二层及二层以上按外墙外围水平面积计算。

(4) 地下室、半地下室、地下车间、仓库、商店、地下指挥部及相应出入口的建筑面积按其上口外墙(不包括采光井、防潮层及其保护墙)外围的水平面积计算。层高 2.2m 及以上者应计算全部建筑面积，不足 2.2m 者应计算一半建筑面积，如图 3-2 所示。

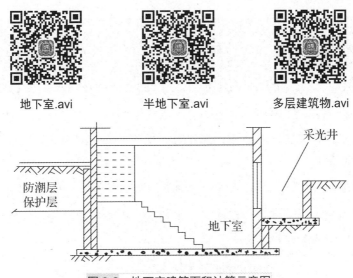

地下室.avi　　　　半地下室.avi　　　　多层建筑物.avi

图 3-2　地下室建筑面积计算示意图

　　(5) 用深基础做地下架空层加以利用，层高超过 2.2m 的，按架空层顶板水平投影计算建筑面积。

　　(6) 坡地建筑利用吊脚空间设置架空层时，且层高超过 2.2m，按其顶板水平投影计算建筑面积，层高不足 2.2m 时应计算建筑面积的一半。设计加以利用、无围护结构的建筑吊脚架空层，应按其利用部位水平面积的一半计算。

　　(7) 穿过建筑物的通道，建筑物内的门厅、大厅不论其高度如何，均按一层计算建筑面积。门厅、大厅内回廊部分按其水平投影面积计算建筑面积，如图 3-3 所示。

图 3-3　门厅

　　(8) 图书馆的书库无结构层的按一层计算，有结构层的应按其结构层面积计算。

　　(9) 电梯井、提物井、垃圾道、管道井等均按建筑物自然层计算建筑面积。

　　(10) 舞台灯光控制室按围护结构外围水平面积乘以实际层数计算建筑面积。

　　(11) 建筑物内的技术层，层高超过 2.2m 的，应计算建筑面积。

电梯井.avi

有柱雨篷.avi

站台.avi

有柱车棚.avi

(12) 有柱雨篷按柱外围水平面积计算建筑面积，独立柱的雨篷按顶盖的水平投影面积的一半计算建筑面积。

(13) 有柱的车棚、货棚、站台等按柱外围水平面积的 $\dfrac{1}{2}$ 计算建筑面积。

(14) 突出屋面的有围护结构的楼梯间、水箱间、电梯机房等按围护结构外围水平面积计算建筑面积，如图 3-4 所示。

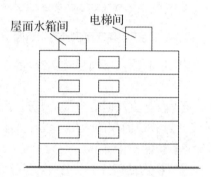
图 3-4　屋面水箱、电梯示意图

(15) 突出墙外的门斗按围护结构外围水平面积计算建筑面积。

(16) 建筑物的阳台应按其水平投影面积的 $\dfrac{1}{2}$ 计算，如图 3-5 和图 3-6 所示。

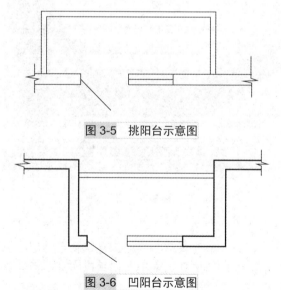
图 3-5　挑阳台示意图

图 3-6　凹阳台示意图

凹凸阳台.avi　　　　楼梯.avi　　　　挑廊.avi　　　　门斗.avi

(17) 建筑物墙外有顶盖和有柱的走廊、檐廊按柱的外边线水平面积的 $\frac{1}{2}$ 计算建筑面积。无柱的走廊、檐廊且有围护设施按其投影面积的一半计算建筑面积,如图 3-7 和图 3-8 所示。

(18) 两个建筑物之间有顶盖的架空通廊,按通廊的投影面积计算建筑面积。无顶盖的架空通廊按其投影面积的一半计算建筑面积。

(19) 室外楼梯作为主要通道和用于疏散的均按每层水平投影面积的 $\frac{1}{2}$ 计算建筑面积,如图 3-9 所示。

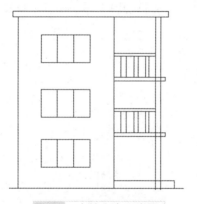
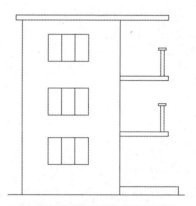

图 3-7　有柱走廊示意图　　　　　　图 3-8　挑廊、无柱走廊示意图

图 3-9　室外楼梯示意图

无柱走廊.avi   有柱走廊.avi   檐廊.avi

(20) 跨越其他建筑物、构筑物的高架单层建筑物，按其水平投影面积计算建筑面积，多层者按多层计算。

3.2.3 不需要计算的建筑面积

1. 不计算建筑面积

(1) 突出外墙构件、配件、附墙柱、垛、勒脚、台阶、墙面抹灰、镶贴块材、装饰面、飘窗、装饰性幕墙等宽度在 2.1m 及以内的无柱雨篷以及与建筑物内不相连通的装饰性阳台、挑廊，如图 3-10 所示。

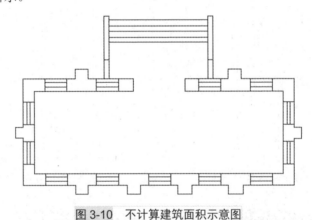

图 3-10 不计算建筑面积示意图

台阶.avi   飘窗.avi   勒脚.avi   爬梯.avi

(2) 无永久性顶盖的架空走廊，用于检修、消防等的室外钢楼梯、爬梯，如图 3-11 所示。

(3) 建筑物通道(骑楼、过街楼的底层)，如图 3-12 所示。

(4) 建筑物内操作平台、上料平台、安装箱或罐体平台；没有围护结构的屋顶水箱、花架、凉棚等。

(5) 建筑物以外的地下人防通道，独立烟囱、烟道、地沟、油(水)罐、气柜、水塔、储油(水)池、储仓、栈桥、地下人防通道等构筑物。

(6)　舞台及后台悬挂的幕布、布景天桥、挑台。

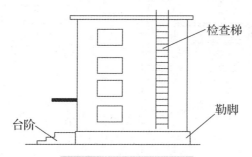

图 3-11　架空走廊示意图

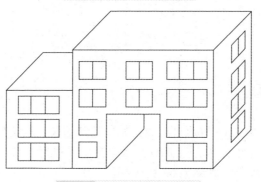

图 3-12　建筑物通道示意图

架空走廊.avi

骑楼.avi

水塔.avi

烟囱.avi

2. 其他

(1)　建筑物与建筑物连成一体的,属建筑物部分按本章第 1、2 节规定计算;

(2)　本建筑面积计算规则适用与地上、地下建筑物的建筑面积计算,如遇有上述未尽事宜,可参照上述规则办理。

【案例 3-1】　如图 3-13 所示,计算回廊的建筑面积。

自动扶梯.avi

沉降缝.avi

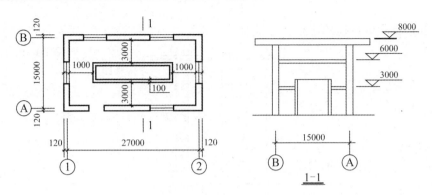

图 3-13　建筑平面图

3.3　基　础　工　程

3.3.1　桩基础工程

桩基础由桩(方桩或圆桩)、桩承台组成。其上是砖基础、地圈梁、防潮层等，如图 3-14 所示。若桩身全部埋于土中，承台底面与土体接触，则称为低承台桩基；若桩身上部露出地面且承台底位于地面以上，则称为高承台桩基。

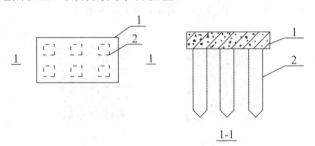

图 3-14　桩基础示意图

1—桩承台；2—钢筋混凝土桩

桩基础.mp4　　高承台桩基.avi　　低承台桩基.avi　　桩承台.avi

1. 桩基础分类

1)　按照施工方式分类

(1)　预制桩。通过打桩机将预制的钢筋混凝土桩打入地下。其优点是材料省，强度高，适用于较高要求的建筑；缺点是施工难度高，受机械数量限制且施工时间长。

(2) 灌注桩。首先在施工场地上钻孔，当达到所需深度后，将钢筋放入，然后浇灌混凝土。其优点是施工难度低，尤其是人工挖孔桩，可以不受机械数量的限制，所有桩基同时进行施工，大大节省时间；缺点是承载力低，费材料。

2) 按照受力原理分类

(1) 摩擦桩。是利用地层与基桩的摩擦力来承载构造物并可分为压力桩及拉力桩，大多用于无坚硬的承载层或承载层较深地层。

(2) 端承桩。是使基桩坐落于承载层上(基岩上)。

预制桩.avi　　　　　灌注桩.avi　　　　　摩擦桩.avi　　　　　端承桩.avi

3) 按材料分类

(1) 混凝土桩。用混凝土(包括普通钢筋混凝土、预应力混凝土)制成的桩。具有节约木材和钢材、经久耐用、造价低廉等优点，已广泛应用于水工建筑、工业建筑、民用建筑和桥梁的基础工程，还常用于边坡及基坑支护的抗滑或隔水。

(2) 钢桩。钢桩由钢管、企口榫槽、企口榫销构成，钢管直径的左端管壁上竖向连接企口槽，企口槽的横断面为一边开口的方框形。在企口槽的侧面设有加强筋，钢管直径的右端管壁上且偏半径位置竖向连接有企口销，企口销的槽断面为工字形。

(3) 采用木、组合材料组成的桩。

4) 按功能分类

(1) 竖向抗压桩。指通过与桩周土的摩擦力或桩端抗力来抵抗竖向压缩荷载的桩。

(2) 竖向抗拔桩。指当建筑工程地下结构有在低于周边土壤水位的部分时，为了抵消土壤中水对结构产生的上浮力而打的桩。

(3) 水平受荷桩。主要是承受水平荷载的桩。

(4) 复合受荷桩。竖向、水平荷载均较大的桩。

5) 按挤土状况分类

(1) 非挤土桩。是指成桩过程中桩周土体基本不受挤压的桩，如钻孔灌注桩。

(2) 部分挤土桩。在成桩过程中，只引起部分挤土效应，桩周围土体受到一定程度的挠动。

(3) 挤土桩。在成桩过程中，造成大量挤土，使桩周围土体受到严重挠动，土的工程性质有很大改变的桩。挤土过程引起的挤土效应主要是地面隆起和土体侧移，导致对周边环境影响较大。这种成桩方法以及在成桩过程中产生的此种挤土效应的桩称为挤土桩。

2. 桩基础的工程量计算规则

1) 计算打桩(灌注桩)工程量前应确定下列事项

(1) 依工程地质资料中的土层构造，土壤物理、化学性质及每米沉桩时间鉴别使用定额土质级别。

(2) 确定工程方法、工程流程，采用机型，桩、土壤泥浆运距。

2) 计算打预制钢筋混凝土的体积。按设计桩长(包括桩尖，不扣除桩尖虚体积)乘以桩截面面积计算，管桩的空心体积应扣除。如管桩的空心部分按设计要求灌注混凝土或其他填充材料时，应另行计算，计算公式如下：

(1) 方桩。

$$V=FLN \tag{3-4}$$

式中：V——预制钢筋混凝土桩工程量；

F——预制钢筋混凝土桩截面积；

L——设计桩长(包括桩尖，不扣除桩尖虚体积)；

N——桩根数。

(2) 管桩。

$$V=\pi(R^2-r^2)LN \tag{3-5}$$

式中：R——管桩外半径；

r——管桩内半径。

(3) 接桩：电焊接桩按涉及接头，以个计算；硫黄胶泥接桩按桩截面 m² 为单位计算。

【例 3-1】 某工程打预制钢筋混凝土方桩 150 根，桩截面为正方形，边长为 30cm，桩长为 6m，求打桩工程量，如图 3-15 所示。

解：$V=FLN=0.30 \times 0.30 \times 6 \times 150=81.00 (\text{m}^3)$

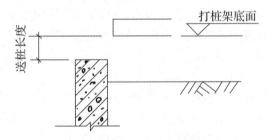

桩顶面高于自然地坪

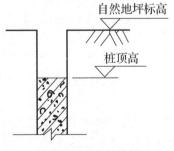

桩顶面低于自然地坪

图 3-15 送桩长度确定

【例 3-2】 已知桩截面为正方形，边长为 30cm，打桩架底至桩顶面高度为 1m，求一根送桩体积。

解：$V=0.30 \times 0.30 \times 1=0.09 (\text{m}^3)$

(4) 打拔钢板桩按钢板桩质量以 t 为单位计算。

【例 3-3】　某工程采用柴油打桩机打 500 根长为 9m 的 36b 工字钢的钢板桩，试计算钢板桩工程量(36b 工字钢的质量为 65.60kg/m)。

解：钢板桩工程量为 65.60×9×500=295200(kg)=295.200(t)

(5) 打孔灌注桩。

混凝土桩、砂柱、碎石桩的体积，按设计规定的桩长(包括桩尖，不扣除桩尖虚体积)乘以钢管管箍外径截面面积计算。

灌注混凝土桩，设计直径与钢管外径的选用见表 3-1 所示。

表 3-1　灌注桩设计直径与钢管外径的选用表

设计外经(mm)	采用钢管外径(mm)	
300	325	371
350	371	377
400	426	—
450	465	—

计算公式如下：

$$V=\pi D^2/4L \tag{3-6}$$

式中：D——钢管外径，

L——桩设计全长(包括桩尖)。

【例 3-4】　设现场灌注桩全长 3.0m(包括桩尖)，设计直径为 30cm，求单桩体积。

解：$V=0.325×0.325×3.1416×1/4×3=0.25(\text{m}^3)$

(6) 扩大桩的体积按单桩体积乘以次数计算。

(7) 打孔后先埋入预制混凝土桩尖，再灌注混凝土的，桩尖按钢筋混凝土部分计算体积，灌注桩按设计长度(自桩尖顶面至桩顶面高度)乘以钢管管箍外径截面积计算。预制混凝土桩尖计算体积用以下公式计算：

$$V=(1/3\pi R^2 H_1+\pi r^2 H_2)n \tag{3-7}$$

式中：R，H_1——桩尖的半径和高度；

r，H_2——桩尖芯的半径和高度。

(8) 钻孔灌注桩，按设计桩长(包括桩尖，不扣除桩尖和虚体积)增加 0.5m，乘以设计断面面积计算。计算公式为：

$$V=F(L+0.5)N \tag{3-8}$$

式中：V——钻孔灌注桩工程量；

F——钻孔灌注桩设计截面积；

L——设计桩长；

N——钻孔灌注桩根数。

钻孔灌注桩.avi

(9) 灌注混凝土桩的钢筋笼制作根据设计规定，按钢筋混凝土的相应项目以 t 为单位计算。

(10) 现场人工挖孔扩底灌注桩，按图示护壁内径圆台体积及扩大桩头实体积以 m³ 为单位计算，护壁混凝土按图示尺寸以 m³ 为单位计算。

(11) 其他。

① 安、拆导向夹具，按设计图规定的水平延长米来计算。

② 桩架 90°调面只适用轨道式、走管式、导杆、筒式柴油打桩机。

3. 桩基施工前的工作准备

在桩基础施工前，应做好现场踏勘工作，做好技术准备与资源准备工作，以保证打桩施工顺利地进行。桩基础施工前的准备工作一般包括以下几个方面：

1) 施工现场及周边环境的踏勘

在施工前，应对桩基施工的现场进行全面踏勘，以便为编制施工方案提供必要的资料，也为机械选择、成桩工艺的确定及成桩质量控制提供依据。

现场踏勘调查的主要内容如下：

(1) 查明施工现场的地形、地貌、气候及其他自然条件。

(2) 查阅地质勘察报告，了解施工现场成桩深度范围内土层的分布情况、形成年代以及各层土的物理力学性能指标。

(3) 了解施工现场地下水的水位、水质及其变化情况。

(4) 了解施工现场区域内人为和自然地质现象，地震、溶岩、矿岩、古塘、暗滨以及地下构筑物、障碍物等。

(5) 了解邻近建筑物的位置、距离、结构性质、现状以及目前使用情况。

(6) 了解沉桩区域附近地下管线(煤气管、上水管、下水管、电缆线等)的分布及距离、埋置深度、使用年限、管径大小、结构情况等。

2) 技术准备

(1) 施工方案的编制。施工前应编制施工方案，明确成桩机械、成桩方法、施工顺序、邻近建筑物或地下管线的保护措施等。

(2) 施工进度计划。根据工程总进度计划确定桩基施工计划，该计划应包括进度计划，劳动力需求计划及材料、设备需求计划。

(3) 制定质量保证、安全技术及文明施工等措施。

(4) 进行工艺试桩。为确定合理的施工工艺，在施工前应进行工艺试桩，由此确定工艺参数。

3) 机械设备准备

施工前应根据设计的桩型及土层状况，选择好相应的机械设备，并进行工艺试桩。

4) 现场准备

(1) 清除现场障碍物。成桩前应清除现场妨碍施工的障碍物，如施工区域内的电杆、跨越施工区的电线、旧建筑的基础或其他地下构筑物等，这对保证顺利成桩是十分重要的。

(2) 场地平整。高层建筑物的桩基通常为密布的群桩，在桩机进场前，必须对整个作业区进行平整，以保证桩机的垂直度，便于其稳定行走。

对于预制桩，不论是锤击、静压或是振动打桩法，打桩机械自重均较大，在场地平整时还应考虑铺设一定厚度的碎石，以提高与打桩机械直接接触的地基表面的承载力，防止打桩作业时桩机产生不均匀沉降而影响打桩的垂直度。一般履带式打桩机要求地基承载力为 100～130kPa。如铺设碎石仍不能满足要求时，则可采用铺设走道板(亦称路基箱)的方法，以减小对地基土的压力。

对于灌注桩应根据不同成孔方法做好场地平整工作。如采用人工挖孔方法，则在场地平整时需考虑挖孔后的运土道路；当采用钻孔灌注桩时，则应考虑泥浆槽及排水沟。近年来，在上海等大城市实行了钻孔灌注桩硬地施工法，即在灌注桩施工区先做混凝土硬地，同时布置好泥浆池、槽及排水沟等，然后在桩位处钻孔成桩。该法使泥浆有序排放，做到了文明施工，同时也大大提高了施工效率。在沉管灌注桩施工时，场地平整的要求与预制打入桩类似，桩机对地基土的承载力也有较高的要求，所以可以参考预制桩有关的施工方法。

振动打桩法.avi

5) 现场放线定位

桩基础施工现场轴线应经复核确认，施工现场轴线控制点不应受桩基施工影响，以便桩基施工。

(1) 定桩位。定桩位时必须按照施工方格网实地定出控制线，再根据设计的桩位图，将桩逐一编号，依桩号所对应的轴线、尺寸施放桩位，并设置样桩，以供桩机就位。定出的桩位必须再经一次复核，以防定位出错。

(2) 水准点。桩基施工的标高控制，应遵照设计要求进行，每根桩的桩顶、桩端均须做标高记录，为此，施工区附近应设置不受沉桩影响的水准点，一般要求不少于 2 个。该水准点应在整个施工过程中予以保护，不使其受损坏。桩基施工中的水准点，可利用建筑高程控制网的水准基点，也可另行设置。

4. 桩基础的工程方案

桩基础工程方案是指，在高层建筑基础施工中，由于上部传来的荷载非常大，一般的地基难以承担而必须进行特殊处理以达到设计地基承载力及沉降的要求。

5. 出现以下情况是可以考虑使用桩基础方案

(1) 高层建筑物下的浅层地基土承载力与变形不能满足要求时；

(2) 地基软弱，且采用地基加固措施技术上不可行或经济上不合理时；

(3) 作用有较大水平力和力矩的高层建筑物，或作用有较大动力荷载、周期荷载的建筑物；

(4) 建筑物受相邻建筑物或地堆载影响，采用浅基础会产生过量沉降或倾斜时；

(5) 重型工业厂房和荷载过大的建筑物，如仓库料仓等；

(6) 对精密或大型的设备基础，需要减小基础振幅、减弱基础震动对结构的影响，或应控制基础沉降和沉降速率时。

6. 部分定额

部分定额见表 3-2 所示。

工作内容：准备打桩机具，探桩位，行走打桩机，吊装定位，安卸桩垫、桩帽、校正，打桩。

表 3-2　预制钢筋混凝土方桩定额

单位：10m³

定额编号			3-1	3-2	3-3	3-4
项目			打预制钢筋混凝土方桩(桩长)			
			≤12m	≤25m	≤45m	>45m
基价(元)			2329.75	2546.90	2186.69	2017.67
其中	人工费(元)		601.27	498.48	417.17	371.85
	材料费(元)		61.56	62.25	62.98	63.71
	机械使用费(元)		1015.02	1445.80	1235.02	1179.55
	其他措施费(元)		27.39	30.99	26.47	23.09
	安文费(元)		81.26	67.36	57.53	50.18
	管理费(元)		261.72	216.94	185.28	161.62
	利润(元)		170.77	141.56	120.89	105.45
	规费(元)		100.76	83.53	71.33	62.22
名称	单位	单价(元)	数量			
综合工日	工日	—	(7.19)	(5.96)	(5.09)	(4.44)
预制钢筋混凝土方桩	m³	—	(10.10)	(10.10)	(10.10)	(10.10)
白棕绳	kg	20.00	0.900	0.900	0.900	0.900
草纸	kg	0.69	2.500	2.500	2.500	2.500
垫木	m³	1048.00	0.030	0.030	0.030	0.030
金属周转材料	kg	4.58	2.270	2.420	2.580	2.740
履带式柴油打桩机冲击质量(t)2.5	台班	886.93	0.760	—	—	—
履带式柴油打桩机冲击质量(t)5	台班	1847.85	—	0.630	0.540	—
履带式柴油打桩机冲击质量(t)7	台班	2027.08	—	—	—	0.470
履带式起重机提升质量(t)15	台班	741.20	0.460	0.380	0.320	—
履带式起重机提升质量(t)25	台班	810.08	—	—	—	0.280

3.3.2　地基基础工程

地基指的是承受上部结构荷载影响的那一部分土体。基础下面承受建筑物全部荷载的土体或岩体称为地基。地基不属于建筑的组成部分，但它对保证建筑物的坚固耐久具有非常重要的作用，是地球的一部分。作为建筑地基的土层分为岩石、碎石土、砂土、粉土、黏性土和人工填土。地基有天然地基和人工地基(复合地基)两类。天然地基是不需要人为加固的天然土层。人工地基需要人为加固处理，常见的有石屑垫层、砂垫层、混合灰土回填再夯实等。

地基基础工程.mp3

1. 基础分为两类

(1) 通常将埋深不大(一般小于 5m)，只需经过挖槽、排水等普通施工工序就可以建造起来的基础成为浅基础。例如柱下单独基础、墙下或柱下条形基础、交叉梁基础、筏板基础等。

(2) 对于浅层土质不良，需要利用深处良好地层的承载力，采用专门的施工方法和机具建造的基础，称为深基础。例如桩基础、墩基础、深井和地下连续墙等。

2. 地基设计应考虑的因素

(1) 基础底面的单位面积压力小于地基的容许承载力；
(2) 建筑物的沉降值小于容许变形值；
(3) 地基无滑动的危险。

浅基础.avi

3. 地基基础施工的重要性

作为工程建设的第一步重要工序，地基基础施工的质量是高层建筑施工质量控制的基础，同时也是保证工程建设质量的关键。整个工程建设的质量往往就是由地基基础施工的质量来决定的，特别是我国作为一个土地面积辽阔的国家，工程所在地的地质情况往往会随着地域条件的不同而存在着较大的差异，这就对工程建设中的地基施工带来了严峻的挑战，同时对地基基础施工的质量也就提出了更高的要求。而目前我国的工程施工特别是建筑施工中，地基基础施工问题并没有引起足够的重视，也没有被很好的解决。总体而言，我国工程建设中地基基础施工的质量控制任重而道远，只有加强了工程建筑地基基础施工的管理，才能切实提高工程建设的质量。要想建设高质量的工程项目，地基基础施工的质量控制是核心。

4. 地基基础施工存在的问题

(1) 地基建设中的塌方问题。

在工程项目的地基建设中，一个不容忽视的问题就是地基的塌方。在工程的地基建设过程中，如果出现了塌方问题，必然会使地基土受到扰动，进而影响到地基的整体承载力，不仅会对自身的工程建设造成危害，同时还会严重影响周围建筑物的安全，甚至会造成安全事故，造成重大的人员伤亡。特别是在基坑开挖深度较深并穿过不同的土层时，施工方如果不根据不同土层的工程特性(地基土的内摩擦角、粘聚力、湿度、重度等)来确定地基基坑的边坡开挖坡度和支护方法，就会使边坡顶部受到堆载或外力的振动产生变形，由此引发塌方问题。或者是因为工程施工方在开挖土方时施工不当，在应做支护的时候没有去做应有的保护，也会造成塌方。

(2) 地基缺乏保护。

工程项目的地基建设中另一个重要问题就是地基缺乏足够的保护，特别是在长江以南多雨地区进行工程施工，如果不能解决好地下水的问题，就会对地基建设带来严重的危害。如果地基的基础缺乏足够的保护，或者是防水、排水措施不到位，就可能会造成地基进水，这样就不仅会造成地基基础施工困难，同时对地基的质量也会造成损害。特别是在多雨季节，一定要保证基坑没有积水，对于被水浸泡的地基表层土应将其松软部分清除。

（3）地基建设中的管理不善。

在地基建设中，由于管理方的疏忽也可能会对地基质量造成影响。如果管理人员管理疏忽造成基坑开挖与设计不符，就会引起基坑的抗剪力不够，从而造成基坑的变形，影响地基建设的质量。

5. 地基基础建设的施工技术

工程建设的地基基础施工质量受到多方面因素的综合影响，与所在地区的地质条件、水文条件等都有着密不可分的关系。要想保证地基基础的施工质量，就需要在综合考虑影响地基基础建设的各种因素的基础上，通过系统全面的分析找出最合理的施工方案。除此之外，要想保证地基基础建设的质量，技术因素也是必不可少的，一般地基基础施工有以下几点技术规范。

（1）桩基施工技术。

在现代工程项目的建设中，桩基础施工技术不断的得到改善和进步，在地基建设施工中，桩基是应用最广的一种基础形式，分为现浇灌注桩、混凝土预制桩和钢桩三种基本的形式。

在这三种基本的桩基建设形式中，现浇灌注桩因为其具有承载力大、适应范围广、施工对环境影响小等技术优势而得到建筑施工单位的青睐，在工程建设的实际应用中现浇灌注桩所占的比重日益提高。其成桩工艺主要是采用带有护壁套筒的钻机，在实际的施工中由泥浆护壁，通过水下来浇灌混凝土。在这一过程中，通过推广和应用桩基技术，可以有效地克服桩底虚土和缩颈的缺陷。

相比较而言，混凝土预制桩技术因为存在着振动、噪声和挤土效应等缺点，其在具体的施工中使用量已经逐步减少，并且随着施工技术的不断进步和发展，普通的混凝土桩已经开始逐步地被预应力管桩所取代。而钢桩的造价非常高，不是一般的工程建筑所需要的，只能在特殊情况下使用。为检验桩基承载力，除静载试验外，用计算机控制的桩基动测技术已在工程中应用。

我国的工程地基建设与国外还存在着一定的差距，但是这种差距也在不断地缩小，随着我国的桩基动力检测技术软、硬件系统的不断完善，我国正在这方面的技术上努力赶超国际先进水平。当前我国已经编制完善了"锤击贯入试桩法规程"、"高应变动力试桩法规程"和"基桩低应变动力检测规程"等相关的技术标准，这对于提高和控制地基建设的质量将会产生积极的影响。

（2）地基加固技术。

在过去的工程地基建设中，我国传统的地基加固由于技术单一而存在很多问题。随着我国社会经济和科学技术的不断进步，现在我国已经具备了一套完善的地基加固技术系统。首先就是压密固结加固法，该种方法适用于土质松软的工地上，通过采取强夯、降水压密、真空预压、堆载预压、吹填造地等措施来加固地基。其次就是加筋体复合地基处理，这种处理方法存在普遍性，对于各种地质条件都可以进行一定的处理，这种加固处理的方法可以通过砂桩、碎石桩、水泥粉煤灰碎石桩、水泥土搅拌桩等方法来实现。最后就是换填垫层法，通过砂石垫层、灰土垫层等措施来实现，但是其适用的范围比较小，不适宜大规模的推广应用。

(3) 深基础施工。

随着建筑施工技术的不断完善，深基础施工逐步得到发展。所谓深基坑技术，就是通过其侧向支撑由桩墙和内撑组成复合的桩撑体系，这种深基础施工技术可以有效地提高地基的施工质量。

6. 地基处理计算量规范

地基处理计算量规范见表 3-3 所示。

地基处理工程量清单项目设置、项目特征描述的内容、计量单位及工程量计算规则。

表 3-3　地基处理(编号：010201)

项目编码	项目名称	项目特征	计量单位	工程量计算规则	工作内容
010201001	换填垫层	1. 材料种类及配比 2. 压实系数 3. 掺加剂品种	m^3	按设计图示尺寸以体积计算	1. 分层铺填 2. 碾压、振密或夯实 3. 材料运输
010201002	铺设土工合成材料	1. 部位 2. 品种 3. 规格	m^2	按设计图示尺寸以面积计算	1. 挖填锚固沟 2. 铺设 3. 固定 4. 运输
010201003	预压地基	1. 排水竖井种类、断面尺寸、排列方式、间距、深度 2. 预压方法 3. 预压荷载、时间 4. 砂垫层厚度		按设计图示处理范围以面积计算	1. 设置排水竖井、盲沟、滤水管 2. 铺设砂垫层、密封膜 3. 堆载、卸载或抽气设备安拆、抽真空 4. 材料运输
010201004	强夯地基	1. 夯击能量 2. 夯击遍数 3. 夯击点布置形式、间距 4. 地耐力要求 5. 夯填材料种类			1. 铺设夯填材料 2. 强夯 3. 夯填材料运输
010201005	振冲密实(不填料)	1. 地层情况 2. 振密深度 3. 孔距			1. 振冲加密 2. 泥浆运输
010201006	振冲桩(填料)	1. 地层情况 2. 空桩长度、桩长 3. 桩径 4. 填充材料种类	1. m 2. m^3	1. 以米计量，按设计图示尺寸以桩长计算 2. 以立方米计量，按设计桩截面乘以桩长以体积计算	1. 振冲成孔、填料、振实 2. 材料运输 3. 泥浆运输

3.4 混凝土及钢筋混凝土工程

3.4.1 混凝土工程

混凝土，简称为"砼(tong)"是指由胶凝材料将集料胶结成整体的工程复合材料的统称。通常讲的混凝土一词是指用水泥作胶凝材料，砂、石作骨料；与水(可含外加剂和掺合料)按一定比例配合，经搅拌而得的水泥混凝土，也称普通混凝土。

混凝土工程.mp3

混凝土工程包括配料、搅拌、运输、浇捣、养护等过程。在整个工艺过程中，各工序紧密联系又相互影响，如其中任一工序处理不当，都会影响混凝土工程的最终质量。对混凝土的质量要求，不但要具有准确的外形，而且要具有良好的强度、密实性和整体性，因此在施工中要确保混凝土工程质量。

1. 外加剂

为改善混凝土的性能提高其经济效果，以适应新结构、新技术发展的需要，人们在不断研制水泥新品种，大力改进混凝土制备、养护工艺以及砂、石配比的同时，还广泛地采用掺外加剂的方法。

1) 外加剂主要功能

(1) 改善混凝土拌合物和易性能的外加剂。包括各种减水剂、泵送剂等。

① 减水剂。是指在混凝土和易性及水泥用量不变条件下，能减少拌合用水量、提高混凝土强度；或在和易性及强度不变条件下，节约水泥用量的外加剂。

② 泵送剂。又称为混凝土泵送剂。它是一种改善混凝土泵送性能的外加剂，具有卓越的减水增强效果和缓凝保塑性能。

(2) 调节混凝土凝结时间、硬化性能的外加剂。包括缓凝剂、早强剂和速凝剂等。

① 缓凝剂。是指延长混凝土从塑性状态转化到固性状态所需的时间，并对其后期强度的发展无明显影响的外加剂。

② 早强剂。是指可使混凝土加速其硬化过程，提高早期强度，对加速模板周转、加快工程进度都有显著效果。

③ 速凝剂。是指加速水泥的凝结硬化作用，用于快速施工、堵漏、喷射混凝土等。

(3) 改善混凝土耐久性的外加剂。包括引气剂、防水剂和阻锈剂等。

① 引气剂。是指使混凝土拌合物在拌和过程中引入空气而形成大量微小、封闭而稳定气泡的外加剂。

② 防水剂。是指加在水泥中，当水泥凝结硬化时，随之体积膨胀，起补偿收缩和张拉钢筋产生预应力以及充分填充水泥间隙的作用。

③ 阻锈剂。是指以离子态或气态吸附到钢筋表面，由于钢筋的电场非常强，因此这些阻锈剂分子是朝向钢筋方向吸附的，到达钢筋表面后即与钢筋反应形成类似铁锈的化学

膜，但这一化学膜是相当钝化的，不会像铁锈一样容易溶于水而流失。

（4）改善混凝土其他性能的外加剂。包括加气剂、膨胀剂、防冻剂等。

①　加气剂。是指能产生很多密闭的微气泡，可增加水泥浆体积，减少砂石之间的摩擦力和切断与外界相通的毛细孔道。

②　膨胀剂。是指一种可以通过理化反应引起体积膨胀的材料，其体积膨胀可被应用于材料生产、无声爆破等多个领域。

③　抗冻剂。是指可以在一定负温度范围内，保持混凝体水分不受冻结，并促使其凝结、硬化。

2. 混凝土工程量计算规则

1）　现浇混凝土工程量按以下规定计算

（1）混凝土工程量除另有规定外，均按图示尺寸以体积计算。不扣除构件内钢筋、预埋铁件及墙、板单个面积 $0.3m^2$ 以内的孔洞所占体积。

（2）基础。

①　箱式满堂基础应分别按满堂基础、柱、墙、梁、板等有关规定计算并套取相应定额项目。

②　设备基础除块体以外，其他类型设备基础分别按基础、梁、柱、板、墙等有关规定计算并套取相应的定额项目。

（3）柱。

①　有梁板的柱高应自柱基上表面(或楼板上表面)至上一层楼板的上表面之间的高度计算。

②　无梁板的柱高应自柱基上表面(或楼板上表面)至柱帽下表面之间的高度计算。

③　框架柱的柱高应自柱基上表面至柱顶高度计算。

④　构造柱按全高计算，与砖墙嵌接部分的体积并入柱身体积内计算。

⑤　依附于柱上的牛腿和升板的柱帽并入柱身体积内计算。

构造柱.avi

（4）梁。

①　梁与柱连接时梁长算至柱侧面。

②　主梁与次梁连接时次梁长算至主梁侧面。

③　伸入墙内的梁头、梁垫体积并入梁体积内计算。

④　圈梁、过梁应分别计算。混凝土圈梁与过梁连接时，分别套用圈梁、过梁定额，其过梁长度按门窗外围宽度两端共加 50cm 计算。

⑤　现浇挑梁的悬挑部分按单梁计算，嵌入墙身部分按圈梁计算。

（5）墙按设计图示尺寸以"m^3"计算，应扣除门窗洞口及 $0.3m^2$ 以外孔洞所占的体积。墙垛及突出墙面部分并入墙体积内计算。墙高的确定：

①　墙与梁连接时墙算至梁底。

②　墙与板相交，板算至墙侧。

（6）板按设计图示尺寸以"m^3"计算，不扣除单个面积 $0.3m^2$ 以内柱、垛及孔洞所占的体积。

① 有梁板按梁、板体积之和计算。当有柱穿过有梁板时，应扣除其柱穿过板所占的体积。

② 无梁板按板和柱帽的体积之和计算。

③ 平板按板实体体积计算。

④ 现浇挑檐、天沟与板(包括屋面板、楼板)连接时，以外墙面为分界线，与圈梁(包括其他梁)连接时以梁外边线为分界线。外墙边线以外或梁外边线以外为挑檐、天沟。

⑤ 各类板伸入墙内的板头并入板体积内计算。

⑥ 预制板补缝宽度在 60mm 以上时，按现浇平板计算。

⑦ 阳台、雨篷按伸出外墙的水平投影面积计算，伸出墙外的牛腿不另计算。带翻边的雨篷按展开面积并入雨篷面积内计算。

⑧ 栏板以长度乘断面积按"m^3"计算。

天沟.avi   阳台.avi   雨篷.avi

(7) 整体楼梯包括休息平台、平台梁、斜梁及楼梯的连接梁，按水平投影面积计算。不扣除宽度小于 500mm 的楼梯井，伸入墙内部分不另增加。楼梯与楼板连接时，楼梯算至楼梯梁外侧面。无楼梯梁时，以楼梯的最后一个踏步边缘加 300mm 为界。圆形楼梯按悬挑楼梯段间水平投影面积计算(不包括中心柱)。

(8) 台阶按设计图示尺寸，以水平投影面积计算。台阶与平台连接时其投影面积以最上层踏步外沿加 300mm 计算。

(9) 预制钢筋混凝土框架柱、梁按设计规定的断面和长度以"m^3"计算。

(10) 现浇池、槽按实际体积计算。

(11) 散水按水平投影面积计算。

(12) 后浇带按设计图示尺寸以"m^3"计算。

2) 预制混凝土工程

(1) 混凝土工程均按图示尺寸以"m^3"计算，不扣除构件内钢筋、预埋铁件、后张法预应力钢筋的灌浆孔及单个尺寸 300×300mm 以内孔洞所占体积，扣除空心板、烟道、通风道孔洞所占体积。

(2) 预制桩按桩全长(不扣桩尖虚体积)乘以桩断面以"m^3"计算，预制桩尖按实体积计算。

(3) 混凝土与钢杆件组合的构件混凝土部分按构件实体积以"m^3"计算，钢构件按金属结构相应定额计算。

3) 构筑物钢筋混凝土工程量

(1) 构筑物混凝土除另有规定外，均按图示尺寸扣除 $0.3m^2$ 以上孔洞所占体积以实体积计算。

（2）水塔。

① 筒身与槽底以与槽底连接的圈梁底为界，以上为槽底，以下为筒身。

② 筒式塔身及依附于筒身的过梁、雨篷、挑檐等并入筒身体积内计算，柱式塔身以柱、梁合并计算。

③ 塔顶及槽底：塔顶包括顶板及圈梁，槽底包括底板挑出的斜板和圈梁等合并计算。

楼梯净高.avi　　　　散水.avi　　　　后浇带.avi

（3）贮水池不分平底、锥底、坡底均按池底计算；壁基梁、池壁不分圆形壁和矩形壁均按池壁计算；其他项目均按现浇混凝土部分相应项目计算。

（4）贮仓如由柱支承，其柱与基础按现浇混凝土相应项目计算。

（5）普通水塔、倒锥壳水塔、烟囱基础及构筑物，定额中没有的项目均按现浇混凝土部分相应或相近项目计算。

（6）现浇支架、地沟、预制支架安装均按现浇混凝土、预制混凝土构件安装相应项目计算。

（7）构筑物中有关项目的分界线按构筑物模板工程量规定界定。

4）钢筋混凝土构件接头灌缝

（1）钢筋混凝土构件接头灌缝包括构件做浆、灌缝、堵板孔、塞板、梁缝等，均按钢筋混凝土构件实体积以"m^3"计算。

（2）柱与柱基的灌缝按首层柱体积计算，首层以上柱灌缝按各层柱体积计算。

（3）空心板堵塞端头孔的人工材料已包括在定额内。

5）设备基础二次灌浆以螺栓孔体积计算，不扣除螺栓所占体积。

3. 部分定额表

部分定额见表 3-4 所示。工作内容：浇筑、振捣、养护等。

表 3-4　现浇混凝土基础定额

单位：$10m^3$

定额编号		5-1	5-2	5-3
项目		垫层	带形基础	
			毛石混凝土	混凝土
基价(元)		2831.93	3169.01	3354.20
其中	人工费(元)	468.75	447.00	432.63
	材料费(元)	2054.30	2427.32	2636.07
	机器使用费(元)	—	—	—
	其他措施费(元)	19.24	18.36	17.78

续表

定额编号			5-1	5-2	5-3
项目			垫层	带形基础	
				毛石混凝土	混凝土
其中	安文费(元)		41.82	39.90	38.65
	管理费(元)		123.91	118.21	114.53
	利润(元)		72.06	68.75	66.61
	规费(元)		51.85	49.47	47.93
名称	单位	单价(元)	数量		
综合工日	工日	—	(3.70)	(3.53)	(3.42)
预拌混凝土 C15	m³	260.00	—	—	—
预拌混凝土 C20	m³	260.00	—	8.673	10.100
塑料薄膜	m²	0.26	47.775	12.012	12.590
水	m³	5.13	3.950	0.930	1.009
毛石综合	m³	59.25	—	2.752	—
电	kW·h	0.70	2.310	1.980	2.310

3.4.2 钢筋工程

钢筋是混凝土的骨架，钢筋质量的优劣直接影响到整个建筑结构的安全性、抗震性、耐久性、整体性，钢筋工程属隐蔽工程，因此必须从钢筋进场起到钢筋隐蔽前全过程进行跟踪，保证各个环节质量，防止留下质量隐患，因此管理好钢筋工程是至关重要的。

钢筋工程.mp3

1. 钢筋的作用

用来使作用在板面的荷载能均匀地传递给受力钢筋；抵抗温度变化和混凝土收缩在垂直于板跨方向所产生的拉应力；同时还与受力钢筋绑扎在一起组合成骨架，防止受力钢筋在混凝土浇捣时的位移。

钢筋加工过程包括除锈、调直、剪切、弯曲等。

2. 钢筋的分类

1) 按轧制外形分

(1) 光面钢筋：I 级钢筋(Q235 钢钢筋)均轧制为光面圆形截面，供应形式有盘圆，直径不大于 10mm，长度为 6~12m。

(2) 带肋钢筋：有螺旋形、人字形和月牙形三种，一般 II、III 级钢筋轧制成人字形，IV 级钢筋轧制成螺旋形及月牙形。

(3) 钢线(分低碳钢丝和碳素钢丝两种)及钢绞线。

(4) 冷轧扭钢筋：经冷轧并冷扭成型。

2) 按直径大小分

钢丝(直径 3～5mm)、细钢筋(直径 6～10mm)、粗钢筋(直径大于 22mm)。

3) 按力学性能分

Ⅰ级钢筋(235/370 级)；Ⅱ级钢筋(335/510 级)；Ⅲ级钢筋(370/570 级)和Ⅳ级钢筋(540/835 级)。

4) 按生产工艺分

热轧、冷轧、冷拉钢筋，还有以Ⅳ级钢筋经热处理而成的热处理钢筋，强度比前者更高。

5) 按在结构中的作用分

受压钢筋、受拉钢筋、架立钢筋、分布钢筋、箍筋等配置在钢筋混凝土结构中的钢筋，按其作用可分为下列几种：

(1) 受力筋——承受拉、压应力的钢筋。

(2) 箍筋——承受一部分斜拉应力，并固定受力筋的位置，多用于梁和柱内。

(3) 架立筋——用以固定梁内钢箍的位置，构成梁内的钢筋骨架。

(4) 分布筋——用于屋面板、楼板内，与板的受力筋垂直布置，将承受的重量均匀地传给受力筋，并固定受力筋的位置，以及抵抗热胀冷缩所引起的温度变形。

6) 其他

因构件构造要求或施工安装需要而配置的构造筋。如腰筋，预埋锚固筋、环等。

3. 钢筋工程量计算规则

(1) 钢筋工程，应区别现浇、预制构件，不同钢种和规格，分别按设计长度乘以单位重量，以吨计算。

(2) 计算钢筋工程量时，设计已规定钢筋搭接长度的，按规定搭接长度计算；设计未规定搭接长度的，已包括在钢筋的损耗率之内，不另计算搭接长度，钢筋电渣压力焊接、套筒挤压等接头，以个计算。

(3) 先张法预应力钢筋，按构件外形尺寸计算长度，后张法预应力钢筋按设计图示规定的预应力钢筋预留孔道长度，并区别不同的锚具类型，分别按下列规定计算。

先张法.avi

① 低合金钢筋两端采用螺杆锚具时，预应力的钢筋按预留孔道长度减 0.35m，螺杆另行计算。

② 低合金钢筋一端采用镦头插片，另一端采用螺杆锚具时，预应力钢筋长度按预留孔道长度计算，螺杆另行计算。

③ 低合金钢筋一端采用镦头插片，另一端采用帮条锚具时，预应力钢筋增加 0.15m，两端采用帮条锚具时，预应力钢筋共增加 0.3m。

④ 低合金钢筋采用后张混凝土自锚时，预应力钢筋长度增加 0.35m。

⑤ 低合金钢筋或钢绞线采用 JM，XM，Q 型锚具，孔道长度在 20m 以内时，预应力钢筋长度增加 lm；孔道长度在 20m 以上时，预应力钢筋长度增加 1.8m。

⑥ 碳素钢丝采用锥形锚具，孔道长在 20m 以内时，预应力钢筋长度增加 lm；孔道长在 20m 以上时，预应力钢筋长度增加 1.8m。

⑦ 碳素钢丝两端采用镦粗头时，预应力钢丝长度增加 0.35m。

4. 部分定额表

部分定额见表 3-5 所示。工作内容：钢筋制作、运输、绑扎、安装等。

表 3-5　现浇构件圆钢筋定额

单位：t

定额编号			5-89	5-90	5-91	5-92
项目			钢筋 HPB300			
			直径(mm)			
			≤10	≤18	≤25	≤32
基价(元)			5566.78	5027.75	4561.69	4231.62
其中	人工费(元)		1158.44	782.57	520.32	437.32
	材料费(元)		3623.01	3673.55	3654.06	3490.18
	机械使用费(元)		21.48	55.71	44.20	16.12
	其他措施费(元)		47.58	32.14	21.37	17.94
	安文费(元)		103.42	69.85	46.45	38.99
	管理费(元)		306.42	206.96	137.64	115.53
	利润(元)		178.20	120.36	80.05	67.19
	规费(元)		128.23	86.61	57.60	48.35
名称	单位	单价(元)	数量			
综合工日	工日	—	(9.15)	(6.18)	(4.11)	(3.45)
钢筋 HPB300Φ10 以内	kg	3.50	1020.000	—	—	—
钢筋 HPB300Φ12～Φ18	kg	3.50	—	1025.000	—	—
钢筋 HPB300Φ20～Φ25	kg	3.50	—	—	1025.000	—
钢筋 HPB300Φ25 以上	kg	3.40	—	—	—	1025.000
镀锌铁丝Φ0.7	kg	5.95	8.910	3.456	1.370	0.870
低合金钢焊条 E43 系列	kg	14.20	—	4.560	4.080	—
水	m³	5.13	—	0.144	0.093	—
钢筋调直机 40mm	台班	35.16	0.240	0.080	—	—
钢筋切断机直径(mm)40	台班	40.37	0.110	0.090	0.100	0.130
钢筋弯曲机直径(mm))40	台班	24.56	0.350	0.230	0.180	0.180
直流弧焊机容量(kV·A)32	台班	87.69	0.380	0.340	-	
对焊机容量	台班	107.57	-	0.090	0.050	0.060
电焊条烘干箱容量 (cm³)45×35×45	台班	16.25	-	0.038	0.034	-

　　【案例 3-2】某钢筋混凝土框架柱 10 根，尺寸如图 3-16 所示，混凝土强度等级为 C30，混凝土保护层 25mm。混凝土由施工企业自行采购，商品混凝土供应价为 183 元/m³。施工企业采用混凝土运输车运输，运距为 8km，管道泵送混凝土。钢筋现场制作及安装，箍筋加钩长度为 100mm。

计算钢筋混凝土框架柱混凝土及钢筋工程量，确定定额项目。

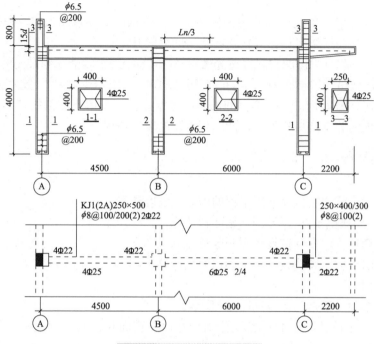

图 3-16 框架柱钢筋构造图

3.5 门 窗 工 程

门

门是指建筑物的出入口或安装在出入口能开关的装置，门是分割有限空间的一种实体。

1. 门的分类

(1) 按材料和用途及形式分：实木门、钢木门、免漆门、竹木门、安全门、钢质门、装甲门、装饰工艺门、防火门、复合门、模压门、防盗门、铝合金门、木塑门、吸塑门、隔断门、橱柜门、铜雕工艺门、镶嵌玻璃木门、自动门、伸缩门，防爆玻璃门等。

(2) 按位置分：外门、内门、中门。

(3) 按开户方式分：平开门、弹簧门、推拉门、折叠门、转门、卷帘门，生态门等。

(4) 按作用分：大门、进户门、室内门、防爆门、防火门等。

2. 门的作用

(1) 水平交通与疏散。建筑给人们提供了各种使用功能的空间，它们之间既相对独立又相互联系，门能在室内各空间之间以及室内与

门.avi

门的作用.mp3

室外之间起到水平交通联系的作用;同时,当有紧急情况和火灾发生时,门还起交通疏散的作用。

(2) 围护与分隔。门是空间的围护构件之一,依据所处环境起保温、隔热、隔声、防雨、密闭等作用,门还以多种形式按需要将空间分隔开。

(3) 采光与通风。当门的材料以透光性材料(如玻璃)为主时能起到采光的作用,如阳台门等;当门采用通透的形式(如百叶门等)时,可以通风,常用于要求换气量大的空间。

(4) 装饰。门是人们进入一个空间的必经之路,会给人留下深刻的印象。门的样式多种多样,和其他的装饰构件相配合,能起到重要的装饰作用。

3. 工程量计算

1) 木门

(1) 成品木门框安装按设计图示框的中心线长度计算。

(2) 成品木门扇安装按设计图示扇面积计算。

(3) 成品套装木门安装按设计图示数量计算。

(4) 木质防火门安装按设计图示洞口面积计算。

2) 金属门

(1) 铝合金门、塑钢门按设计图示门计算。

(2) 门连窗按设计图示洞口面积分别计算门、窗面积,其中窗的宽度算至门框的外边线。

(3) 钢质防火门、防盗门按设计图示门洞口面积计算。

3) 厂库房大门、特种门

厂库房大门、特种门按设计图示门洞口面积计算。

4) 门钢架、门窗套

(1) 门钢架按设计图示尺寸以质量计算。

(2) 门钢架基层、面层按设计图示饰面外围尺寸展开面积计算。

(3) 门窗套龙骨、面层、基层均按设计图示饰面外围尺寸展开面积计算。

(4) 成品门窗套按设计图示饰面外围尺寸展开面积计算。

4. 木门的定额表

木门的定额见表3-6所示。工作内容:门框、门套、门扇安装,框周边塞缝等。

【例3-5】 木门如图3-17所示,计算其工程量。

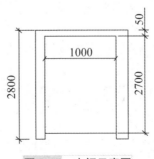

图 3-17 木门示意图

解: 计算工程量

(1) 门框制作安装工程量

框长: (2.8+1.1)×2=7.8(m)

(2) 门扇制作安装工程量。

外围面积: 2.7×1=2.7(m²)

表 3-6 成品木门定额

单位: m²

定额编号			8-1	8-2
项目			成品木门扇安装	成品木门框安装(mm)
基价(元)			55690.42	1197.85
其中		人工费(元)	1485.46	600.58
		材料费(元)	53478.09	303.54
		机械使用费(元)	—	—
		其他措施费(元)	61.00	24.65
		安文费(元)	132.57	53.57
		管理费(元)	251.91	101.80
		利润(元)	117.01	47.28
		规费(元)	164.38	66.43
名称	单位	单价(元)	数量	
综合工日	工日	-	(11.73)	(4.74)
成品装饰门扇	m²	520.00	100.000	—
成品木窗框	m	—	—	(100.00)
木材(成材)	m³	2500.00	0.003	0.106
防腐油	kg	1.48	—	6.710
不锈钢合页	个	12.00	115.070	—
沉头木螺钉 L32	个	0.03	724.941	—
圆钉	kg	7.00	—	1.040
水砂纸	张	0.42	161.900	—
水泥砂浆 1:3	m³	193.91	—	0.110

3.5.2 窗

窗: 是指房屋通风透气的装置。

1. 窗的分类

1) 根据使用材料不同分

(1) 木窗。

木窗加工方便,过去使用较普遍,缺点是耐久性差,容易变形。

窗.avi

（2）钢窗。

钢窗根据断面分实腹和空腹两种。钢窗耐久、坚固、防火、挡光少，对采光有利，可节约木材，缺点是关闭不严、空隙大，目前在民用建筑中基本不用。

（3）塑料窗。

塑料窗的窗框、窗扇部分均为硬质塑料构成，断面为空腹，一般采用挤压成型。由于抗老化、易变形等问题已基本解决，故现在大量使用。

（4）铝合金窗。

主要用于商店橱窗等窗型。铝合金是采用铝镁硅系列钢材，断面空腹形，具有美观、密封、强度高等特点，广泛应用于建筑工程领域。

2）根据开启方式不同分

（1）内开窗。

窗扇开向室内。这种做法的优点是便于安装、修理、擦洗，在风雨侵袭时不宜损坏。缺点是纱窗在外，容易锈蚀，不易于挂窗帘，并且占据室内部分空间。这种做法适应于墙体较厚或某些要求内开的建筑中。

（2）外开窗。

窗扇开向室外。这种做法的优点是不占室内空间，但这种窗的安装、修理、擦洗都不便，而且容易受风的袭击、碰坏。高层建筑应尽量少用。

（3）旋转窗。

旋转窗的特点是窗扇水平轴旋转开启。由于旋转轴的安装位置不同，分上悬窗、中悬窗、下悬窗；也可以沿垂直轴旋转而成垂直旋转窗。

（4）推拉窗。

推拉窗的优点是不占空间。一般分左右推拉窗和上下推拉窗。左右推拉窗比较常见，构造简单。上下推拉窗是用重锤通过钢丝绳平衡窗扇，构成较为复杂。

（5）百叶窗。

百叶窗是由斜木片或金属片组成的通风窗。多用于有特殊要求的部位。

内开窗.avi　　　　内开窗.mp4　　　　外开窗.avi　　　　旋转窗.avi　　　　推拉窗.avi

2. 工程量计算规则

1）窗台板、窗帘盒、窗帘轨

（1）窗台板按设计图示长度乘以宽度以面积计算。图纸未注明尺寸的，窗台板长度可按窗框的外围宽度两边共加 100mm 计算，窗台板凸出墙面的宽度按墙面外加 50mm 计算。

（2）窗帘盒、窗帘轨按设计图示长度计算。

2）金属窗

（1）铝合金窗(飘窗、阳台封闭窗除外)、塑钢窗按设计图示窗洞口面积计算。

(2)　飘窗、阳台封闭窗按设计图示框型材外边线尺寸以展开面积计算。

(3)　防盗窗按设计图示窗框外围面积计算。

3)　金属卷帘

金属卷帘按设计图示卷帘门宽度乘以卷帘门高度以面积计算。电动装置安装按设计图套数计算。

4)　木窗

(1)　木质窗。

①　以樘计量，按设计图示数量计算。

②　以平方米计量，按设计图示洞口尺寸以面积计算。

(2)　木飘(凸)窗、木橱窗。

①　以樘计量，按设计图示数量计算。

②　以平方米计量，按设计图示尺寸以框外围展开面积计算。

(3)　木纱窗。

①　以樘计量，按设计图示数量计算。

②　以平方米计量，按框的外围尺寸以面积计算。

3. 部分定额表

部分定额见表 3-7 所示。

表 3-7　铝合金窗

定额编号		8-62	8-63	8-64
项目		隔热断桥铝合金		
		普通窗安装		
		推拉	平开	内平开下悬
基价(元)		55908.32	57698.91	64667.09
其中	人工费(元)	2283.96	2846.86	3548.04
	材料费(元)	52506.46	535459.02	59382.72
	机械使用费(元)	—	—	—
	其他措施费(元)	93.81	116.90	145.70
	安文费(元)	203.89	254.07	316.69
	管理费(元)	387.43	482.78	601.76
	利润(元)	179.96	224.25	279.51
	规费(元)	252.81	315.03	392.67

名称	单位	单价(元)	数量		
综合工日	工日	-	(18.04)	(22.48)	(28.02)
铝合金隔热断桥内平开下悬窗(含中空玻璃)	m²	535.50	—	—	94.590
铝合金隔热断桥平开窗(含中空玻璃)	m²	473.00	—	94.590	—

续表

名称	单位	单价(元)	数量		
综合工日	工日	-	(18.04)	(22.48)	(28.02)
铝合金隔热断桥推拉窗(含中空玻璃)	m²	464.50	94.430	—	—
铝合金门窗配件固定链接铁件(地脚)3mm×30mm×300mm	个	0.63	552.642	714.555	714.555
聚氨酯发泡密封胶(750ml/支)	支	23.30	142.719	151.372	151.372
硅酮耐候密封胶	kg	41.53	98.717	102.242	102.242
镀锌自攻螺钉 ST5×16	个	0.03	574.529	742.854	742.854
塑料膨胀螺栓	套	0.50	558.113	721.630	721.630
电	kW·h	0.70	7.000	7.000	7.000
其他材料费	%	—	0.200	0.200	0.0200

【例 3-6】 计算图 3-18 所示单玻木窗的工程量。

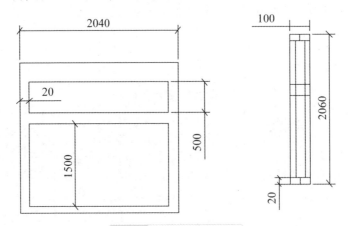

图 3-18　单玻木窗示意图

解： 计算工程量：

① 窗框工程量

框长：2.04×3+(1.5+0.5)×2=10.12(m)

② 玻璃窗扇工程量

外围面积：(0.5+1.5)×2=4(m²)

3.6　墙　体　工　程

3.6.1　砖墙

1. 砖墙概述

用砖块跟混凝土砌筑的墙，具有较好的承重、保温、隔热、隔声、防火、耐久等性能，为低层和多层房屋广泛采用。砖墙可作承重墙、外围护墙和内分隔墙。

(1) 承重墙指支撑着上部楼层重量的墙体，在工程图上为黑色墙体，打掉会破坏整个建筑结构；非承重墙是指不支撑着上部楼层重量的墙体，只起到把一个房间和另一个房间隔开的作用，在工程图上为中空墙体，是否有这堵墙对建筑结构没什么大的影响。

砖墙.mp3

(2) 外围护墙是指建筑外围的砌筑墙体。

(3) 不承重的内墙叫隔墙(死隔断)。根据人们生活、生产活动的需要，将建筑物分隔成不同使用功能空间的墙体均称隔墙。对隔墙的基本要求是自身质量小，以便减少对地板和楼板层的荷载；厚度薄，以增加建筑的使用面积；并根据具体环境要求如隔声、耐水、耐火等特点设置。

2. 强度和稳定性

砖砌体的强度随着砖和砂浆的标号提高而增大。砖砌体的强度约为所用砖块强度的20～35%；在砌缝中设置钢筋网片能够提高砌体的强度。如每隔两皮砖放置直径 4～6 毫米钢筋网的砌体，其容许应力可提高 1.5～2 倍。在多层房屋中，砖墙的稳定性是通过相邻垂直的墙体和上下楼板(或屋顶层)的连接而得到加强。

3. 砖墙的优点

(1) 牢固、隔音效果好；

(2) 冷气和暖气不易流失。

4. 砖墙的缺点

(1) 易受潮。

(2) 抗压、抗剪强度较小。

5. 砌墙砌筑形式

(1) 一顺一丁砖墙砌筑形式。

一顺一丁，也称满丁满条，是指一皮全部顺砖与一皮全部丁砖叠砌而成的墙面，上、下皮竖缝相互错开 1/4 砖长。此种形式可分为顺砖层上下对齐的十字缝和顺砖层上、下错开半砖的骑马缝两种形式。

一顺一丁.avi

一顺一丁砌筑形式，适合于砌筑一砖、一砖半及二砖墙。这种形式的优点为各皮砖间错缝搭接牢靠，墙体整体性较好，操作时变化小，易于掌握，砌筑时墙面也容易控制平直。其缺点为当砖的规格不一致时，竖缝不易对齐，在墙的转角、丁字接头、门和窗洞口等处都要砍砖，因此砌筑效率受到一定限制。

(2) 三顺一丁砖墙砌筑形式。

三顺一丁砌法是指三皮全部顺砖与一皮全部丁砖相互交替叠砌而成，上、下皮顺砖之间搭接 1/2 砖长，顺砖与丁砖之间搭接 1/4 砖长，同时要求檐墙与山墙的丁砖层不在同一皮，以利于三顺一丁砌筑形式适用于砌筑一砖和一砖半墙。

三顺一丁.avi

这种形式的优点为出面砖较少，在转角处，十字与丁字接头、门窗洞口等处可减少打"七分头"，操作较快，可提高工作效率。其缺点为顺砖层较多，不易控制墙面的平整，当砖较湿或砂浆较稀时，顺砖层不易砌平，而且容易向外挤出，影响质量。

(3) 梅花丁砖墙砌筑形式。

梅花丁又称沙包式和十字式，是指每皮砖内丁砖与顺砖间隔砌筑，上皮丁砖坐中于下皮顺砖，上、下皮间竖缝相互错开 1/4 砖长。梅花丁砌法适于砌筑一砖或一砖半的清水墙或砖的规格不一致的墙体。

该种形式的优点为灰缝整齐，美观，尤其适宜于清水外墙。其缺点为由于顺砖与丁砖交替砌筑，影响操作速度，工效较低。

梅花丁.avi

(4) 两平一侧。

两平一侧是指由二皮顺砖和旁砌一块侧砖相隔砌成。当墙厚为 3/4 砖长时，平砌砖均为顺砖，上、下皮平砌顺砖间竖缝错开 1/2 砖长；上、下皮平砌顺砖与侧砌顺砖间竖缝相互错开 1/2 砖长；上、下皮丁砖与侧砌顺砖间竖缝相互错开 1/4 砖长。这种砌筑形式费工，但节约用砖，适合于 3/4 砖墙和 1 砖砖墙。

两平一侧.avi

(5) 全顺。

全顺，也称条砌法，是指各皮均为顺砖，上、下两皮竖缝相互错开 1/2 砖长，适合于砌半砖墙。

全顺.avi

6. 墙体工程量的计算规则

$$墙体体积=长×宽×高-门窗洞口体积-$$
$$墙内过梁-墙内柱-墙内梁 \qquad (3-9)$$

1) 实心砖墙、空心砖墙及石墙均按设计图示尺寸以体积计算

扣除门窗洞口、过人洞、空圈、嵌入墙内的钢筋混凝土柱、梁、圈梁、挑梁、过梁及凹进墙内的壁龛、管槽、暖气槽、消火栓箱所占体积。不扣除梁头、板头、檩头、垫木、木楞头、沿缘木、木砖、门窗走头、砖墙内加固钢筋、木筋、铁件、钢管及单个面积 $0.3m^2$ 以内的孔洞所占体积。凸出墙面的腰线、挑檐、压顶、窗台线、虎头砖、门窗套的体积亦不增加，凸出墙面的砖垛并入墙体体积内。

2) 墙长度

外墙按中心线，内墙按净长线计算。

3) 墙高度

(1) 外墙：斜(坡)屋面无檐口天棚的算至屋面板底；有屋架且室外均有天棚的算至屋架下弦底另加 200mm；无天棚的算至屋架下弦底另加 300mm，出檐宽度超过 600mm 时按实砌高度计算；平屋面算至钢筋混凝土板底。

(2) 内墙：位于屋架下弦的，算至屋架下弦底；无屋架的算至天棚底另加 100mm；有钢筋混凝土楼板隔层的算至楼板顶；有框架梁时算至梁底。

(3) 女儿墙：从屋面板上表面算至女儿墙顶面(如有混凝土压顶时算至压顶下表面)。

(4) 内、外山墙：按其平均高度计算。

女儿墙.avi

(5) 围墙：高度算至压顶上表面(如有混凝土压顶时算至压顶下表面)，围墙柱并入围墙体积内。

(6) 框架间墙：不分内外墙按墙体净尺寸以体积计算。

4) 墙厚度

(1) 标准砖以 240mm×115mm×53mm 为准，其砌体厚度见表 3-8 所示。

表 3-8　标准砖体计算厚度表

砖数(厚度)	1/4	1/2	3/4	1	3/2	2	5/2	3
计算厚度(mm)	53	115	178	240	365	490	615	740

(2) 使用非标准砖时，其砌体厚度应按砖实际规格和设计厚度计算；如设计厚度与实际规格不同时，按实际规格计算。

7．部分定额表

部分定额见表 3-9 所示。工作内容：调、运、铺砂浆，运、砌砖，安放木砖、垫块。

表 3-9　砖墙、空斗墙、空花墙定额

单位：10m³

定额编号			4-2	4-3	4-4	4-5	4-6
项目			单面清水砖墙				
			1/2 砖	3/4 砖	1 砖	1 砖半	2 砖及 2 砖以上
基价			5410.44	5317.38	4782.06	4603.22	44552.58
其中	人工费(元)		2194.72	2134.64	1792.75	1669.76	1573.05
	材料费(元)		1971.07	1967.12	1959.69	1969.10	1967.88
	机械使费用(元)		39.09	42.84	45.80	48.17	49.15
	其他措施费(元)		89.91	87.46	73.37	68.33	64.32
	安文费(元)		195.42	190.10	159.47	148.51	139.81
	管理费(元)		402.79	391.84	328.71	306.11	288.17
	利润(元)		275.14	267.66	224.53	209.10	196.85
	规费(元)		242.30	235.72	197.74	184.14	173.35
名称	单位	单价	数量				
综合工日	工日	—	(17.29)	(16.82)	(14.11)	(13.14)	(12.37)
烧结煤矸石普通砖 240×115×53	千块	287.50	5.5885	5.456	5.337	5.290	5.254
干混砌筑砂浆 DM M10	m³	180.00	1.978	2.163	2.313	2.440	2.491
水	m³	5.13	1.130	1.100	1.060	1.070	1.060
其他材料	%	—	0.180	0.180	0.180	0.180	0.180
干混砂浆罐式搅拌机 公称储量(L)20000	台班	197.40	0.198	0.217	0.232	0.244	0.249

3.6.2 砌块墙

砌块墙是指用砌块和砂浆砌筑成的墙体，可作工业与民用建筑的承重墙和围护墙。根据砌块尺寸的大小分为小型砌块、中型砌块和大型砌块墙体。按材料可以分为加气混凝土墙、硅酸盐砌块墙、水泥煤渣空心墙等。

砌块墙.mp3

1. 砌块墙的分类

(1) 块体一般包括：实心砖、空心砖、轻骨料混凝土砌块、混凝土空心砌块、毛料石、毛石等。

(2) 砂浆一般包括：混合砂浆、水泥砂浆。

(3) 砌筑方法包括：对于砖墙来说包括"三一"砌砖法、"二三八一"砌砖法、挤浆法、刮浆法和满口灰法。

① "三一"砌砖法。即是一块砖、一铲灰、一揉压并随手将挤出的砂浆刮去的砌筑方法。这种砌法的优点：灰缝容易饱满，黏结性好，墙面整洁。故实心砖砌体宜采用"三一"砌砖法。

② "二三八一"砌砖法。"二三八一"操作法就是把瓦工砌砖的动作过程归纳为二种步法，三种弯腰姿势，八种铺灰手法，一种挤浆动作，叫作"二三八一"砌砖动作规范，简称"二三八一"操作法。采用此法能较好地保证砌筑质量。

③ 挤浆法。即用灰勺、大铲或铺灰器在墙顶上铺一段砂浆，然后双手拿砖或单手拿砖，把砖挤入砂浆中一定厚度后把砖放平，达到下齐边、上齐线、横平竖直的方法。可以连续挤砌几块砖，减少烦琐的动作；平推平挤可使灰缝饱满；效率高；保证砌筑质量。

④ 满口灰法。满口灰砌砖法是建筑砌筑施工作业中常使用的一种砌筑方法。是指将砂浆刮满在砖面和砖棱上，随即砌筑的方法。砌筑质量好，但效率低。

"三一"砌筑法.avi   "二三八一"砌砖法.avi   挤浆法.avi

2. 砌块施工工艺

砌块施工的主要工序是：铺灰、砌块吊装就位、校正、灌缝和镶砖。

(1) 铺灰。

砌块墙体所采用的砂浆，应具有良好的和易性，其稠度以 50～70mm 为宜，铺灰应平整饱满，每次铺灰长度一般不超过 5cm，炎热天气及严寒季节应适当缩短。

(2) 砌块吊装就位。

砌块安装通常采用两种方案：一是以轻型塔式起重机进行砌块、砂浆的运输，以及楼板等预制构件的吊装。二是以井架进行材料的垂直运输、杠杆车进行楼板吊装，所有预制构件及材料的水平运输则用砌块车和劳动车，台灵架负责砌块的吊装，前者适用于工程量大或两栋房屋对翻流水的情况，后者适用于工程量小的房屋。

砌块的吊装一般按施工段依次进行，其次序为先外后内，先远后近，先下后上，在相邻施工段之间留阶段梯形斜槎。吊装时应从转角处或砌块定位处开始，采用摩擦式夹具，按砌块排列图将所需的砌块吊装就位。

(3) 校正。

砌块吊装就位后，用托线板检查砌块的垂直度，拉准线检查水平度，并用撬棍、楔块调整偏差。

(4) 灌缝。

竖缝可用夹板在墙体内外夹住，然后灌砂浆，用竹片插或铁棒捣使其密实。当砂浆吸水后用刮缝板把竖缝和水平缝刮齐。灌缝后，一般不应再撬动砌块，以防损坏砂浆黏结力。

(5) 镶砖。

当砌块间出现较大竖缝或过梁找平时，应镶砖。镶砖砌体的竖直缝和水平缝应控制在15～30mm 以内。镶砖工作应在砌块校正后立即进行，砌筑镶砖时应注意使砖的竖缝密实。

3. 砌块墙工程量计算规范

按图示尺寸以立方米计算，按计算规定需要镶嵌砖砌体部分已包括在定额内，不另计算。

4. 部分定额表

部分定额表见表 3-10 所示。工作内容：调、运、铺砂浆，运、安装砌块洞口侧边竖砌砌块砂浆灌芯，安放木砖、垫块。

表 3-10　砌块砌体

单位：10m³

定额编号		4-40	4-41	4-42
项目		烧结空心砌砖墙		
		墙厚(卧砌)		
		240	190	115
基价		5834.90	5957.20	6004.47
其中	人工费(元)	1147.69	1226.76	1257.30
	材料费(元)	4038.63	4038.63	4038.63
	机械使用费(元)	17.57	17.57	17.57
	其他措施费(元)	47.06	50.28	51.53
	安文费(元)	102.28	109.29	112.00
	管理费(元)	210.83	225.27	230.86
	利润(元)	144.01	153.88	157.70
	规费(元)	126.83	135.52	138.88

续表

名称	单位	单价	数量		
综合工日	工日	—	(9.05)	(9.67)	(9.91)
烧结页岩空心砌块 290×115×190	m³	418.00	—	—	9.250
烧结页岩空心砌块 290×190×190	m³	418.00	—	9.250	—
烧结页岩空心砌块 290×240×190	m³	418.00	9.250	—	—
干混砌筑砂浆 DM M10	m³	180.00	0.890	0.890	0.890
水	m³	5.13	1.100	1.100	1.100
其他材料费	%	—	0.156	0.156	0.156
干混砂浆罐式搅拌机 公称储量 (L)20000	台班	197.40	0.089	0.089	0.089

【**案例 3-3**】 某单层建筑物如图 3-19 所示，墙身为 M2.5 混合砂浆砌筑的标准黏土砖，内外墙厚均为 370mm，混水砖墙。GZ 为 370mm ×370mm 从基础到板顶，女儿墙处 GZ 为 240mm×240mm 到压顶上表面，梁高为 500mm，门窗洞口上全部采用砖平璇过梁。M1 为 1500mm×2700mm，M2 为 1000mm×2700mm，C1 为 1800mm×1800mm。计算砖墙工程量，确定定额项目。

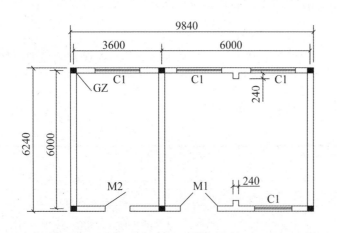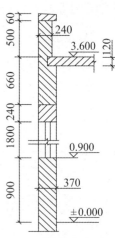

图 3-19 某单层建筑物示意图

3.6.3 其他墙体

1. 墙体分类

1) 按墙体材料分类

(1) 加气混凝土砌块墙。

加气混凝土是一种轻质材料，其成分为水泥、砂子、磨细矿渣、粉煤灰等，用铝粉作发泡剂，经蒸养而成。加气混凝土具有质量轻、隔音、保温性能好等特点。这种材料多用于非承重的隔墙及框架结构的填充墙。

(2)　石材墙。

石材是一种天然材料，主要用于山区和产石地区。分为乱石墙、整石墙和包石墙等做法。

(3)　板材墙。

板材以钢筋混凝土板材、加气混凝土板材为主，玻璃幕墙亦属此类。

(4)　整体墙。

整体墙是指框架内现场制作的整块式墙体，具有无砖缝、板缝，整体性能突出的特点，主要用材以轻集料钢筋混凝土为主，操作工艺采用喷射混凝土工艺，整体强度略高于其他结构，适用于地震多发区、大跨度厂房建设和大型商业中心隔断。

2)　按墙体位置分类

墙体按所在位置一般分为外墙及内墙两部分，每部分又各有纵、横两个方向，这样共形成四种墙体，即纵向外墙、横向外墙(又称山墙)、纵向内墙、横向内墙。

3)　按墙体受力分类

墙体根据结构受力情况不同，有承重墙和非承重墙之分。凡直接承受上部屋顶、楼板所传来荷载的墙称承重墙；凡不承受上部荷载的墙称非承重墙，非承重墙包括隔墙、填充墙和幕墙。隔墙起分隔室内空间的作用，应满足隔声、防火等要求，其重量由楼板或梁承受；填充墙一般填充在框架结构的柱墙之间；幕墙则是悬挂于外部骨架或楼板之间的轻质外墙。

按墙体受力分类.mp3

4)　按墙体构造分类

按构造方式不同，可以分为实体墙、空体墙、复合墙。实体墙：单一材料(砖、石块、混凝土和钢筋混凝土等)和复合材料(钢筋混凝土与加气混凝土分层复合、黏土砖与焦渣分层复合等)砌筑的不留空隙的墙体；空体墙是指内留有空腔的墙体，如空斗墙。复合墙：是由两种或两种以上的材料组合而成的墙体。

3.7　装饰抹灰工程

3.7.1　装饰工程

装饰工程是指房屋建筑施工中包括抹灰、油漆、刷浆、玻璃、裱糊、饰面、罩面板和花饰等工艺的工程，它是房屋建筑施工的最后一个施工过程，其具体内容包括内外墙面和顶棚的抹灰，内外墙饰面和镶面、楼地面的饰面、房屋立面花饰的安装、门窗等木制品和金属品的油漆刷浆等。

装饰工程.mp3

装饰工程主要分为门窗工程、吊顶工程、幕墙工程、抹灰工程、饰面板(砖)工程、楼地面工程、涂料工程、刷浆工程、裱糊工程。

1. 装饰工程的作用

(1)　满足使用功能的要求。

任何空间的最终目的都是用来完成一定的功能。装饰工程的作用是根据功能的要求对现有的建筑空间进行适当的调整，以便建筑空间能更好地为功能服务。

(2) 满足人们对审美的要求。

人们除了对空间有功能上的要求外，还对空间有美观方面的要求，这种要求随着社会的发展而迅速地提升。这就要求装饰工程完成以后，不但要完成使用功能的要求，还要满足使用者的审美要求。

(3) 保护建筑结构。

装饰工程不但不能破坏原有的建筑结构，而且还要对建筑过程中没有进行很好保护的部位进行补充保护处理。装饰工程采用现代装饰材料及科学合理的施工工艺，对建筑结构进行有效的包覆施工，使其免受风吹雨打、湿气侵袭、有害介质的腐蚀以及机械作用的伤害等，从而起到保护建筑结构，增强耐久性，延长建筑物使用寿命的作用。

2. 装饰工程上的三点创新

(1) 站在提升客户品牌、促进产品销售、控制客户成本的高度上进行开展服务；

(2) 引进价值链管理服务，降低客户的费用成本，同时增强服务价值感；

(3) 强化空间智能技术的开发和应用，让商业空间的功能人性化、生态化。

3.7.2　抹灰工程

抹灰工程是指用抹面砂浆涂抹在基底材料的表面，具有保护基层和增加美观的作用，为建筑物提供特殊功能的系统施工过程。抹灰工程具有两大功能：一是防护功能，保护墙体不受风、雨、雪的侵蚀，增加墙面防潮、防风化、隔热的能力，提高墙身的耐久性能，热工性能；二是美化功能，改善室内卫生条件，净化空气，美化环境，提高居住舒适度。

抹灰工程.mp3

1. 抹灰工程的分类

1) 按施工工艺不同分

按施工工艺不同，抹灰工程分为一般抹灰、清水砌体勾缝等。一般抹灰是指在建筑物墙面(包括混凝土，砌筑体，加气混凝土砌块等墙体立面)涂抹石灰砂浆，水泥砂浆，水泥混合砂浆，聚合物水泥砂浆和麻刀石灰，纸筋石灰，石膏灰等。

一般抹灰所用的材料为石灰砂浆、混合砂浆、水泥砂浆、聚合物水泥砂浆以及麻刀灰、纸筋灰、石膏灰等。一般抹灰按质量分为普通抹灰、中级抹灰、高级抹灰三个等级；按部位分为墙面抹灰、顶棚抹灰和地面抹灰等。

装饰抹灰是指在建筑物墙面涂抹水砂石、斩假石、干粘石、假面砖等。砂浆装饰抹灰根据使用材料、施工方法和装饰效果不同，可分为拉毛灰、甩毛灰、搓毛灰、扫毛灰、拉条抹灰、装饰线条毛灰、假面砖、人造大理石以及外墙喷涂、滚涂、弹涂和机喷石屑等装饰抹灰。石渣装饰抹灰根据使用材料、施工方法、装饰效果不同，分为刷石、假石、磨石、粘石和机喷石粒、干粘瓷粒及玻璃球等装饰抹灰。

2) 按施工方法分

按施工方法分为普通抹灰和高级抹灰两个等级。抹灰等级应由设计单位按照国家有关规定，根据技术经济条件和装饰美观的需要来确定，并在施工图纸中注明。当无设计要求的时候，按普通抹灰施工。

3) 按施工空间位置分

按施工空间位置抹灰工程分内抹灰和外抹灰。通常把位于室内各部位的抹灰叫内抹灰，如楼地面、内墙面、阴阳角、护角、顶棚、墙裙、踢脚线、内楼梯等；把位于室外各部位的抹灰叫外抹灰，如外墙、雨蓬、阳台、屋面等。

阴阳角.avi   墙裙.avi   踢脚线.avi

(1) 内抹灰。

内抹灰主要是保护墙体和改善室内卫生条件，增强光线反射，美化环境；在易受潮湿或酸碱腐蚀的房间里，主要起保护墙身、顶棚和楼地面的作用。建筑施工中通常将采用一般抹灰构造作为饰面层的装饰装修工程称为"毛坯装修"。

(2) 外抹灰。

外抹灰主要是保护墙身、顶棚、屋面等部位不受风、雨、雪的侵蚀，提高墙面防潮、防风化、隔热的能力，增强墙身的耐久性，也是对各种建筑表面进行艺术处理的有效措施。

2. 工程计算

1) 内墙面抹灰工程量计算

内墙面抹灰工程量，等于内墙面长度乘以内墙面的抹灰高度以平方米计算。扣除门窗洞口和空圈所占的面积，不扣除踢脚板、挂镜线、0.3m² 以内的孔洞和墙与构件交接处的面积，洞口侧壁和顶面亦不增加。墙垛和附墙烟囱侧壁面积与内墙抹灰工程量合并计算。

(1) 内墙面抹灰的长度，以主墙间的图示净长尺寸计算。

(2) 无墙裙的，按室内地面或楼面至天棚底面之间距离计算无墙裙的。

(3) 有墙裙的，按墙裙顶至天棚底面之间的距离计算。

说明：

① 墙与构件交接处的面积(如图 3-20 所示)，主要是指各种现浇或预制梁头伸入墙内所占的面积。

② 由于一般墙面先抹灰后做吊顶，所以钉板条顶棚的墙面抹灰时应抹至顶棚底面，再另加 100mm。

③ 墙裙单独抹灰时，工程量应单独计算，内墙抹灰也要扣除墙裙工程量。

计算公式：

内墙抹灰面积=(主墙间净长+墙垛和附墙烟囱侧壁宽)×(室内净高-墙裙高)-
      门窗洞口及大于 0.3m² 孔洞面积；

式中：室内净高 $=\begin{cases}\text{有吊顶：楼面或地面至顶棚底另加100mm}\\\text{无吊顶：楼面或地面至顶棚底净高}\end{cases}$ (3-10)

④ 内墙裙抹灰面积按内墙净长乘以高度计算。应扣除门窗和空圈所占的面积，门窗洞口的侧壁面积不另增加，墙垛、附墙烟囱侧壁面积并入墙裙抹灰面积计算。

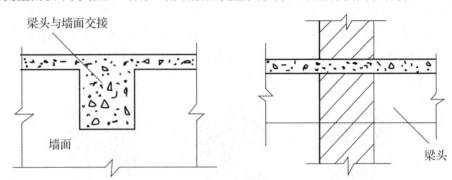

图 3-20　墙与构件交界处面积示意图

2) 外墙面抹灰工程量计算

(1) 外墙面抹灰工程量按外墙面的垂直投影面积以平方米计算。应扣除门窗洞口、外墙裙和大于 0.3m² 孔洞所占面积，洞口侧壁面积不另增加。附墙垛、梁、柱侧面抹灰面积并入外墙面抹灰工程量内计算。

外墙面高度均由室外地坪算起，向上算至：平屋顶有挑檐(天沟)的，算至挑檐(天沟)底面；平屋顶无挑檐天沟、带女儿墙的，算至女儿墙压顶底面；坡屋顶带檐口天棚的，算至檐口天棚底面；坡屋顶带挑檐无檐口天棚的，算至屋面板底。

(2) 外墙裙抹灰面积按其长度乘高度计算，扣除门窗洞口和大于 0.3m2 孔洞所占的面积，门窗洞口及孔洞的侧壁不增加。

(3) 窗台线、门窗套、挑檐、腰线、遮阳板等展开宽度在 300mm 以内者，按装饰线以延长米计算，如展开宽度超过 300mm 以上时，按图示尺寸以展开面积计算，套零星抹灰定额项目。

(4) 阳台栏板(不扣除花格所占孔洞面积)内侧与阳台栏板外侧抹灰工程量(按其投影面积计算，块料按展开面积计算)。

(5) 阳台底面抹灰按水平投影面积以平方米计算，并入相应天棚抹灰面积内。阳台如带悬臂梁者，其工程量应再乘系数 1.30。

(6) 雨篷底面或顶面抹灰分别按水平投影面积以平方米计算，并入相应天棚抹灰面积内。雨篷顶面带反梁者，其工程量乘系数 1.20，底面带悬臂梁者，其工程量乘以系数 1.20，雨篷外边线按相应装饰或零星项目执行。

(7) 墙面勾缝按垂直投影面积计算，应扣除墙裙和墙面抹灰的面积，扣除门窗洞口、门窗套、腰线等零星抹灰所占的面积，附墙柱和门窗洞口侧面的勾缝面积亦不增加。独立柱、房上烟囱勾缝，按图示尺寸以平方米计算。

3) 外墙装饰抹灰工程量计算

(1) 外墙各种装饰抹灰均按图示尺寸以实抹面积计算。应扣除门窗洞口空圈的面积，其侧壁面积不另增加。

(2) 挑檐、天沟、腰线、栏杆、栏板、门窗套、窗台线、压顶等均按图示尺寸展开面积以平方米计算，并入相应的外墙面积内。

4) 块料面层工程量计算

(1) 墙面贴块料面层应按图示尺寸以实贴面积计算。

(2) 墙裙以高度在 1500mm 以内为准，超过 1500mm 时按墙面计算，高度低于 300mm 时，按踢脚板计算。

5) 墙面其他装饰工程量计算

(1) 木隔墙、墙裙、护壁板，均按图示尺寸长度乘以高度按实铺面积以平方米计算。

(2) 玻璃隔墙按上横档顶面至下横档底面之间高度乘以宽度(两边立挺外边线之间)以平方米计算。

(3) 浴厕木隔断按下横档底面至上横档顶面高度乘以图示长度以平方米计算，门扇面积并入隔断面积内计算。

6) 铝合金、轻钢隔墙、幕墙按四周框外围面积计算

7) 独立柱装饰工程量计算。独立柱一般抹灰、装饰抹灰，镶贴块料的工程量按柱周长乘以柱高计算。柱面装饰面积，按展开面积，即按柱外围饰面尺寸乘以柱高以平方米计算。

3. 部分定额表

部分定额见表 3-11 所示。工程内容：①清理基层、修补堵眼、湿润基层、运输、清扫落地灰；②分层抹灰找平、面层压光(门窗洞口侧壁抹灰)。

表 3-11 墙面一般抹灰定额

单位：100m²

定额编号			12-1	12-2
项目			内墙	外墙
			(14+6)mm	
基价			3124.40	4754.35
其中	人工费(元)		1759.99	2864.63
	材料费(元)		423.02	423.02
	机械使用费(元)		76.20	76.20
	其他措施费(元)		61.15	98.28
	安文费(元)		132.91	213.61
	管理费(元)		299.64	481.57
	利润(元)		206.69	332.18
	规费(元)		164.80	264.86
名称	单位	单价	数量	
综合工日	工日	—	(11.76)	(18.90)
干混抹灰砂浆 DP M10	m³	180.00	2.320	2.320
水	m³	5.13	1.057	1.057
干混砂浆罐式搅拌机 公称储量(L)20000	台班	197.40	0.386	0.386

3.8 楼地面工程及零星装饰

3.8.1 楼地面工程

楼地面是指楼面各地面，其主要构造层次一般为基层、垫层和面层，必要时可增设填充层、隔离层、找平层、结合层等。

楼地面工程.mp3

1. 楼地面各个构造层次的概念

(1) 基层：是指楼板、夯实土基。

(2) 垫层：是指承受地面荷载并均匀传递给基层的构造层。

(3) 填充层：是指在建筑楼地面上起隔音、保温、找坡或敷设暗管、暗线等作用的构造层。

(4) 隔离层：是指起防水、防潮作用的构造层。

(5) 找平层：是指在垫层、楼板或填充层上起找平、找坡或加强作用的构造层，一般为水泥砂浆找平层。

(6) 结合层：是指面层与下层相结合的中间层。

(7) 面层：是指直接同行车和大气接触的表面层，它承受较大的行车荷载的垂直力、水平剪切力和冲击力作用，同时还受到降水的侵蚀和气温变化的影响。

2. 楼地面做法

楼地面做法如图 3-21 所示。

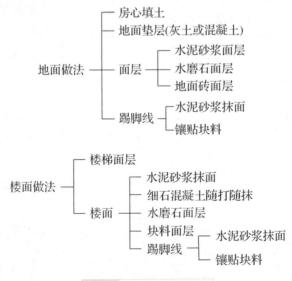

图 3-21　楼地面工程做法

3. 楼地面工程工程量计算步骤

1) 首先计算地面净面积，然后分别计算各项工程量。

地面净面积计算有两种算式。

(1)

$$S_{地}=\sum(室内净长×净宽) \qquad (3-11)$$

式中：$\sum$——各房间的净面积之和。

(2)

$$S_{地}=外墙外围面积-L_{中}×厚-L_{净}×厚 \qquad (3-12)$$

或

$$S_{地}=外墙外围面积-防潮层面积) \qquad (3-13)$$

式中：外墙外围面积——从建筑面积算式中查得；

$\quad\quad L_{中}×厚$——外墙所占面积，$L_{中}$系外墙长度；

$\quad\quad L_{净}×厚$——内墙所占面积，$L_{净}$从内墙算式中查得；

$\quad\quad$防潮层面积——从基础工程量查得。

2) 地面净面积($S_{地}$)计算出来后，按下使计算各项工程量。

(1) 当有一种做法时。

① 室内填土工程量=$S_{地}×(H_{差}-地面厚度)$ (3-14)

② 垫屋(灰土)工程量=$S_{地}×厚度$ (3-15)

③ 结构层(混凝土)工程量=$S_{地}×厚度$ (3-16)

④ 面层(水泥抹面等)工程量=$S_{地}$ (3-17)

⑤ 踢脚线工程量=$\sum(室内净长+净宽)×2×踢脚高$ (3-18)

(2) 当有两种以上做法时，首先算出总面积，然后计算面积小的地面，如 $S_{地1}$、$S_{地2}$，剩下 $S_{地3}$ 面积为 $S_{地}$ 减去 $S_{地1}$、$S_{地2}$。各净面积计算完后，再分别计算各地面分项工程量。

3) 楼面工程量计算"程序公式"

楼面做法工程量包括：楼梯抹面(或贴面层)，室内、厅内各种做法的楼面，还有阳台的楼面种类较多，计算繁杂，必须考虑周全，安排适当，才能使算式简单，有条不紊。首先，计算出楼面总面积，然后分别计算楼梯及面积小、容易算、造价高的项目，剩余则是大量的一般做法的项目。

(1) 楼面总面积。

$$S_{总}=S_{楼各层外墙外围面积之和}-\sum(L_{净}×厚)-\sum(L_{中}×厚) \qquad (3-19)$$

式中：$S_{总}$——楼面总面积；

$\quad S_{楼各层外墙外围面积之和}$——从建筑面积中查得；

$\quad\quad\sum(L_{中}×厚)$——各层外墙所占面积，$L_{中}$是各层外墙长度，从外墙算式中查得；

$\quad\quad\sum(L_{净}×厚)$——各层内墙所占面积，$L_{净}$是各层内墙长度，从内墙算式中查得。

(2) 楼梯工程量。

① 抹面工程量同现浇楼梯工程量(m^2)(从混凝土的楼梯工程量算式中查得)，包括抹踏步侧面及踢脚线工程量。

② 楼梯踏步防滑条工程量=(踏步长-0.15)×踏步数   (3-20)

(3) 少量做法楼面工程量(如卫生间铺预制水墨石板):

$$S_{楼1}=\sum(室内净长×净宽) \tag{3-21}$$

(4) 大量做法的楼面工程量:

$$S_{楼2}=S_{楼}-S_{梯}-S_{楼1} \tag{3-22}$$

(5) 楼面踢脚线工程量:分别按不同做法计算,标准高、造价高的细算,用式(3-23),标准低、造价低的粗算,用式(3-24):

$$踢脚线工程量=\sum(室内净长+净宽)×2×踢脚高 \tag{3-23}$$

$$踢脚线工程量=楼面面积×0.168 \tag{3-24}$$

(6) 阳台工程量:阳台楼面面积同混凝土中现浇阳台工程量的面积,套相应作法的楼面定额。阳台边沿的向上翻口,其里面抹灰包括在阳台楼面内,不另列项目计算,其外面装修面积按实际计算,套相应做法的腰线定额。当阳台有栏板时,其里面装修面积的计算高度为从楼面至栏板顶面,外面装修面积的计算高度为外面总高度(阳台+栏板),套相应做法的腰线定额。

(7) 雨棚顶面抹灰、底面天棚抹灰工程量均同混凝土中的雨篷工程量,侧面抹灰面积以实计算,套腰线定额。

4) 散水工程量计算

散水工程量按散水的水平投影面积(m²)计算,定额中包括了散水挖填土、垫层、基层、面层和沥青等做法。

$$S_{散}=(L_{外}-台阶长)×散水宽+4×散水宽 \tag{3-25}$$

式中:$L_{外}$——外墙外边线长(从计算书首页的基数中查得)。

散水下层体积

$$V=S_{散}×(L_{外}-台阶长+4×垫层宽) \tag{3-26}$$

式中:$S_{散}$=散水宽×散水厚度;

$L_{外}$——外墙外边线长。

5) 台阶工程量计算

台阶工程量按台阶的水平投影面积(m²)计算,定额中包括了挖填土、垫层、结构层的做法,但不包括面层的做法,面层要按抹面实际面积(m²)计算,套相应抹面定额。台阶与平台的分界线,台阶算至最上一台,加0.3m如图3-19的虚线位置,虚线以内按地面计算。

【例3-7】 如图3-22所示平面图,外墙厚为240mm,内墙为200mm,在室内做10mm厚素混凝土垫层,面层用20mm厚水泥砂浆,求其工程量。

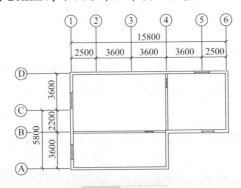

图3-22 平面图

解： 〔(9.7−0.12−0.1)×(5.8−0.12−0.1)〕+〔(5.8−0.24)×(6.1−0.12−0.1)〕+〔(3.6−0.12−0.1)×(9.7−0.24)〕=117.566(m²)

水泥砂浆楼地面面积=117.566(m²)

垫层工程量=117.566×0.1m³=11.7566(m³)

3.8.2　零星装饰项目

零星工程不包括在中标通知书及清单中，有别于分部分项工程。零星工程也指不好利用计算规则和定额进行计价的造价相对较小的单项工程。

零星装饰项目.mp3

1. 零星工程分类

零星工程分为零星混凝土构件、零星砌体、零星铁件。

(1) 零星构件：现浇混凝土小型池槽、压顶、线条、扶手、垫块、台阶、门框等；预制混凝土小型池槽、压顶、扶手、垫块、隔热板、花格、0.3m² 空洞填塞等。

(2) 零星砌体：台阶、台阶挡墙、梯带、锅台、炉灶、墩台、池槽、池槽腿、花台、花池、楼梯栏杆、阳台栏板、地垄墙、屋面隔热板下的砖墩、0.3m² 空洞填塞等。

(3) 零星铁件：小型支架、爬梯、吊钩、栏杆、棱条等。

2. 部分定额表

部分定额见表 3-12 所示。

工作内容：清理基层、调运砂浆、铺设面层；试排划线、锯板修边、铺抹结合层、铺贴饰面、清理净面。

表 3-12　零星项目定额

单位：m²

定额编号		11-85	11-86
项目		水泥砂浆	石材
		20mm	水泥砂浆
基价(元)		5134.22	27494.13
其中	人工费(元)	3279.41	6978.66
	材料费(元)	386.69	17504.33
	机械使用费(元)	78.96	82.91
	其他措施费(元)	112.27	236.65
	安文费(元)	244.01	514.36
	管理费(元)	463.67	977.37
	利润(元)	266.65	562.07
	规费(元)	302.56	637.78

续表

名称	单位	单价(元)	数量	
综合工日	工日	—	(21.59)	(45.54)
干混地面砂浆 DS M20	m³	180.00	2.040	2.040
天然石材饰面板	m²	160.00		106.000
水	m³	5.13	3.800	2.600
白水泥	Kg	0.57	—	11.220
胶粘剂DTA砂浆	m³	497.85	—	0.110
棉纱头	Kg	12.00	—	1.000
锯木屑	m³	18.00	—	0.600
石料切割锯片	片	31.52	—	1.520
电	kW·h	0.70	—	45.600
干混砂浆罐式搅拌机 公称储量(L)20000	台班	197.40	0.400	0.420

3. 零星装饰清单规范

零星装饰项目工程量清单项目的设置、项目特征描述的内容、计量单位及工程量计算规则应按表3-13的规定执行。

表3-13 零星装饰项目(编码:011108)

项目编码	项目名称	项目特征	计量单位	工程量计算规则	工作内容
011108001	石材零星项目	1. 工程部位			1. 清理基层
011108002	拼碎石材零星项目	2. 找平层厚度、砂浆配合比			2. 抹找平层
011108003	块料零星项目	3. 贴结合层厚度、材料种类 4. 面层材料品种、规格、颜色 5. 勾缝材料种类 6. 防护材料种类 7. 酸洗、打蜡要求	m²	按设计图示尺寸以面积计算	3. 面层铺贴、磨边 4. 勾缝 5. 刷防护材料 6. 酸洗、打蜡 7. 材料运输
011108004	水泥砂浆零星项目	1. 工程部位 2. 找平层厚度、砂浆配合比 3. 面层厚度、砂浆厚度			1. 清理基层 2. 抹找平层 3. 抹面层 4. 材料运输

注:1. 楼梯、台阶牵边和侧面镶贴块料面层,不大于0.5m²的少量分散的楼地面镶贴块料面层,应按本表执行。

　　2. 石材、块料与粘接材料的结合面刷防渗材料的种类在防护材料种类中描述。

3.9　屋面工程及防水工程

3.9.1　屋面工程

屋面工程是房屋建筑工程的主要部分之一，它既包括工程所用的材料、设备和所进行的设计、施工、维护等技术活动；也是工程建设的对象。具体来讲，屋面工程除应安全承受各种荷载作用外，还需要具有抵御温度、风吹、雨淋、冰雪乃至震害的能力，以及经受温差和基层结构伸缩、开裂引起的变形。

屋面工程.mp3　　　屋面.avi

1. 屋面工程的内容

屋面工程的内容如图 3-23 所示。

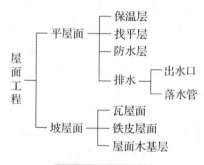

图 3-23　屋面工程

2. 屋面防水工程量计算规则

1)　带挑檐的平屋顶，如图 3-24 所示

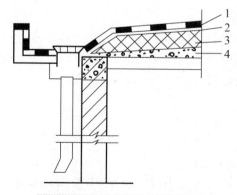

图 3-24　带挑檐的平屋顶示意图

1—油毡；2—找平层；3—保温层；4—找坡层

(1) 屋面找坡工程量。

V=屋顶建筑面积×平均铺厚度

=屋顶建筑面积×[最薄处厚+1/2(找坡长度×坡度系数)]　　　　(3-27)

式中：最薄处厚——按施工图规定；

　　　找坡长度——两面找坡时即为铺宽的一半；

　　　坡度系数——按施工图规定。

(2) 屋面保温层工程量。

以图示设计面积计算。

(3) 找平工程量。

找平层按设计图示尺寸以面积计算。扣除凸出地面构筑物、设备基础、室内铁道、地沟等所占面积，不扣除间壁墙及≤0.3m³柱、垛、附墙烟囱及孔洞所占面积。门洞、空圈、暖气包槽、壁盒的开口部分不增加面积。

(4) 防水层工程量：屋面防水，按设计图示尺寸以面积计算(斜屋面按斜面面积计算)，不扣除房上烟囱、风帽底座、风道、屋面小气窗等所占面积，上翻部分也不另计算；屋面的女儿墙、伸缩缝和天窗等处的弯起部分，按设计图示尺寸计算，设计无规定时，伸缩缝、女儿墙、天窗的弯起部分按500mm计算，计入立面工程量内。

(5) 排水系统工程量：水落管、镀锌铁皮天沟、檐沟按设计图示尺寸，以长度计算。

镀锌铁皮落水管工程量

$$S=[0.4×(H+H_差-0.2)+0.85]×道数 \qquad (3-28)$$

式中：H——±0.000至檐板高度；

　　　$H_差$——室内外高差；

　　　0.2——出水口至室外地坪距离及水斗高度，约200mm；

　　　0.4——规定方管每米占面积，圆形管为0.3；

　　　0.85——规定水斗和下水口的展开面积；

　　　道数——落水管道数，从屋顶平面图图中可查到。

(6) 出水口工程量：按设计数量计算。

2) 带女儿墙的屋面

(1) 屋面找坡层工程量。

V=屋顶净面积×平均铺层厚度 　　　　(3-29)

=(屋顶建筑面积-女儿墙长×厚度)×〔最薄出厚+1/2×(找坡长度×坡度系数)

同带挑檐的平屋顶的找平层。

(2) 防水层工程量。

同带挑檐平屋顶的防水层工程量。

(3) 排水系统工程量。

① 铁皮落水管制作安装工程量：

$$S=[0.4×(H+H_差-0.2)+0.85]×道数 \qquad (3-30)$$

② 出水口工程量：按设计数量计算。

3.9.2　防水工程

防水工程是一项系统工程，涉及到防水材料、防水工程设计、施工技术、建筑物的管理等各个方面。其目的是为保证建筑物不受水侵蚀，内部空间不受危害，提高建筑物使用功能和生产、生活质量，改善人居环境。防水工程包括屋面防水、地下室防水、卫生间防水、外墙防水等。

防水工程.mp3

1. 防水工程的分类

(1) 按土木工程类别，可分为建筑物和构筑物防水；

(2) 按防水工程的部位，可分为地上防水工程和地下防水工程；

(3) 按渗漏流向，可分为防外水内渗和防内水外漏。

(4) 按其采取的措施和手段不同，可分为材料防水和构造防水。

2. 防水重要性

建筑物漏水使建筑物寿命缩短，给人们的生活带来不便，严重的造成财产损失。我国建筑物渗漏形势十分严峻，目前仅每年花费在房屋渗漏维修方面的费用就高达 20 亿元以上。若不解决渗漏问题，对新建的建筑物所造成的渗漏损失，将是不可估量的。因此，建筑防水关系到业主的居住品质，更关系到建筑安全及建筑寿命。

3. 房屋漏水的危害

(1) 墙面发霉影响美观、影响生活。

渗漏的水会部分被墙体吸收，水在墙体内蒸发，直接影响墙面、与墙相近的家居、实木地板等。导致墙面起壳脱落，墙面装饰受损，以及家居、地板发霉变潮。

(2) 房龄锐减且存在安全隐患。

每当房屋漏水，住户往往感觉不胜烦恼，却很少有人意识到，比这些更严重数倍的损害是房屋渗漏所带来的安全隐患。原本 70 年产权的房子，在连年渗漏的情况下，钢筋受到锈蚀，结构承载力大大降低，很有可能 30 年就变成危房。

(3) 身体健康损害。

人长期处于潮湿环境中，对健康的影响很大。潮湿环境下细菌多，而且容易引发皮肤病、甚至导致风湿病、关节炎等症状。

4. 工程量计算规则

(1) 屋面防水，按设计图示尺寸以面积计算(斜屋面按斜面面积计算)，不扣除房上烟囱、风帽底座、风道、屋面小气窗等所占面积，上翻部分也不另计算；屋面的女儿墙、伸缩缝和天窗等处的弯起部分，按设计图示尺寸计算；设计无规定时，伸缩缝、女儿墙、天窗的弯起部分按 500mm 计算，计入立面工程量内。

伸缩缝.avi

(2) 楼地面防水、防潮层按设计图示尺寸以主墙间净面积计算，扣除凸出地面的构筑物、设备基础等所占面积，不扣除间壁墙及单个面积≤0.3m² 柱、垛、烟囱和孔洞所占面积。平面与立面交接处，上翻高度≤300mm 时，按展开面积并入平面工程量内计算，高度＞300mm 时，按立面防水层计算。

(3) 墙基防水、防潮层，外墙按外墙中心线长度、内墙按墙体净长度乘以宽度，以面积计算。

(4) 墙的立面防水、防潮层，不论内墙、外墙均按设计图示尺寸以面积计算。

(5) 基础底板的防水、防潮层按设计图示尺寸以面积计算，不扣除桩头所占的面积。桩头处外包防水按桩头投影外扩 300mm 以面积计算，地沟处防水按展开面积计算，均计入平面工程量，执行相应规定。

楼地面防水.avi

(6) 屋面、楼地面及墙面、基础底板等，其防水搭接、拼缝、压边、留槎用量已综合考虑，不另行计算，卷材防水附加层按设计铺贴尺寸以面积计算。

(7) 卷材防水附加层按设计规范相关规定以面积计算。

(8) 屋面分格缝，按设计图示尺寸，以长度计算。

3.10 金属结构工程

3.10.1 钢结构工程

钢结构工程是以钢材制作为主的结构，主要由型钢和钢板等制成的钢梁、钢柱、钢桁架等构件组成，各构件或部件之间通常采用焊缝、螺栓或铆钉连接，是主要的建筑结构类型之一。因其自重较轻，且施工简便，广泛应用于大型厂房、桥梁、场馆、超高层等领域。

钢结构工程.mp3

1. 钢结构的特点

(1) 钢结构自重较轻；

(2) 钢结构工作的可靠性较高；

(3) 钢材的抗振(震)性、抗冲击性好；

(4) 钢结构制造的工业化程度较高；

(5) 钢结构可以准确快速地装配；

(6) 钢结构室内空间大；

(7) 容易做成密封结构；

(8) 钢结构易腐蚀；

(9) 钢结构耐火性差。

2. 钢结构的优点

(1) 抗震性：低层别墅的屋面大都为坡屋面，因此屋面结构基本上采用的是由冷弯型钢构件做成的三角形屋架体系，轻钢构件在封完结构性板材及石膏板之后，形成了非常坚固的"板肋结构体系"，这种结构体系有着更强的抗震及抵抗水平荷载的能力，适用于抗震烈度为 8 度以上的地区。

(2) 抗风性：型钢结构建筑重量轻、强度高、整体钢性好、防变形能力强。建筑物自重仅是砖混结构的 1/5，可抵抗 70m/s 的飓风。

(3) 耐久性：轻钢结构住宅全部采用冷弯薄壁钢构件体系，钢骨采用超级防腐高强冷轧镀锌板制造，有效避免钢板在施工和使用过程中的锈蚀的影响，增加了轻钢构件的使用寿命，结构寿命可达 100 年。

(4) 保温性：采用的保温隔热材料以玻纤棉为主，具有良好的保温隔热效果。用以外墙的保温板，可以有效地避免墙体的"冷桥"现象，达到更好的保温效果。100mm 左右厚的 R15 保温棉热阻值可相当于 1m 厚的砖墙。

(5) 隔音性：隔音效果是评估住宅的一个重要指标，轻钢体系安装的窗均采用中空玻璃，隔音效果好，隔音达 40 分贝以上；由轻钢龙骨、保温材料石膏板组成的墙体，其隔音效果可高达 60 分贝。

(6) 健康性：干作业施工，减少废弃物对环境造成的污染，房屋钢结构材料可 100%回收，其他配套材料大部分也可回收，符合当前环保意识；所有材料为绿色建材，满足生态环境要求，有利于健康。

(7) 舒适性：轻钢墙体采用高效节能体系，具有呼吸功能，可调节室内空气干湿度；屋顶具有通风功能，可以使屋内部上空形成流动的空气间，保证屋顶内部的通风及散热需求。

(8) 快捷：全部干作业施工，不受环境季节影响。一栋 300m² 左右的建筑，只需 5 个工人 30 个工作日就可以完成从地基到装修的全过程。

(9) 环保：材料可 100%回收，真正做到绿色无污染。

(10) 节能：全部采用高效节能墙体，保温、隔热、隔音效果好，可达到 50%的节能标准。

【案例 3-4】　某工程钢屋架如图 3-25 所示，共 8 榀，现场制作并安装。编制钢屋架工程量清单，进行清单报价。

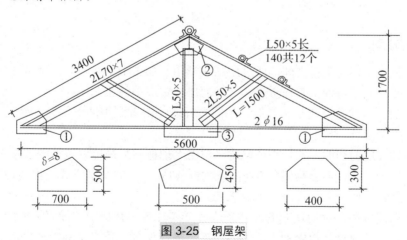

图 3-25　钢屋架

金属结构制品是指以铁、钢或铝等金属为主要材料，制造金属构件、金属零件、建筑钢制品及类似品的生产活动。这些制品可以运输，并便于装配、安装或竖立。

1. 包括

(1) 金属结构、构件：金属屋顶、金属屋顶框架、金属立柱等；

(2) 金属桥梁结构及桥梁零件、铁塔、铁架、金属支柱、金属大梁、矿井口金属构架、水闸和码头等金属构件；

(3) 金属活动房屋；

(4) 钢铁制脚手架、金属模板或坑道支撑用的金属支柱及类似品。

2. 塑性成型

(1) 加工。是指将成型金属高温加热以进行重新造型，属劳动密集型生产。

(2) 锻造。是指在冷加工或者高温作业的条件下用捶打和挤压的方式给金属造型，是最简单、最古老的金属造型工艺之一。

(3) 扎制。是指高温金属坯段经过了若干连续的圆柱形辊子，辊子将金属扎入型模中以获得预设的造型。

(4) 拉制钢丝。是指利用一系列规格逐渐变小的拉丝模将金属条拉制成细丝状的工艺。

(5) 挤压。是指一种成本低廉的用于连续加工的，具有相同横截面形状的，实心或者空心金属造型的工艺，既可以高温作业又可以进行冷加工。

(6) 冲击挤压。是指用于加工没有烟囱锥度要求的小型到中型规格的零件的工艺。生产快捷，可以加工各种壁厚的零件且加工成本低。

(7) 粉末冶金。是指一种可以加工黑色金属元件也可以加工有色金属元件的工艺。这种工艺不需要机器加工，原材料利用率可达到 97%且不同的金属粉末可以用于填充模具的不同部分。

3. 冲压成型

金属片置于阳模与阴模之间，经过压制成型用于加工中空造型，深度可深可浅。

(1) 冲孔。利用特殊工具在金属片上冲剪出一定造型的工艺。

(2) 冲切。与冲孔工艺基本类似，不同之处在于前者利用冲下部分，而后者利用冲切之后金属片剩余部分。

(3) 剪切。用剪切的方式切割金属片，与用一把剪刀从最佳位置剪裁纸张是一个道理。

(4) 切屑成型。当对金属进行切割的时候有切屑生产的切割方式统称为切屑成型，包括铣磨，钻孔，车床加工以及磨、锯等工艺。

(5) 无切屑成型。利用现有的金属条或者金属片等进行造型，没有切屑产生。这类工艺包括化学加工、腐蚀、放电加工、喷砂加工、激光切割、喷水切割以及热切割等。

3.11　措　施　项　目

3.11.1　脚手架工程

脚手架是为了保证各施工过程顺利进行而搭设的工作平台。按搭设的位置分为外脚手架、里脚手架；按材料不同可分为木脚手架、竹脚手架、钢管脚手架；按构造形式分为立杆式脚手架、桥式脚手架、门式脚手架、悬吊式脚手架、挂式脚手架、挑式脚手架、爬式脚手架。

脚手架工程.mp3

脚手架.avi

1. 脚手架的作用

(1) 使施工人员在不同部位进行工作；

(2) 能堆放及运输一定数量的建筑材料；

(3) 保证施工人员在高空操作时的安全；

(4) 确保施工人员在高空进行施工有必需的立足点；

(5) 为高空施工人员提供外围防护架；

(6) 为高空施工人员提供卸料用的平台。

2. 脚手架的要求

(1) 有足够的宽度或面积、步架高度、离墙距离；

(2) 有足够的强度、刚度和稳定性；

(3) 脚手架的构造要简单，搭拆和搬运方便，能多次周转使用；

(4) 因地制宜，就地取材，尽量利用自备和可租赁的脚手架材料，节省脚手架费用。

3. 脚手架的分类

(1) 按脚手架的设置形式。可分单排脚手架、双排脚手架、满堂脚手架、满高脚手架、胶圈脚手架和特性脚手架；

(2) 按脚手架的构架方式。可分杆件组合式脚手架、框架组合式脚手架和台架等；

(3) 按脚手架的支固方式。可分落地式脚手架、悬挑式脚手架、附墙悬挑脚手架和悬吊脚手架；

满堂脚手架.avi

悬挑式脚手架.avi

(4) 按脚手架的所用材料。可分木脚手架、竹脚手架、钢管脚手架和金属脚手架；

(5) 按搭拆和移动方式。可分人工装拆脚手架、附着升降脚手架、整体提升脚手架、水平移动脚手架和升降桥架；

(6) 按脚手架搭设位置。可分外脚手架和里脚手架。

4. 工程量计算规则

(1) 综合脚手架。

综合脚手架按设计图示尺寸以建筑面积计算。

(2) 单向脚手架。

① 外脚手架、整体提升架按外墙外边线长度(含墙垛及附墙井道)乘以外墙高度以面积计算。

② 计算内、外墙脚手架时，均不扣除门、窗、洞口、空圈等所占面积。同一建筑物高度不同时，应按不同高度分别计算。

③ 里脚手架按墙面垂直投影面积计算。

④ 独立柱按设计图示尺寸，以结构外围周长另加 3.6m 乘以高度计算。执行双排外脚手架等额项目乘以系数。

⑤ 现浇钢筋混凝土梁按梁顶面至地面(或楼面)间的高度乘以梁净长以面积计算。执行双排外脚手架等额项目乘以系数。

⑥ 满堂脚手架按室内净面积计算，其高度在 3.6～5.2m 之间时计算基本层，5.2m 以外，每增加 1.2m 计算一个增加层，不足 0.6m 按一个增加层乘以系数 0.5 计算。

计算公式如下：

$$满堂脚手架增加层=(室内净高-5.2)/1.2 \tag{3-31}$$

⑦ 挑脚手架按搭设长度乘以层数以长度计算。

⑧ 悬空脚手架按搭设水平投影面积计算。

⑨ 吊篮脚手架按外墙垂直投影面积计算，不扣除门窗洞口所占面积。

⑩ 内墙面粉饰脚手架按内墙面垂直投影面积计算，不扣除门窗洞口所占面积。

⑪ 立挂式安全网按架网部分的实挂长度乘以实挂高度以面积计算。

⑫ 挑出式安全网按挑出的水平投影面积计算。

(3) 其他脚手架。

电梯井架按单孔以座计算。

5. 脚手架工程量计算规范

脚手架工程工程量清单项目设置、项目特征描述的内容、计量单位及工程量计算规则，应按表 3-14 的规定执行。

表 3-14　脚手架工程(编码：011701)

项目编码	项目名称	项目特征	计量单位	工程量计算规则	工作内容
011701001	综合脚手架	1. 建筑结构形式 2. 檐口高度	m²	按建筑面积计算	1. 场内、场外材料搬运 2. 搭、拆脚手架、斜道、上料平台 3. 安全网的铺设 4. 选择附墙点与主体连接 5. 测试电动装置、安全锁等 6. 拆除脚手架后材料的堆放
011701002	外脚手架	1. 搭设方式 2. 搭设高度 3. 脚手架材质	m²	按所服务对象的垂直投影面积计算	1. 场内、场外材料搬运 2. 搭、拆脚手架、斜道、上料平台 3. 安全网的铺设 4. 拆除脚手架后材料的堆放
011701003	里脚手架				
011701004	悬空脚手架	1. 搭设方式 2. 悬挑宽度 3. 脚手架材质		按搭设的水平投影面积计算	
011701005	挑脚手架		m	按搭设长度乘以搭设层数以延长米计算	
011701006	满堂脚手架	1. 搭设方式 2. 搭设高度 3. 脚手架材质	m²	按搭设的水平投影面积计算	
011701007	整体提升架	1. 搭设方式及启动装置 2. 搭设高度		按所服务对象的垂直投影面积计算	1. 场内、场外材料搬运 2. 选择附墙点与主体连接 3. 搭、拆脚手架、斜道、上料平台 4. 安全网的铺设 5. 测试电动装置、安全锁等 6. 拆除脚手架后材料的堆放
011701008	外装饰吊篮	1. 升降方式及启动装置 2. 搭设高度及吊篮型号	m²	按所服务对象的垂直投影面积计算	1. 场内、场外材料搬运 2. 吊篮的安装 3. 测试电动装置、安全锁、平衡控制器等 4. 吊篮的拆卸

3.11.2　混凝土模板及支架(撑)

混凝土模板是指新浇混凝土成型的模板以及支撑模板的一整套构造体系，模板有各种不同的分类方法，按形状分为平面模板和曲面模板两种；按受力条件分为承重和非承重模板。

1. 混凝土模板工程量计算规则

混凝土模板及
支架.mp3

(1) 现浇混凝土及钢筋混凝土模板工程量，除另有规定外，均按混凝土与模板的接触面积，以 m² 计算。

(2) 现浇钢筋混凝土柱、梁、板、墙的支模高度(即室外地坪至板面或板面至板面之间的高度)以 3.6m 以内为准，超过 3.6m 以上部分，另按超过部分计算且增加支撑工程量。

(3) 现浇钢筋混凝土墙、板上单孔面积在 0.3m² 以内的孔洞，不予扣除，洞侧壁模板亦不增加；单孔面积在 0.3m² 以外时，应予扣除，洞侧壁模板面积并入墙、板模板工程量以内计算。

(4) 现浇钢筋混凝土框架分别按梁、板、柱、墙有关规定计算，附墙柱并入墙内工程量计算。

(5) 高杯基础杯口高度大于杯口大边长度 3 倍以上时，杯口高度部分执行柱项目，杯形基础执行柱项目。

(6) 柱与梁、柱与墙、梁与梁等连接的重叠部分以及伸入墙内的梁头、板头部分，均不计算模板面积。

(7) 构造柱外露面均应按外露部分计算模板面积。构造柱与墙接触面不计算模板面积。

(8) 现浇钢筋混凝土悬挑板(雨篷、阳台)按外挑部分尺寸的水平投影面积计算。挑出墙外的牛腿梁及板边模板不另计算。

(9) 现浇钢筋混凝土楼梯，按水平投影面积计算，不扣除宽度小于 500mm 楼梯井所占的面积。楼梯的踏步、踏步板、平台梁等侧面模板，不另行计算。

(10) 混凝土台阶不包括梯带，按台阶尺寸的水平面积计算，台阶端头两侧不另计算模板面积。

3.11.3 垂直运输及建筑物超高施工增加费

1. 垂直运输工具

建筑工程中垂直运输工具常为卷扬机和自升式起重机。地下室施工，按塔吊配置；檐高 30m 以内按单筒慢速 1t 内卷扬机及塔吊配置；檐高 120m 以内按单筒快速 1t 内卷扬机及塔吊和施工电梯配置；超过 120m 按塔吊和施工电梯配置。

2. 垂直运输费用的使用范围

因为采用上述描述的运输工具而发生的有关费用，在计算时要根据建筑物的类别、高度、层高而区别对待。

3. 定额分项

垂直运输工程定额分项如图 3-26 所示。

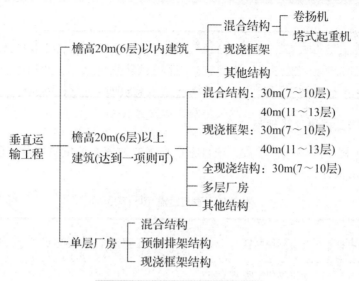

图 3-26　垂直运输工程定额分项

4．工程量计算规则

(1)　建筑物垂直运输台班用量，区分不同建筑物结构及檐高按建筑面积计算。地下室面积与地上面积合并计算。

(2)　定额按泵送混凝土考虑，如采用非泵送，垂直运输费按以下方法增加：相应项目乘以调整系数 5%～10%，再乘以非泵送混凝土数量占全部混凝土数量的百分比。

5．部分定额表

部分定额见表 3-15 所示。工作内容：单位工程合理工期内完成全部工程所需的垂直运输的全部操作过程。

表 3-15　20m(6 层)以内卷扬机施工

单位:100m²

定额编号		17-75	17-76	17-77
项目		卷扬机施工		
		砖混结构	现浇框架	预制排架
基价(元)		2088.72	2506.45	2227.95
其中	人工费(元)	—	—	—
	材料费(元)	—	—	—
	机械使用费(元)	1396.09	1675.30	1489.15
	其他措施费(元)	46.80	56.16	49.92
	安文费(元)	101.72	122.06	108.550
	管理费(元)	255.53	306.63	272.56
	利润(元)	162.46	194.95	17329
	规费(元)	126.13	151.35	134.53

续表

名称	单位	单价(元)	数量		
综合工日	工日	—	9.00	10.80	9.60
电动单筒快速卷扬机 (kN)5	台班	155.12	9.000	10.800	9.600

6. 垂直运输工程量计算规范

垂直运输工程量清单项目设置、项目特征描述的内容、计量单位及工程量计算规则应按表 3-16 的规定执行。

表 3-16　垂直运输 (011703)

项目编码	项目名称	项目特征	计量单位	工程量计算规则	工作内容
011703001	垂直运输	1. 建筑物建筑类型及结构形式 2. 地下室建筑面积 3. 建筑物檐口高度、层数	1. m² 2. 天	1. 按建筑面积计算 2. 按施工工期日历天数计算	1. 垂直运输机械的固定装置、基础制作、安装 2. 行走式垂直运输机械轨道的铺设、拆除、摊销

注：1. 建筑物的檐口高度是指设计室外地坪至檐口滴水的高度(平屋顶系指屋面板底高度)，突出主体建筑物屋顶的电梯机房、楼梯出间、水箱间、瞭望塔、排烟机房等不计入檐口高度。

2. 垂直运输指施工工程在合理工期内所需垂直运输机械。

3. 同一建筑物有不同檐高时，按建筑物的不同檐高做纵向分割，分别计算建筑面积，以不同檐高分别编码列项。

7. 超高施工增加费概述

建筑物的檐高至设计室外标高之差超过 20m 时，施工过程中的人工、机械的效率降低、消耗量增加，还需要增加加压水泵及增加其他上下联系的工作，以上都是建筑物超高增加费用。

8. 建筑物超高增加费说明

建筑物超高增加人工、机械定额适用于单层建筑物檐口檐高度超过 20m，多层建筑物超过 6 层的项目。

9. 部分定额表

部分定额见表 3-17 所示。工作内容：(1)工人上下班降低工效、上下楼及自然休息增加时间；(2)垂直运输影响的时间；(3)由于人工降效引起的机械降效；(4)水压不足所发生的加压水泵台班。

表 3-17　超高增加费定额

单位 m²

定额编号			17—110	17—111	17—112
项目			建筑物檐高(m 以内)		
			160	180	200
基价			25576.15	29317.25	32889.77
其中	人工费(元)		15433.66	17491.40	19549.14
	材料费(元)		—	—	—
	机械使用费(元)		762.72	1195.51	1459.70
	其他措施费(元)		633.78	718.28	802.78
	安文费(元)		1377.51	1561.17	1744.83
	管理费(元)		3460.42	3921.79	4383.16
	利润(元)		2200.03	2493.35	2786.68
	规费(元)		1708.03	1935.75	2163.48
名称		单位	单价(元)	数量	
综合工日		工日	—	(121.88)	(138.13)	(154.38)
电动多级离心清水泵　出口直径(mm)150 扬程(m)180 以下		台班	260.06	1.976	—	—
电动多级离心清水泵　出口直径(mm)200 扬程(m)280 以下		台班	321.01	—	2.372	2.798
电动多级离心清水泵停滞　Φ150		台班	20.66	1.976	—	—
电动多级离心清水泵停滞　Φ200		台班	32.68	—	2.372	2.798
其他机械降效		%	1.00	37.500	42.500	47.500

3.11.4　大型机械设备进出场及安拆

大型机械设备进出场及安拆费用属于措施项目费。

1. 机械设备安拆进出说明

(1) 进出场费用是指不能或不允许自行行走的施工机械或施工设备,整体或分体自停放地点运至施工现场,或由一施工地点运至另一施工地点的运输、装卸、辅助材料及架线等费用。

(2) 进出场费用定额已包括机械的回程费,未包括以下费用:

① 机械非正常的解体和组装费;

② 运输途中发生的桥梁、涵洞和道路的加固费用;

③ 机械进场后行驶的场地加固费;

④ 穿过铁路费用、电车托线费。

(3) 安拆费用，是指施工机械在现场进行安装与拆卸所需的人工、材料、机械和试运转费用及机械辅助设施费用(包括安装机械的基础、底座、固定锚桩、行走轨道枕木等的折旧、搭设、拆除费用)。

(4) 自升式塔式起重机安拆费用定额是按塔高 45m 考虑的，如塔高超过 45m 的，每增高 10m，安拆费增加 10%。

(5) 塔式起重机基础及轨道铺设定额按直线形考虑，如为弧线的，定额乘以系数 1.15。塔式起重机基础及轨道铺设定额未包括轨道和枕木之间增加其他型钢或钢板的轨道，有发生时另行计算。

(6) 固定式基础定额按混凝土量 10m³ 以下考虑的，实际基础混凝土大于 10m³ 的另行计算。固定式基础定额未包括打桩费用和高强螺栓，有发生时另行计算。

2. 大型施工机械的安装、拆除的要求

(1) 机械设备已经通过国家或省有关部门核准的检验检测机构检验合格，并通过了国家或省有关主管部门组织的产品技术鉴定。

(2) 不得安装属于国家、本省明令淘汰或限制使用的机械设备。

(3) 各种机械设备应备齐下列文件：

① 机械设备安装、拆卸及试验图示程序和详细说明书；

② 各安全保险装置及限位装置调试说明书；

③ 维修保养及运输说明书；

④ 安装操作规程；

⑤ 生产许可证(国家已经实行生产许可的起重机械设备)、产品鉴定书、合格证书；

⑥ 配件及配套工具目录；

⑦ 其他注意事项。

各种机械设备应
备齐下列文件.mp3

(4) 从事机械设备安装、拆除的单位，应依法取得建设行政主管部门颁发的相应等级的资质证书和安全资格证书后，方可在资质证书等级许可的范围内从事机械设备安装、拆除活动。

(5) 机械设备安装、拆除单位，应当依照机械设备安全技术规范及本规定的要求进行安装、拆除活动，机械设备安装单位对其安装的机械设备的安装质量负责。

(6) 从事机械设备安装、拆除的作业人员及管理人员，应当经建设行政主管部门考核合格，取得国家统一格式的建筑机械设备作业人员岗位证书，方可从事相应的作业或管理工作。

3. 工程量计算规则

(1) 大型机械安拆费按台次计算；

(2) 大型机械进出场费按台次计算。

4. 部分定额表

部分定额见表 3-18 所示。工作内容：①路基碾压、铺渣石；②枕木、道轨的铺拆。

表 3-18　塔式起重机及施工电梯基础

单位：m

定额编号			17—115	
项目			塔式起重机	
			轨道式基础(双规)	
基价(元)			400.08	
其中	人工费(元)		189.95	
	材料费(元)		88.88	
	机械使用费(元)		5.04	
	其他措施费(元)		7.85	
	安文费(元)		17.07	
	管理费(元)		42.87	
	利润(元)		27.26	
	规费(元)		21.16	
名称	单位	单价(元)	数量	
综合工日	工日	—	(1.51)	
石子	m³	60.00	0.240	
枕木	m³	1048.00	0.056	
轨道	kg	4.08	3.440	
其他材料费	%	—	2.000	
钢轮内燃压路机工作质量(t)12	台研	503.72	0.010	

3.11.5　安全文明施工及其他措施项目

文明施工主要是指工程建设实施过程中，保持施工现场良好的作业环境、卫生环境和工作秩序，规范、标准、整洁、有序、科学的建设施工生产活动。

1．建筑工程安全防护、文明施工主要内容

1)　文明施工与环境保护

(1)　安全警示标志牌：在易发伤亡事故(或危险)处设置明显的、符合国家标准要求的安全警示标志牌；

(2)　现场围挡：现场采用封闭围挡，高度不小于 1.8m，围挡材料可采用彩色、定型钢板，砖、混凝土砌块等墙体。

(3)　牌图：在进门处悬挂工程概况、管理人员名单及监督电话、安全生产、文明施工、消防保卫五牌；施工现场总平面图。

(4)　企业标志：现场出入的大门应设有本企业标识。

(5)　场容场貌：道路畅通，排水沟、排水设施通畅，工地地面硬化处理，绿化。

(6) 材料堆放：材料、构件、料具等堆放时，悬挂有名称、品种、规格等标牌，水泥和其他易飞扬细颗粒的建筑材料应密闭存放或采取覆盖等措施，易燃、易爆和有毒有害物品应分类存放。

(7) 现场防火：消防器材应配置合理，符合消防要求。

(8) 垃圾清运：施工现场应设置密闭式垃圾站，施工垃圾、生活垃圾应分类存放。

2) 临时设施

(1) 现场办公生活设施：施工现场办公、生活区与作业区应分开设置，保持安全距离，工地办公室、现场宿舍、食堂、厕所、饮水、休息场所符合卫生和安全要求。

(2) 施工现场临时用电：按照 TN-S 系统要求配备五芯电缆、四芯电缆和三芯电缆；按要求架设临时用电线路的电杆、横担、瓷夹、瓷瓶等，或电缆埋地的地沟；对靠近施工现场的外电线路，设置木质、塑料等绝缘体的防护设施；按三级配电要求，配备总配电箱、分配电箱、开关箱三类标准电箱。开关箱应符合一机、一箱、一闸、一漏。三类电箱中的各类电器应是合格品；按两级保护的要求，选取符合容量要求和质量合格的总配电箱和开关箱中的漏电保护器；施工现场保护零钱的重复接地应不少于三处。

3) 安全施工

(1) 楼板、屋面、阳台等临边防护：用密目式安全立网全封闭，作业层另加两边防护栏杆和 18cm 高的踢脚板。

(2) 通道口防护：设防护棚，防护棚应为不小于 5cm 厚的木板或两道相距 50cm 的竹笆。两侧应沿栏杆架用密目式安全网封闭。

(3) 预留洞口防护：用木板全封闭；短边超过 1.5m 长的洞口，除封闭外四周还应设有防护栏杆。

(4) 电梯井口防护：设置定型化、工具化、标准化的防护门；在电梯井内每隔两层(不大于 10m)设置一道安全水平网。

(5) 楼梯边防护：设 1.2m 高的定型化、工具化、标准化的防护栏杆，18cm 高的踢脚板。

(6) 垂直方向交叉作业防护：设置防护隔离棚或其他设施。

(7) 高空作业防护：有悬挂安全带的悬索或其他设施；有操作平台；有上下的梯子或其他形式的通道。

2. 安全文明施工的重要性

安全文明施工是企业管理工作的一个重要组成部分，是企业安全生产的基本保证，体现了企业的综合管理水平。文明的施工环境是实现职工安全生产的基础。

3. 加强文明施工的优点

(1) 确保施工安全，减少人员伤亡。建筑施工行业是高危行业，危险系数高，事故发生率高，如若发生安全生产事故，常常伴随有人员伤亡，对个人、企业、社会造成巨大的损失。

(2) 规范施工程序，保证工程质量。施工项目的工程质量是企业生存的根本，是企业在激烈市场竞争中胜出的保证。安全文明施工提供了良好的施工环境和施工秩序，规范了施工程序和施工步骤，为工程质量达到优良打下了基础。

(3) 增加施工队伍信心，提高工作效率。安全文明施工为每一个参加工程建设的施工人员提供了保护伞，使得施工队伍能够安心生产，打消个人安全顾虑，增加信心，集中精力搞好本职工作，提高工作效率。

(4) 提升企业形象，提高市场竞争力。安全文明施工在视觉上反映了企业的精神外貌，在产品上凝聚了企业的文化内涵。安全文明施工展示了企业的生存能力、生产能力、管理能力，提高了企业的市场竞争能力。

(5) 提高企业盈利能力，增加企业的经济效益。安全文明施工减少了安全生产事故，间接增加了经济效益；规范了施工程序和步骤，进而提高产品一次合格率，减少了成本，提高了企业盈利能力。

4. 其他措施项目

(1) 临时设施。指建筑企业为保证施工和管理的进行而建造的各种简易设施，包括现场临时作业棚、机具棚、材料库、办公室、休息室、厕所、化灰池、储水池、沥青锅灶等设施。

(2) 夜间施工。

(3) 冬雨期施工。冬季施工是指当室外日平均气温连续 5d 稳定低于 5℃即进入冬季施工。雨季施工指工程在雨季修建。

(4) 已完工程及设备保护。

本 章 小 结

学习本章内容，让学生们认识了工程量的计算原则及步骤；掌握了建筑面积的计算及基础工程、混凝土工程、钢筋工程、门窗工程、墙体工程等工程的计算规则和定额说明。掌握了大型机械设备进出场及安拆，安全文明施工等内容。

实 训 练 习

一、单选题

1. 冬季施工室外温度连续(　　)天低于 5℃即进入冬季施工。
   A. 10　　　　　　B. 9　　　　　　C. 5　　　　　　D. 4
2. 不需要计算建筑物面积的是(　　)。
   A. 无永久性顶盖的架空走廊
   B. 建筑物墙外有顶盖和有柱的走廊
   C. 有柱雨篷
   D. 突出屋面的有围护结构的楼梯间
3. 卷材防水附加层套用卷材防水相应项目，人工乘以系数(　　)。

A. 1.97   B. 1.54   C. 1.43   D. 1.42

4. 内墙抹灰工程量中不扣除(　　)所占的面积。

     A. 踢脚线   B. 门窗洞口   C. 墙裙   D. 0.3m^2 以外的孔洞

5. 门框工程量为(　　)的面积。

     A. 扇   B. 框   C. 洞口   D. 樘

二、多选题

1. 下列不计算建筑面积的内容是(　　)。

     A. 无围护结构的挑阳台   B. 300mm 的变形缝

     C. 1.5m 宽的有顶无柱走廊   D. 突出外墙有围护结构的橱窗

     E. 1.2m 宽的悬挑雨篷

2. 下列项目按水平投影面积 1/2 计算建筑面积的有(　　)。

     A. 有围护结构的阳台   B. 室外楼梯   C. 单排柱车棚

     D. 独立柱雨篷   E. 屋顶上的水箱

3. 下列关于天棚抹灰项目工程量计算规则说法正确的有(　　)。

     A. 按设计图示尺寸以水平投影面积计算

     B. 不扣除墙体、垛、柱、附墙烟囱、检查口和管道所占面积

     C. 带梁天棚、梁两侧抹灰面积并入天棚面积内

     D. 板式楼梯底面抹灰按斜面积计算

     E. 板式楼梯底面抹灰按水平投影面积计算

4. 墙长计算的规定是(　　)长度计算。

     A. 外墙按中心线   B. 内墙按净长   C. 填充墙按实际长

     D. 山墙按外边长   E. 内墙按中心线

5. 关于门窗工程量计算规则，下列说法正确的有(　　)。

     A. 按图示数量计算   B. 按图示洞口尺寸以面积计算

     C. 按门窗框尺寸计算   D. 按门窗扇面积计算

     E. 按门窗设计尺寸计算

三、简答题

1. 简述抹灰工程的两大功能。

2. 简述砖墙的一般砌筑形式。

3. 简述楼地面的结构做法。

第 3 章　课后答案.pdf

实训工作单(一)

班级		姓名		日期	
教学项目		工程量计算			
任务	建筑面积计算		案例解析	各种类型建筑的建筑面积计算	
相关知识			建筑面积计算规则		
其他要求					

案例分析过程记录

评语			指导老师	

实训工作单(二)

班级		姓名		日期	
教学项目		工程量计算			
任务	桩基工程		案例解析	桩基工程量计算	
相关知识			各类桩基工程量计算规则		
其他要求					
案例分析过程记录					
评语				指导老师	

实训工作单(三)

班级		姓名		日期	
教学项目		工程量计算			
任务	混凝土及钢筋混凝土工程		案例解析	1. 混凝土构件工程量计算 2. 钢筋工程工程量计算	
相关知识			混凝土工程和钢筋工程工程量计算规则		
其他要求					
案例分析过程记录					
评语				指导老师	

实训工作单(四)

班级		姓名		日期	
教学项目		工程量计算			
任务	砌体工程		案例解析	砌体工程量计算	
相关知识			砌体工程量计算规则		
其他要求					
案例分析过程记录					
评语				指导老师	

实训工作单(五)

班级		姓名		日期	
教学项目		工程量计算			
任务	装饰工程		案例解析	装饰工程工程量计算	
相关知识			装饰工程量计算规则		
其他要求					
案例分析过程记录					
评语				指导老师	

实训工作单(六)

班级		姓名		日期	
教学项目			工程量计算		
任务	楼地面工程	案例解析	楼地面工程工程量计算		
相关知识		楼地面工程量计算规则			
其他要求					
案例分析过程记录					
评语				指导老师	

第 4 章 设 计 概 算 04

【学习目标】

- 了解设计概算的概念、分类及作用
- 了解设计概算的编制原则和依据
- 掌握审查设计概算的编制依据

【教学要求】

本章要点	掌握层次	相关知识点
设计概算概述	1. 了解设计概算的概念 2. 了解设计概算的分类 3. 了解设计概算的作用	设计概算
设计概算的编制	1. 了解设计概算的编制原则和依据 2. 掌握设计概算的编制方法和适用原则	1. 单位工程概算 2. 设备及安装单位工程概算
设计概算的审查	1. 了解单位工程设计概算审查的构成 2. 审查设计概算的编制依据	审查设计概算

【项目案例导入】

盘龙河水电站位于四川省阿坝州马尔康县党坝乡境内，是盘龙河水电开发的第二级电站，电站采用引水式开发，在盘龙河与撒阳沟交汇口下游 1.5km 处的盘龙河上建底格拦栅坝取水，经盘龙河右岸 4194.62m 的引水隧洞，于盘龙河沟口上游约 1km 处右岸台地建地面厂房发电。坝、厂址相距 4.5km，电站装机 3 台，总装机容量 15MW。

工程资金组成情况：资本金占静态总投资的 30%，不计息；银行贷款占静态总投资的

70%，年利率 7.05%。

【项目问题导入】

设计概算是国家确定和控制基本建设总投资的依据。请根据本章内容，结合案例分析设计概算的编制方法有哪些？

4.1　设计概算概述

4.1.1　设计概算的概念及分类

设计概算是设计文件的重要组成部分，是编制基本建设计划，实行基本建设投资大包干，控制基本建设拨款和贷款的依据，也是考核设计方案和建设成本是否经济合理的依据。

设计概算.avi　　　设计概算.mp3

1. 概念

设计概算，是指设计单位在初步设计或扩大初步设计阶段，由设计单位根据初步设计或者扩大初步设计的图纸及说明书、设备清单、概算定额或概算指标、各项费用取费标准等资料、或参照类似工程预(决)算文件等资料，用科学的方法计算和确定建筑安装工程全部建设费用的经济文件。

2. 分类

设计概算可分为单位工程概算、单项工程综合概算和建设项目总概算三级。它们之间的相互关系如图 4-1 所示。

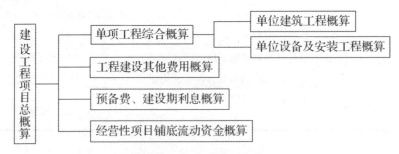

图 4-1　设计概算关系图

单位工程综合概算，是指具有独立的设计文件、能够独立组织施工过程，是单项工程的组成部分。其内容包括土建工程概算，给排水、采暖工程概算，通风、空调工程概算，电气设备及安装工程概算，热力设备及安装工程概算，工具、器具及生产家具购置费概算等。其他工程费用概算内容包括土地征购、坟墓迁移和清除障碍物等费用。

单项工程综合概算.mp3

单项工程综合概算，是以各个单位工程概算为基础来编制的。根据建设项目中所包含的单项工程个数的不同，单项工程综合概算的内容也不相同。当建设项目只有一个单项工程时，单项工程综合概算还应包括工程建设其他费用、预备费、投资方向调节税、建设期贷款利息等。当建设项目包括多个单项工程时，这部分费用列入项目总概算中，不再列入单项工程综合概算中。

单项工程综合概算文件一般包括编制说明和综合概算表两大部分。单项工程综合概算分类划分如图4-2所示。

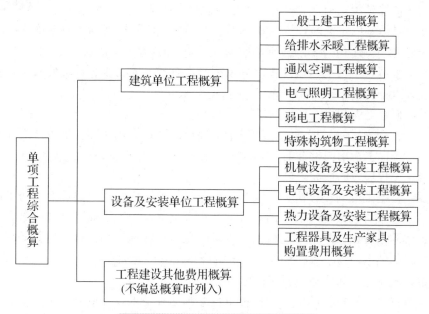

图4-2 单项工程综合概算分类划分图

建设项目总概算，是确定建设项目全部建设费用的总文件，它包括该项目从筹建到竣工验收交付使用的全部建设费用。它由各单项工程综合概算、工程建设其他费用、建设期贷款利息、预备费、固定资产投资方向调节税和经营性铺底流动资金组成，按照主管部门规定的统一表格编制，建设工程项目总概算如图4-3所示。

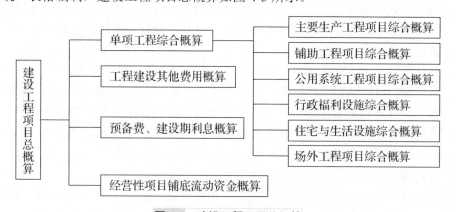

图4-3 建设工程项目总概算

4.1.2 设计概算的作用

设计概算应按建设项目的建设规模、隶属关系和审批程序报请审批。总概算按规定的程序经有关机关批准后，就成为国家控制该建设项目总投资额的主要依据，不得任意突破。设计概算的作用主要有以下几点：

设计概算的作用.mp3

(1) 设计概算是国家确定和控制基本建设总投资的依据。

设计概算是编制固定资产投资计划，确定和控制建设项目投资的依据。国家规定，编制年度固定资产投资计划，确定计划投资总额及其构成数额，要以批准的初步设计概算为依据，没有批准的初步设计文件及其概算，建设工程就不能列入年度固定资产投资计划。

(2) 设计概算是编制建设计划的依据。

建设年度计划安排的工程项目，其投资需要量的确定、建设物资供应计划和建筑安装施工计划等，都以主管部门批准的设计概算为依据。

(3) 确定工程投资的最高限额。

计划部门根据批准的设计概算，编制建设项目年度固定资产投资计划，所批准的总概算为建设项目总造价的最高限额，国家拨款、银行贷款及竣工决算都不能突破这个限额。若建设项目实际投资数额超过了总概算，则必须在原设计单位和建设单位共同提出追加投资的申请报告基础上，经上级计划部门审核批准后，方可追加投资。

(4) 设计概算是编制招标标底和投标报价的依据。

以设计概算进行招投标的工程，招标单位编制标底是以设计概算造价为依据的，并以此作为评标定价的依据。承包单位为了在投标竞争中取胜，也以设计概算为依据，编制出合适的投标报价。

(5) 设计概算是签订工程发承包合同和核定贷款额度的依据。

在国家颁布的合同法中明确规定，建设工程合同价款是以设计概算、预算价为依据，且总承包合同不得超过设计总概算的投资额。银行贷款或各单项工程的拨款累计总额不能超过设计概算，如果项目投资计划所列投资额与贷款超过设计概算时，必须查明原因，之后由建设单位报请上级主管部门调整或追加设计概算总投资，未批准之前，银行对其超支部分拒不拨付。

(6) 设计概算是考核设计方案经济合理性和选择最佳设计方案的依据。

设计单位根据设计概算进行技术经济分析和多方案评价，以提高设计质量和经济效益，同时保证施工图预算和施工图设计在设计概算的范围内。设计部门在初步设计阶段要选择最佳设计方案，设计概算是从经济角度衡量设计方案经济合理性的重要依据。因此，设计概算是衡量设计方案技术经济合理性和选择最佳设计方案的依据。

(7) 设计概算是控制施工图预算和施工图设计的依据。

设计单位必须按照批准的初步设计和总概算进行施工图设计，施工图预算不得超过设计概算，如确需超过总概算时，应按规定程序报批。

(8)　设计概算是考核建设项目投资效果的依据

通过设计概算与竣工决算对比，可以分析和考核投资效果的好坏，同时还可以验证设计概算的准确性，有利于加强设计概算管理和建设项目的造价管理工作。

4.2　设计概算的编制

4.2.1　设计概算的编制原则与依据

1. 设计概算的编制原则

(1)　严格执行国家的建设方针和经济政策的原则；

(2)　要完整、准确地反映设计内容的原则；

(3)　要坚持结合拟建工程的实际情况，反映工程所在地当时价格水平的原则。

2. 设计概算的编制依据

(1)　国家、行业和地方有关规定；

(2)　相应工程造价管理机构发布的概算定额；

(3)　工程勘察与设计文件；

(4)　拟定或常规的施工组织设计和施工方案；

(5)　建设项目资金筹措方案；

(6)　工程所在地编制同期的人工、材料、机械台班市场价格，以及设备供应方式及供应价格；

设计概算的编制
原则.mp3

设计概算编制
依据.mp3

(7)　建设项目的技术复杂程度，新技术、新材料、新工艺以及专利使用情况；

(8)　建设项目批准的相关文件、合同、协议等；

(9)　政府有关部门、金融机构等发布的价格指数、利率、汇率、税率以及工程建设其他费用等；

(10) 委托单位提供的其他技术经济资料等。

4.2.2　设计概算的编制方法

1. 单位建筑工程概算编制方法

单位工程概算分建筑工程概算和设备及安装工程概算两大类。建筑工程概算的编制方法有概算定额法、概算指标法、类似工程预算法；设备及安装工程概算的编制方法有预算单价法、扩大单价法、设备价值百分比法和综合吨位指标法等。

1)　概算定额法

概算定额法又叫扩大单价法或扩大结构定额法。它与利用预算定

概算定额法.mp3

额编制单位建筑工程施工图预算的方法基本相同。其不同之处在于编制概算所采用的依据是概算定额，所采用的工程量计算规则是概算工程量计算规则。该方法要求初步设计达到一定的深度，建筑结构比较明确时方可采用。

利用概算定额法编制设计概算的具体步骤如下：

(1) 按照概算定额分部分项顺序，列出各分项工程的名称。工程量计算应按概算定额中规定的工程量计算规则进行，并将计算所得各分项工程量按概算定额编号顺序填入工程概算表内。

(2) 确定各分部分项工程项目的概算定额单价(基价)。工程量计算完毕后，逐项套用相应概算定额单价和人工、材料消耗指标，然后分别将其填入工程概算表和工料分析表中。如遇设计图中的分项工程项目名称、内容与采用的概算定额手册中相应的项目有某些不相符时，则按规定对定额进行换算后方可套用。

有些地区根据地区人工工资、物价水平和概算定额编制了与概算定额配合使用的扩大单位估价表，该表确定了概算定额中各扩大分部分项工程或扩大结构构件所需的全部人工费、材料费、机械台班使用费之和，即概算定额单价。在采用概算定额法编制概算时，可以将计算出的扩大分部分项工程的工程量，乘以扩大单位估价表中的概算定额单价进行人、料、机费用的计算。概算定额单价的计算公式为：

$$概算定额单价=概算定额人工费+概算定额材料费+概算定额机械台班使用费$$
$$=\sum(概算定额中人工消耗量×人工单价)$$
$$+\sum(概算定额中材料消耗量×材料预算单价)$$
$$+\sum(概算定额中机械台班消耗量×机械台班单价) \tag{4-1}$$

(3) 计算单位工程的人、料、机费用。将已算出的各分部分项工程项目的工程量分别乘以概算定额单价、单位人工、材料消耗指标，即可得出各分项工程的人、料、机费用和人工、材料消耗量。再汇总各分项工程的人、料、机费用及人工、材料消耗量，即可得到该单位工程的人、料、机费用和工料总消耗量。如果有地区规定人工、材料价差调整指标，计算人、料、机费用时，按规定的调整系数或其他调整方法进行调整计算。

(4) 根据人、料、机费用，结合其他各项取费标准，分别计算企业管理费、利润、规费和税金。

(5) 计算单位工程概算造价，其计算公式为：

$$单位工程概算造价=人、料、机费用+企业管理费+利润+规费+税金 \tag{4-2}$$

采用概算定额法编制的某中心医院急救中心病原实验楼土建单位工程概算书，具体见表 4-1 所示。

表 4-1　某中心医院急救中心病原实验楼土建单位工程概算书

工程定额编号	工程费用名称	计量单位	工程量	金额(元)	
				概算定额基价	合价
3-1	实心砖基础(含土方工程)	10m³	19.60	1722.55	33761.98
3-27	多孔砖外墙	100m²	20.78	4048.42	84126.17
3-29	多孔砖内墙	100m²	21.45	5021.47	107710.53

续表

工程定额编号	工程费用名称	计量单位	工程量	金额(元)	
				概算定额基价	合价
4-21	无筋混凝土带基	m³	521.16	566.74	295362.22
14-33	现浇混凝土矩形梁	m³	637.23	984.22	627174.51
……	……		……	……	……
(一)	项目人、料、机费用小计	元			7893244.79
(二)	项目定额人工费	元			1973311.20
(三)	企业管理费(一)×5%	元			394662.24
(四)	利润[(一)+(三)]×8%	元			663032.56
(五)	规费[(二)×38%]	元			749858.26
(六)	税金[(一)+(三)+(四)+(五)]×3.41%	元			330797.21
(七)	造价总计[(一)+(三)+(四)+(五)+(六)]	元			10031595.06

2)　概算指标法

当初步设计深度不够，不能准确地计算工程量，但工程设计采用的技术比较成熟而又有类似工程概算指标可以利用时，可以采用概算指标法编制工程概算。概算指标法将拟建厂房、住宅的建筑面积或体积乘以技术条件相同或基本相同的概算指标而得出人、料、机费用，然后按规定计算出企业管理费、利润、规费和税金等。概算指标法计算精度较低，但由于其编制速度快，因此对一般附属、辅助和服务工程等项目，以及住宅和文化福利工程项目或投资比较小、比较简单的工程项目投资概算有一定实用价值。

概算指标法.mp3

(1)　拟建工程结构特征与概算指标相同时的计算。

在使用概算指标法时，如果拟建工程在建设地点、结构特征、地质及自然条件、建筑面积等方面与概算指标相同或相近，就可直接套用概算指标编制概算。根据选用的概算指标的内容，可选用两种套算方法。

一种方法是以指标中所规定的工程每平方米或立方米的人、料、机费用单价，乘以拟建单位工程建筑面积或体积，得出单位工程的人、料、机费用，再计算其他费用，即可求出单位工程的概算造价。人、料、机费用计算公式为：

$$人、料、机费用=概算指标每平方米(立方米)人、料、机费用单价$$
$$×拟建工程建筑面积(体积)$$

(4-3)

这种简化方法的计算结果参照的是概算指标编制时期的价格标准，未考虑拟建工程建设时期与概算指标编制时期的价差，所以在计算人、料、机费用后还应该用物价指数另行调整。

另一种方法是以概算指标中规定的每 100m² 建筑物面积(或 1000m³ 体积)所耗人工工日数、主要材料数量为依据，首先计算拟建工程人工、主要材料消耗量，再计算人、料、机费用，并取费。在概算指标中，一般规定了 $100m^2$ 建筑物面积(或 $1000m^3$ 体积)所耗工日数、主要材料数量，通过套用拟建地区当时的人工工资单价和主材预算价格，便可得到每 $100m^2$(或 $1000m^3$)建筑物的人工费和主材费，而无须再作价差调整。计算公式为：

$$100m^2 建筑物面积的人工费=指标规定的工日数×本地区人工工日单价 \qquad (4-4)$$

$$100m^2 建筑物面积的主要材料费=\sum(指标规定的主要材料数量×地区材料预算单价)$$
$$\qquad (4-5)$$

$$100m^2 建筑物面积的其他材料费=主要材料费×其他材料费占主要材料费的百分比$$
$$\qquad (4-6)$$

$$100m^2 建筑物面积的机械使用费=(人工费+主要材料费+其他材料费)$$
$$×机械使用费所占百分比 \qquad (4-7)$$

$$每 1m^2 建筑面积的人、料、机费用=(人工费+主要材料费+其他材料费$$
$$+机械使用费)÷100 \qquad (4-8)$$

根据人、料、机费用，结合其他各项取费方法，分别计算企业管理费、利润、规费和税金，得到每 $1m^2$ 建筑面积的概算单价，乘以拟建单位工程的建筑面积，即可得到单位工程概算造价。

(2) 拟建工程结构特征与概算指标有局部差异时的调整。

由于拟建工程往往与类似工程的概算指标的技术条件不尽相同，而且概算编制年份的设备、材料、人工等价格与拟建工程当时当地的价格也会不同，在实际工作中，还经常会遇到拟建对象的结构特征与概算指标中规定的结构特征有局部不同的情况，因此必须对概算指标进行调整后方可套用。调整方法如下：

① 调整概算指标中的每 $1m^2(1m^3)$ 造价。

当设计对象的结构特征与概算指标有局部差异时需要进行这种调整。这种调整方法是将原概算指标中的单位造价进行调整(仍使用人、料、机费用指标)，扣除每 $1m^2(1m^3)$ 原概算指标中与拟建工程结构不同部分的造价，增加每 $1m^2(1m^3)$ 拟建工程与概算指标结构不同部分的造价，使其成为与拟建工程结构相同的工程单位人、料、机费用造价。计算公式为：

$$结构变化修正概算指标(元/m^2)=J+Q_1P_1-Q_2P_2 \qquad (4-9)$$

式中：J——原概算指标；

Q_1——概算指标中换入结构的工程量；

Q_2——概算指标中换出结构的工程量；

P_1——换入结构的人、料、机费用单价；

P_2——换出结构的人、料、机费用单价。

则拟建单位工程的人、料、机费用为：

$$人、料、机费用=修正后的概算指标×拟建工程建筑面积(或体积) \qquad (4-10)$$

求出人、料、机费用后，再按照规定的取费方法计算其他费用，最终得到单位工程概算价值。

② 调整概算指标中的工、料、机数量。

这种方法是将原概算指标中每 $100m^2(1000m^3)$ 建筑面积(体积)中的工、料、机数量进行调整，扣除原概算指标中与拟建工程结构不同部分的工、料、机消耗量，增加拟建工程与概算指标结构不同部分的工、料、机消耗量，使其成为与拟建工程结构相同的每 $100m^2$ $(1000m^3)$ 建筑面积(体积)工、料、机数量。计算公式为：

结构变化修正概算指标的工、料、机数量=原概算指标的工、料、机数量

+换入结构的工程量×相应定额工、料、机消耗量

−换出结构的工程量×相应定额工、料、机消耗量　　　　　(4-11)

以上两种方法，前者是直接修正概算指标单价，后者是修正概算指标的工、料、机数量，修正之后，方可按上述第一种情况分别套用。

【例】 某新建住宅的建筑面积为 $4000m^2$，按概算指标和地区材料预算价格等算出一般土建工程单位造价为 680.00 元/m^2(其中人、料、机费用为 480.00 元/m^2)，采暖工程为 34.00 元/m^2，给排水工程为 38.00 元/m^2，照明工程为 32.00 元/m^2。按照当地造价管理部门规定，企业管理费费率为 8%，按人、料、机和企业管理费总费用计算的规费费率为 15%，利润率为 7%，税率为 3.4%。但新建住宅的设计资料与概算指标相比较，其结构构件有部分变更，设计资料表明外墙为 1 砖半外墙，而概算指标中外墙为 1 砖外墙，根据当地土建工程预算定额，外墙带形毛石基础的预算单价为 150 元/m^3，1 砖外墙的预算单价为 176 元/m^3，1 砖半外墙的预算单价为 178 元/m^3；概算指标中每 $100m^2$ 建筑面积中含外墙带形毛石基础为 $18m^3$，1 砖外墙为 $46.5m^3$，新建工程设计资料表明，每 $100m^2$ 中含外墙带形毛石基础为 $19.6m^3$，1 砖半外墙为 $61.2m^3$。

请计算调整后的概算单价和新建宿舍的概算造价。

【案例解析】

解：对土建工程中结构构件的变更和单价调整过程见表 4-2 所示。

表 4-2 土建工程概算指标调整表

序号	结构名称	单位	数量 (每 $100m^2$ 含量)	单价	合价/元
1	土建工程单位人、料、机费用造价换出部分： 外墙带形毛石基础 1 砖外墙 合计	 m^3 m^3 元	 18.00 46.50	 150.00 177.00	480.00 2700.00 8230.50 10930.50
2	换入部分： 外墙带形毛石基础 1 砖半外墙 合计	 m^3 m^3 元	 19.60 61.20	 150.00 178.00	 2940.00 10893.60 13833.60
结构变化修正指标	480.00−10930.50/100+13833.60/100=509.00(元)				

以上计算结果为人、料、机费用单价，需取费得到修正后的土建单位工程造价，即：

509.00×(1+8%)×(1+15%)×(1+7%)×(1+3.4%)=699.43(元/m^2)

其余工程单位造价不变，因此经过调整后的概算单价为

$699.43+34.00+38.00+32.00=803.43(元/m^2)$

新建宿舍楼概算造价为

$803.43×4000=3213720(元)$

3)　类似工程预算法

类似工程预算法是利用技术条件与设计对象相类似的已完工程或在建工程的工程造价资料来编制拟建工程设计概算的方法。该方法适用于拟建工程初步设计与已完工程或在建工程设计相类似且没有可适用的概算指标的情况，但必须对建筑结构差异和价差进行调整。

2. 设备及安装工程概算编制方法

设备及安装工程概算费用由设备购置费和安装工程费组成。

1)　设备购置费概算

设备购置费是指为项目建设而购置或自制的达到固定资产标准的设备、工器具、交通运输设备、生产家具等本身及其运杂费用。

设备购置费由设备原价和运杂费两项组成。设备购置费是根据初步设计的设备清单计算出设备原价，并汇总求出设备总价，然后按有关规定的设备运杂费率乘以设备总价，两项相加即为设备购置费概算，计算公式为：

$$设备购置费概算=\sum(设备清单中的设备数量×设备原价)×(1+运杂费率) \qquad (4-12)$$

或　　　　　　　$$设备购置费概算=\sum(设备清单中的设备数量×设备预算价格) \qquad (4-13)$$

国产标准设备原价可根据设备型号、规格、性能、材质、数量及附带的配件，向制造厂家询价或向设备、材料信息部门查询或按主管部门规定的现行价格逐项计算。

国产非标准设备原价在编制设计概算时可以根据非标准设备的类别、重量、性能、材质等情况，以每台设备规定的估价指标计算原价，也可以以某类设备所规定吨重估价指标计算。

工具、器具及生产家具购置费一般以设备购置费为计算基数，按照部门或行业规定的工具、器具及生产家具费率计算。

2)　设备安装工程概算的编制方法

设备安装工程费包括用于设备、工器具、交通运输设备、生产家具等的组装和安装，以及配套工程安装而发生的全部费用。

(1)　预算单价法。

当初步设计有详细设备清单时，可直接按预算单价(预算定额单价)编制设备安装工程概算。根据计算的设备安装工程量，乘以安装工程预算单价，经汇总求得。用预算单价法编制概算，计算比较具体精确性较高。

(2)　扩大单价法。

当初步设计的设备清单不完备，或仅有成套设备的重量时，可采用主体设备、成套设备或工艺线的综合扩大安装单价编制概算。

(3)　概算指标法。

当初步设计的设备清单不完备，或安装预算单价及扩大综合单价不全，无法采用预算单价法和扩大单价法时，可采用概算指标编制概算。概算指标形式较多，概括起来主要可按以下几种指标进行计算：

① 按占设备价值的百分比(安装费率)的概算指标计算。

$$设备安装费=设备原价×设备安装费率 \tag{4-14}$$

② 按每吨设备安装费的概算指标计算。

$$设备安装费=设备总吨数×每吨设备安装费(元/吨) \tag{4-15}$$

③ 按座、台、套、组、根或功率等为计量单位的概算指标计算。如工业炉，按每台安装费指标计算；冷水箱，按每组安装费指标计算安装费等。

④ 按设备安装工程每平方米建筑面积的概算指标计算。设备安装工程有时可按不同的专业内容(如通风、动力、管道等)采用每平方米建筑面积的安装费用概算指标计算安装费。

3. 单项工程综合概算的编制方法

1) 单项工程综合概算的含义

单项工程综合概算是确定单项工程建设费用的综合性文件，它是由该单项工程各专业的单位工程概算汇总而成，是建设项目总概算的组成部分。

2) 单项工程综合概算的内容

单项工程综合概算文件一般包括编制说明和综合概算表两大部分。

(1) 编制说明。

其内容包含有：

① 编制依据；

② 编制方法；

③ 主要设备、材料(钢材、木材、水泥)的数量；

④ 其他需要说明的有关问题。

(2) 综合概算表。

综合概算表是根据单项工程所辖范围内的各单位工程概算等基础资料，按照国家或部委所规定统一表格进行编制。

① 综合概算表的项目组成。

工业建设项目综合概算表由建筑工程和设备及安装工程两大部分组成；民用工程项目综合概算表就是建筑工程其中的一项。

② 综合概算的费用组成。

一般由建筑工程费用、安装工程费用、设备购置及工器具和生产家具购置费所组成。当建设项目只有一个单项工程时，此时综合概算文件除包括上述两大部分外，还应包括工程建设其他费用、建设期贷款利息、预备费和固定资产投资方向调节税概算等费用项目，综合概算见表 4-3 所示。

4. 建设工程项目总概算的内容和编制方法

1) 建设工程项目总概算的内容

建设工程项目总概算是以整个建设工程项目为对象，确定项目从立项开始，到竣工交付使用整个过程的全部建设费用的文件。

建设项目总概算是设计文件的重要组成部分。它由各单项工程综合概算、工程建设其他费用、建设期利息、预备费和经营性项目的铺底流动资金组成，并按主管部门规定的统一表格编制而成。

表 4-3　综合概算表

建设工程项目名称：×××

单项工程名称：×××　　　　　　　　　　　　　　　概算价值：×××元

序号	综合概算编号	工程或费用名称	概算价值(万元)						技术经济指标			占投资总额(%)	备注
			建筑工程费	安装工程费	设备购置费	工器具及生产家具购置费	其他费用	合计	单位	数量	单位价值(元)		
1	2	3	4	5	6	7	8	9	10	11	12	13	14
		一、建筑工程											
1	6-1	土建工程	×					×	×	×	×	×	
2	6-2	给水工程	×					×	×	×	×	×	
3	6-3	排水工程	×					×	×	×	×	×	
4	6-4	采暖工程	×					×	×	×	×	×	
5	6-5	电气照明工程……	×					×	×	×	×	×	
		小计											
		二、设备及安装工程											
6	6-6	机械设备及安装工程		×	×			×	×	×	×	×	
7	6-7	电气设备及安装工程		×	×			×	×	×	×	×	
8	6-8	热力设备及安装工程		×	×			×	×	×	×	×	
		小计											
9	6-9	三、工器具及生产家具购置费				×		×	×	×	×	×	
		总计	×	×	×	×		×	×	×	×	×	

审核：　　　　　核对：　　　　　编制：　　　　　年　月　日

设计概算文件一般应包括以下七部分：

(1) 封面、签署页及目录。

(2) 编制说明。

编制说明应包括下列内容：

① 工程概况。简述建设项目性质、特点、生产规模、建设周期、建设地点等主要情况。对于引进项目要说明引进内容及与国内配套工程等主要情况。

② 资金来源及投资方式。

③ 编制依据及编制原则。

④ 编制方法。说明设计概算是采用概算定额法，还是采用概算指标法等。

⑤ 投资分析。主要分析各项投资的比重、各专业投资的比重等经济指标。

⑥ 其他需要说明的问题。

(3) 总概算表。

总概算表应反映静态投资和动态投资两个部分。静态投资是按设计概算编制期价格、费率、利率、汇率等因素确定的投资；动态投资则是指概算编制期到竣工验收前的工程和价格变化等多种因素所需的投资。

(4) 工程建设其他费用概算表。

工程建设其他费用概算按国家或地区或部委所规定的项目和标准确定，并按统一表式编制。

(5) 单项工程综合概算表。

(6) 单位工程概算表。

(7) 附录：补充估价表。

2) 总概算表的编制方法

将各单项工程综合概算及其他工程和费用概算等汇总即为建设工程项目总概算。总概算由以下四部分组成：①工程费用；②其他费用；③预备费；④应列入项目概算总投资的其他费用，包括建设期利息和铺底流动资金。

编制总概算表的基本步骤如下：

(1) 按总概算组成的顺序和各项费用的性质，将各个单项工程综合概算及其他工程和费用概算汇总列入总概算表，见表 4-4 所示。

表 4-4　建设工程总概算表

建设工程项目：×××

总概算价值：×××　　　　　　　　　　其中回收金额：×××××

序号	综合概算编号	工程或费用名称	概算价值(万元)						技术经济指标			占投资总额(%)	备注
			建筑工程费	安装工程费	设备购置费	工器具及生产家具购置费	其他费用	合计	单位	数量	单位价值(元)		
1	2	3	4	5	6	7	8	9	10	11	12	13	14
		第一部分工程费用											
		一、主要生产工程项目											
1		×××厂房	×	×	×	×		×	×	×	×	×	
2		×××厂房	×	×	×	×		×	×	×	×	×	
		……											
		小计	×	×	×	×		×	×	×	×	×	
		二、辅助生产项目											
3		机修车间	×	×	×	×		×	×	×	×	×	
4		木工车间	×	×	×	×		×	×	×	×	×	
		……											
		小计	×	×	×	×		×	×	×	×	×	

续表

序号	综合概算编号	工程或费用名称	概算价值(万元)						技术经济指标			占投资总额(%)	备注
			建筑工程费	安装工程费	设备购置费	工器具及生产家具购置费	其他费用	合计	单位	数量	单位价值(元)		
1	2	3	4	5	6	7	8	9	10	11	12	13	14
		三、公用设施工程项目											
5		变电所	×	×	×	×		×	×	×	×	×	
6		锅炉房	×	×	×	×		×	×	×	×	×	
		……											
		小计	×	×	×	×		×				×	
		四、生活、福利、文化教育及服务项目											
7		职工住宅	×					×	×	×	×	×	
8		办公楼	×			×		×	×	×	×	×	
		……											
		小计	×					×				×	
		第二部分其他工程和费用项目											
9		土地使用费					×	×					
10		勘察设计费					×	×					
		第二部分其他工程和费用合计					×	×					
		第一、二部分工程费用总计	×	×	×	×		×					
11		预备费					×	×	×				
12		建设期利息	×	×	×	×		×	×				
13		铺底流动资金	×	×	×	×		×					
14		总概算价值											
15		其中:回收金额											
16		投资比例(%)											

审核:　　　　　核对:　　　　　编制:　　　　　　　　　年　月　日

(2) 将工程项目和费用名称及各项数值填入相应各栏内,然后按各栏分别汇总。

(3) 以汇总后总额为基础,按取费标准计算预备费用、建设期利息、固定资产投资方向调节税、铺底流动资金。

(4)　计算回收金额。回收金额是指在整个基本建设过程中所获得的各种收入。如原有房屋拆除所回收的材料和旧设备等的变现收入；试车收入大于支出部分的价值等。回收金额的计算方法，应按地区主管部门的规定执行。

(5)　计算总概算价值。

总概算价值=工程费用+其他费用+预备费+建设期利息+铺底流动资金-回收金额　(4-16)

(6)　计算技术经济指标。整个项目的技术经济指标应选择有代表性和能说明投资效果的指标填列。

(7)　投资分析。为对基本建设投资分配、构成等情况进行分析，应在总概算表中计算出各项工程和费用投资占总投资比例，在表的末栏计算出每项费用的投资占总投资的比例。

5. 设计概算文件

一般应包括 6 个方面的内容：

(1)　封面、签署页及目录；

(2)　编制说明；

(3)　总概算表；

(4)　工程建设其他费用概算表；

(5)　单项工程综合概算表；

(6)　单位工程概算表。

6. 设计概算的计算方法

总概算价值=工程费用+其他费用+预备费+建设期利息+铺底流动资金-回收金额　(4-17)

4.2.3　设计概算编制程序流程图

设计概算编制流程图如图 4-4 所示。

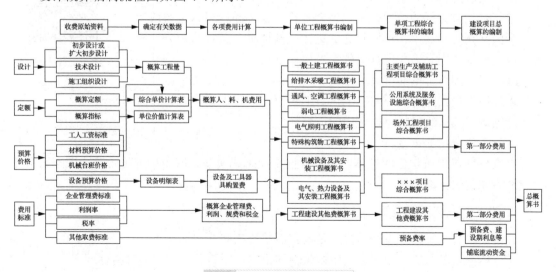

图 4-4　设计概算编制流程图

4.3 设计概算的审查

4.3.1 审查设计概算的编制依据

1. 合法性审查

采用的各种编制依据必须经过国家或授权机关的批准，符合国家的编制规定。未经过批准的不得采用，不得强调特殊理由擅自提高费用标准。

2. 时效性审查

对定额、指标、价格、取费标准等各种依据，都应根据国家有关部门的现行规定执行。对颁发时间较长、已不能全部适用的应按有关部门规定的调整系数执行。

审查设计概算的
编制依据.mp3

3. 适用范围审查

各主管部门、各地区规定的各种定额及其取费标准均有其各自的适用范围，特别是各地区间的材料预算价格区域性差别较大，在审查时应给予高度重视。

4.3.2 单位工程设计概算审查的构成

1. 建筑工程概算的审查

(1) 工程量审查。

根据初步设计图纸、概算定额、工程量计算规则的要求进行审查。

(2) 采用的定额或指标的审查。

审查定额或指标的使用范围、定额基价、指标的调整、定额或指标缺项的补充等。其中，审查补充的定额或指标时，其项目划分、内容组成、编制原则等需与现行定额水平相一致。

建筑工程概算的
审查.mp3

(3) 材料预算价格的审查。

以耗用量最大的主要材料作为审查的重点，同时着重审查材料原价、运输费用及节约材料运输费用的措施。

(4) 各项费用的审查。

审查各项费用所包含的具体内容是否重复计算或遗漏、取费标准是否符合国家有关部门或地方规定的标准。

2. 设备及安装工程概算的审查

设备及安装工程概算审查的重点是设备清单与安装费用的计算。

(1) 标准设备原价，应根据设备被管辖的范围，审查各级规定的价格标准。

(2) 非标准设备原价，除审查价格的估算依据、估算方法外还要分析研究非标准设备估价准确度的有关因素及价格变动规律。

(3)　设备运杂费审查，需注意：①设备运杂费率应按主管部门或省、自治区、直辖市规定的标准执行；②若设备价格中已包括包装费和供销部门手续费时不应重复计算，应相应降低设备运杂费率。

(4)　进口设备费用的审查，应根据设备费用各组成部分及国家设备进口、外汇管理、海关、税务等有关部门不同时期的规定进行。

(5)　设备安装工程概算的审查，除编制方法、编制依据外，还应注意审查以下内容：

①　采用预算单价或扩大综合单价计算安装费时的各种单价是否合适、工程量计算是否符合规则要求、是否准确无误；

②　当采用概算指标计算安装费时采用的概算指标是否合理、计算结果是否达到精度要求；

③　审查所需计算安装费的设备数量及种类是否符合设计要求，避免某些不需安装的设备安装费计入在内。

4.3.3　综合概算和总概算的审查

1)　审查概算的编制是否符合国家经济建设方针、政策的要求，根据当地自然条件、施工条件和影响造价的各种因素，实事求是地确定项目总投资。

2)　审查概算的投资规模、生产能力、设计标准、建设用地、建筑面积、主要设备、配套工程、设计定员等是否符合原批准可行性研究报告或立项批文的标准。如概算总投资超过原批准投资估算 10%以上，应进一步审查超估算的原因。

3)　审查其他具体项目

(1)　审查各项技术经济指标是否经济合理；

(2)　审查费用项目是否按国家统一规定计列，具体费率或计取标准是否按国家、行业或有关部门规定计算，有无随意列项，有无多列、交叉计列和漏项等。

4)　财政部对设计概算审查的要求

根据财政部办公厅财办建〔2002〕619 号文件《财政投资项目评审操作规程》(试行)的规定，对建设工程项目概算的评审包括以下内容：

(1)　项目概算评审包括对项目建设程序、建筑安装工程概算、设备投资概算、待摊投资概算和其他投资概算等的评审。

(2)　项目概算应由项目建设单位提供，项目建设单位委托其他单位编制项目概算的，由项目单位确认后报送评审机构进行评审。项目建设单位没有编制项目概算的，评审机构应督促项目建设单位尽快编制。

(3)　项目建设程序评审包括对项目立项、项目可行性研究报告、项目初步设计概算、项目征地拆迁及开工报告等批准文件的程序性评审。

(4)　建筑安装工程概算评审包括对工程量计算、概算定额选用、取费及材料价格等进行评审。

工程量计算的评审包括：

①　审查工程量计算规则的选用是否正确；

② 审查工程量的计算是否存在重复计算现象；

③ 审查工程量汇总计算是否正确；

④ 审查施工图设计中是否存在擅自扩大建设规模、提高建设标准等现象。

定额套用、取费和材料价格的评审包括：

① 审查是否存在高套、错套定额现象；

② 审查是否按照有关规定计取企业管理费、规费及税金；

③ 审查材料价格的计取是否正确。

(5) 设备投资概算评审，主要对设备型号、规格、数量及价格进行评审。

(6) 待摊投资概算和其他投资概算的评审，主要对项目概算中除建筑安装工程概算、设备投资概算之外的项目概算投资进行评审。评审内容包括：

① 建设单位管理费、勘察设计费、监理费、研究试验费、招投标费、贷款利息等待摊投资概算，按国家规定的标准和范围等进行评审；对土地使用权费用概算进行评审时，应在核定用地数量的基础上，区别土地使用权的不同取得方式进行评审。

② 其他投资的评审，主要评审项目是建设单位按概算内容发生并构成基本建设实际支出的房屋购置和基本禽畜、林木等购置、饲养、培育支出以及取得各种无形资产和其他资产等发生的支出。

(7) 部分项目发生的特殊费用，应视项目建设的具体情况和有关部门的批复意见进行评审。

(8) 对已招投标或已签订相关合同的项目进行概算评审时，应对招投标文件、过程和相关合同的合法性进行评审，并据此核定项目概算。对已开工的项目进行概算评审时，应对截止评审日的项目建设实施情况，分别按已完、在建和未建工程进行评审。

(9) 概算评审时需要对项目投资细化、分类的，按财政细化基本建设投资项目概算的有关规定进行评审。

4.3.4 设计概算审查的方法

1. 对比分析法

对比分析法主要是指通过建设规模、标准与立项批文对比，工程数量与设计图纸对比，综合范围、内容与编制方法、规定对比，各项取费与规定标准对比，材料、人工单价与统一信息对比，技术经济指标与同类工程对比等，发现设计概算存在的主要问题和偏差的方法。

2. 查询核实法

查询核实法是对一些关键设备和设施、重要装置、引进工程图纸

对比分析法.mp3

不全、难以核算的较大投资进行多方查询核对，逐项落实的方法。主要设备的市场价向设备供应部门或招标公司查询核实；重要生产装置、设施向同类企业(工程)查询了解；进口设备价及有关费税向进出口公司调查落实；复杂的建安工程向同类工程的建设、承包、施工单位征求意见；深度不够或不清楚的问题直接向原概算编制人员、设计者询问。

3. 联合会审法

联合会审前，可先采取多种形式分头审查，包括：设计单位自审，主管、建设、承包单位初审，工程造价咨询公司评审，邀请同行专家预审，审批部门复审等，经层层审查把关后，由有关单位和专家进行联合会审。在会审大会上，由设计单位介绍概算编制情况及有关问题，各有关单位、专家汇报初审及预审意见。然后进行认真分析、讨论，结合对各专业技术方案的审查意见所产生的投资增减，逐一核实原概算出现的问题。经过充分协商，认真听取设计单位意见后，实事求是地处理、调整。

4.3.5 设计概算审查的注意事项

1. 审核前应注意的事项

合理准确的审查初步设计概算是建立在对方案的全面理解和合理调整的基础上，根据项目选择的最优方案开展概算审查能够起到事半功倍的效果。初步设计概算项目投资一般包括工程费用、工程建设其他费、预备费等，因此，概算审查应注意以下事项：

(1) 工程量的审核。

工程量是一切费用计算的基础，工程量的真实性和准确性对工程投资的影响较大。因此，初步设计概算审查的重点应首先核算工程量是否合理准确，审核概算中的工程量有无多计或者重复计算，同时应注意概算定额中的工程量计算规则与工程量清单计算规则的差异性。要注意概算的特点，对概算中考虑不完善或者费用预留不足的子目进行调整和补充。总之，审核的原则是根据图纸和项目具体情况开展，科学合理，实事求是，不能以造价最低为准则。

(2) 定额套用及取费的审核。

设计概算审查应审查定额选用、项目套用是否正确合理，应审查在定额套用中是否忽略定额综合解释，发生重复计取等问题。定额套用应与项目方案符合一致，材料设备价格选择可参考造价信息并进行市场询价，价格水平应合理、客观。取费应按照工程类型分专业确定，研究费用定额及取费文件，审核费用计算基数、税金费率套用是否合理等。

(3) 工程建设其他费用的审核。

工程建设其他费用包括：基础设施建设费等行政收费、建设单位管理费、前期咨询费、勘察设计费、招投标代理费等。对工程建设其他费用在审查阶段已经签订合同的，应要求项目单位提供合同，并参照规定的取费标准进行审核，对于已签订且合同额高于费用标准的，要有确实的合理理由。工程其他费用总体的审核应全面，不漏项、不多计，做到客观合理。

(4) 与同类建设项目投资水平进行比较。

对于社会同一时期建设的同类项目，投资水平应具有一定的可比性，特别是对于幼儿园、医院、学校等具有一定标准配置的建设项目，在完成初步设计概算审查后，可查询同类建设项目资料对费用进行对比。对费用差距较大的项目应分析原因，如为客观原因则应进行分析说明，如地基承载力不足、市政条件不完善等引起的投资增加；如为项目主观原因造成造价水平偏高,则应对项目方案进行合理优化,如材料设备档次选择过高,设备选型配置不合理等。

总之,初步设计概算是项目前期控制投资的一个重要阶段,若要高质量地完成审核工作,必须对初步设计方案进行深入研究、理解,并结合项目情况对项目方案进行合理优化,这是保证审核质量的核心。同时,应结合优化方案对设计概算进行审核,做到概算与方案保持一致,投资水平科学合理,保证审核质量,降低审核风险。

此外,还要在审核项目过程中不断加强业务学习,与同行积极开展沟通、交流,积累项目数据及经验,以确保审核效果。

2. 设计概算审查存在的问题和建议

就目前情况来看,政府投资领域投资项目超过设计概算,要求重新调整设计概算的现象时有发生。超过设计概算的原因有多方面,其中设计概算编制的准确性偏低是其主要原因之一。

1) 当前初步设计概算审查时发现的普遍性问题

(1) 设计单位编制概算时习惯按建设单位提供的立项投资额进行凑数。在报批设计文件时,不少建设单位为了争项目,故意少报投资,预留缺口,设计单位在编制概算时也没有按照初步设计文件进行认真的编制,而是为了迎合建设单位草草地凑数了事,以求尽快得到批复。但在实际施工中,建设单位作为项目建成后的收益人,又缺乏控制投资的内在动力机制,往往从满足自身需要出发,擅自变更合同内容,随意提高标准档次,致使政府投资项目的实际造价大大超出概算投资总额。

(2) 由于设计文本、图纸的深度不够,概算编制人员无法详细、准确地编制设计概算。很多工程项目因为时间紧,设计院做的初步设计文本十分粗糙,设计深度远远没有达到要求,从而影响到概算的编制。为保证各阶段设计文件的质量和完整性,国家建设部于 2003年颁布了《建筑工程设计文件编制深度规定》(2003 年版),其中对在初步设计阶段设计文件应达到何种编制深度都做了具体的规定。例如在建筑给排水平面图的设计中要求有底层、标准层、机房的平面布置图,室内外接管位置、管径,各系统的系统原理图,标注干管管径,设备设置标高等,但很多设计院在设计文件中往往没有达到这个要求,致使在编制概算时无法准确计算出给排水管道干管的口径与数量,就可能出现随意估算,从而造成与实际造价的不符。

(3) 设计单位缺乏足够的概算编制力量。设计概算是设计文件的重要组成部分,但设计单位普遍存在着重设计轻概算的现象,有些设计院没有专门的造价编制人员,而是由一些设计人员附带,编制时责任心不强,造成编制出来的设计概算质量不高,缺漏项或高估冒算的现象较多。编制人员对定额的理解模糊,工程量计算不准、定额错套、费率计取错误等问题时有发生。

2) 就如何加强初步设计概算审查的几点思考和建议

(1) 建立起严密有效的政府投资项目设计概算审查程序。

针对政府投资项目设计概算编制质量不高,高估冒算的现象时有发生,政府应当成立专门的部门负责政府投资项目的设计概算审查工作。目前各地成立起来的政府投资项目评审中心就能承担这一职责，审查部门在审查时应当建立起一套行之有效的概算审查程序。因为在初步设计阶段，审查设计概算与审查初步设计是同时进行的，所以在一般情况下，政府投资项目的初步设计概算审查可以按以下程序进行：

① 资料提交。

在参加初步设计会议前审查单位就要要求业主提供与概算审查有关的立项批复文件(含估算)、初步设计文件(包括设计说明、设计图纸、概算文件)等资料，并要求确定业主与设计单位的联系人。

② 概算初审。

在业主提供了上述资料后，主审人员要尽快着手进行概算的概略审查，重点审查有无大的错漏问题，并一一予以列出，供决策部门参考或在初步设计审查会上提出。

③ 参加初步设计审查会议。

主审人员要直接参加初步设计审查会议，在会上须认真听取相关各部门的意见，应注意收集掌握与概算审查密切相关的内容，并根据情况在会上作必要的概略审查发言。

④ 详细审核，出具意见。

根据会议精神对业主提供的初步设计概算进行详细审查、核对和调整，如需让设计单位作修整概算的，要在设计单位修整完成并提交了修整图纸和概算后，尽快对修整概算的内容重新进行审查，最终确定审查概算投资，及时出具概算审查意见。

(2) 审查机构要加强对初步设计概算文本的审查。

① 审查编制依据的正确性。

审查设计概算，首先审查设计概算编制依据的选用是否正确合理，这是决定设计概算编制质量的关键，编制设计概算的定额和选用的指标要符合规定。

② 审查编制深度。

首先要审查概算编制说明有无差错，其次审查概算编制的完整性，大中型项目要审查是否有符合规定的"三级概算"，有无随意简化的现象；最后审查概算的编制范围及具体内容是否与批准的项目范围及具体工程内容相一致，审查其他费用项目是否符合规定。

③ 审查概算编制的准确性。

A. 单位工程概算的审查。

单位工程概算是建设项目总概算的基础，是审查的重点。单位工程包括建筑工程和设备购置及其安装工程。其中建筑工程又包括土建工程、给排水工程、电气工程、消防工程、暖通工程、弱电工程等，其造价是整个建设工程造价的重要组成部分。由于多种原因，设计单位编制的设计概算中该项的错误也比较多，如不按规定套用定额、工程量多算、定额子目错套、漏项较多、安装工程中的设备及材料价格与市场价格偏离等。在审核时，要根据设计文件、图纸及国家有关工程造价的计算方法、定额所包含的工作内容、取费标准等，按不同专业分别进行计算、核对。对图纸标注不清楚的和在设计阶段尚未明确的设备、材料的定位等问题，要及时与建设单位沟通，了解他们的要求，并根据有关部门发布的价格信息及价格调整指数，考虑建设期的价格变动因素等，对设计概算进行调整和修正，使审核后的设计概算尽可能真实地反映设计内容、施工条件和实际价格，也避免设计概算与工程预算严重脱节。有些设计单位在初步设计中不考虑某些分项工程的设计，如室外工程、安全监控系统、零星附属工程等，但这些分项又是整个建设项目不可或缺的。由于无设计图纸，所以概算编制人员通常也不将其考虑到总概算中去，无形中造成了概算漏项。为此，在概算审核中，要根据项目要求，将漏项部分也要补充到总概算中，使审核后的概算能充分反映项目的实际投资状况。

B. 工程建设其他费用的审查。

工程建设其他费用的审查要严格按照国家及地方政府有关部门的相关规定计算工程建设其他费用。工程建设其他费用是指从工程筹建起到工程竣工验收交付使用的整个建设期间，除了建筑工程费用和设备购置及安装费以外，为保证工程建设顺利完成和交付后能正常发挥效用而发生的各项费用开支。例如浙江省出台新的工程建设其他费用定额以后，与原来的其他费用定额内容发生了很大的变化，计算程序也有所改变，设计单位的相关从业人员因为对新的规定不是很清楚，编制的其他费用往往出现漏算、误算，重算，所以在概算审核中，其他费用一定要严格按规定来计取，某些在初步设计阶段已经实际发生的费用(如可行性研究费)等，就可以按实列入，切实保证项目投资概算的完整、准确。

3. 审查人员在审查设计概算时应注意的事项

(1) 概算审查人员平时要注重对各类工程项目技术经济指标的积累。虽然目前我省规定政府投资项目编制初步设计概算需采用新颁布的概算定额，但技术经济指标的积累对概算审查还是非常有必要的。

首先可以利用已收集的同类项目概算指标中的相应数据，与设计概算进行分析比较，从中找出差距，为审查提供线索。其次对于一些时间紧迫或者未做设计但也要求包括在概算中的部分工程，可以通过同类工程的技术经济指标来加以控制。所以每审查完一个项目，都可以作为基础资料保存下来。

(2) 审查人员平时要注意搜集各类审查依据和资料，及时掌握各相关部门颁发的与概算编制有关的各种政策性文件，例如新的概算定额的颁布、新的费用计取规定的出台等，审查人员需及时跟上政策的变化，及时进行信息的更新。

(3) 审查中要注意方法，讲究效果。概算审查要抓重点，尤其在力量和时间上不可能进行全面审查的时候，更有必要抓住主要部分，有重点地审查。一般审查投资大或性质重要的建设项目、主要工程项目，单位工程项目中工程量大、单价高、容易出错和经常算错以及缺乏编制依据而临时补充的项目；对平时编制质量不高的设计单位的设计概算也要加强审查。

总而言之，加强政府投资项目设计概算审查是合理确定建设项目总投资的一个重要环节，是一项政策性、技术性、经济性和实践性很强的技术经济工作。经审查后的概算，为项目的经济评价、投资控制、招标投标、保证实施等提供了可靠的依据。概算审查人员要确保审查质量，使经审查的概算全面、客观、真实地反映工程实际，从而确定合理的造价，有效控制造价的目的。

 本 章 小 结

　　本章学生们主要学习了设计概算的相关内容，包含有设计概算概述、设计概算的编制、施工图预算的审查。以设计概算为主线，详细介绍了设计概算编制方面的内容，其中三级概算的内容为重点，应注意区分建筑单位工程概算内容、设备及安装单位工程概算内容，并掌握单位工程概算编制的三种方法及其适用范围以及施工图的审查内容和方法技巧。为学生们以后的学习和工作打下坚实的基础。

实 训 练 习

一、单选题

1.　(　　)是指具有独立的设计文件、能够独立组织施工过程，是单项工程的组成部分。
　　A. 单位工程综合概算　　　　　　　B. 单位工程概算
　　C. 建设项目总概算　　　　　　　　D. 分部工程概算

2.　下列不属于设计概算的编制依据的是(　　)。
　　A. 国家、行业和地方有关规定
　　B. 工程勘察与设计文件
　　C. 拟定或常规的施工组织设计和施工方案
　　D. 严格执行国家的建设方针和经济政策的原则

3.　设备清单不完备，无法采用扩大单价法、预算单价法时，按设备原价计算安装费、每吨设备安装费、每平方米建筑面积安装费等、按台套数计算，这种概算编制方法属于(　　)。
　　　　A. 预算单价法　　　　　　　　B. 概算指标法
　　　　C. 扩大单价法　　　　　　　　D. 设备购置概算法

4.　如果初步设计提出的总概算超过可行性研究报告总投资的(　　)以上或其他主要指标需要变更时，应说明原因和计算依据，并重新向原审批单位报批可行性研究报告。
　　　　A. 3%　　　　　　B. 5%　　　　　　C. 8%　　　　　　D. 10%

5.　下列方法中，属于设计概算审查方法的是(　　)法。
　　　　A. 重点审查　　　B. 分阶段审核　　C. 利用手册审查　　D. 联合会审

二、多选题

1.　设计概算可分为(　　)。
　　A. 单位工程概算　　　　　B. 单项工程综合概算　　　　C. 建设项目总概算
　　D. 分部工程概算　　　　　E. 其他工程概算

2.　建筑工程概算的编制方法有(　　)。
　　A. 概算定额法　　　　　　B. 概算指标法　　　　　　　C. 单价法

D. 实物量法　　　　　　　E. 类似工程预算法

3. 设备及安装工程概算的编制方法有(　　)。

A. 预算单价法　　　　　　B. 扩大单价法　　　　　　C. 设备价值百分比法

D. 类似工程预算法　　　　E. 综合吨位指标法

4. 按照反映的生产要素消耗内容,可将建设工程定额分为(　　)。

A. 建筑工程定额　　　　　B. 安装工程定额　　　　　C. 人工定额

D. 材料消耗定额　　　　　E. 机械台班定额

5. 概算定额是以扩大的分部分项工程为对象编制的,其作用有(　　)。

A. 用于工程的施工管理　　　　　B. 编制扩大初步设计概算的依据

C. 编制概算指标　　　　　　　　D. 确定建设项目投资额的依据

E. 编制预算定额

三、简答题

1. 设计概算的分类有哪些?

2. 简述设计概算的编制原则。

3. 简述审查设计概算的编制依据。

第 4 章　课后答案.pdf

实训工作单(一)

班级		姓名		日期	
教学项目		设计概算			
任务	设计概算的编制		要求	编制一套简单的设计概算文件	
相关知识			设计概算相关知识		
其他要求					

设计概算编制过程记录

评语			指导老师	

实训工作单(二)

班级		姓名		日期	
教学项目		设计概算			
任务	设计概算的审查		要求	1. 设计概算审查的构成 2. 设计概算的审查方法 3. 模拟设计概算审查过程	
相关知识			设计概算相关知识		
其他要求					

设计概算审查过程记录

评语			指导老师	

第 5 章　施工图预算

05

【学习目标】

- 了解施工图预算的概念
- 掌握施工图预算的步骤
- 掌握施工图预算的作用与依据
- 掌握施工图审查的方法与内容

【教学要求】

本章要点	掌握层次	相关知识点
施工图预算	1. 了解施工图预算的概念 2. 理解施工图预算的作用	施工图预算
施工图预算的编制	1. 掌握施工图预算的编制方法 2. 了解施工图预算的编制步骤	1. 单价法 2. 实物量法
施工图预算的审查	1. 了解施工图预算审查的意义和依据 2. 掌握施工图预算审查的方法和内容	1. 工程量的审查 2. 定额单价的审查

【项目案例导入】

　　某开发商在 XX 市商业中心购置了一块地，预备在这里建造一栋娱乐购物为一体的综合性商场。在施工图设计阶段，由于施工图预算编制人员的失误，复检人员玩忽职守，导致整个施工图预算的金额与实际施工过程发生的金额相差较大，因此在签订合同时开发商与承包商签订的合同价款过高。

【项目问题导入】

施工图预算是建设单位编制标底、施工单位编制投标报价，建设单位和施工单位签订工程施工合同的依据。请结合本章内容分析如何避免出现施工图预算误差过大的情况。

5.1 施工图预算概述

5.1.1 施工图预算的概念

施工图预算，即单位工程施工图预算书，是在施工图设计完成后，根据已批准的施工图纸、地区预算定额(单位估价表)或计价表，并结合施工方案以及工程量计算规则、现行预算定额、费用定额以及地区设备、材料、人工、施工机械台班等预算价格编制和确定的建筑安装工程造价的技术和经济文件。施工图预算也称为设计预算。

施工图预算的概念.mp3

建筑工程预算又可分为一般土建工程预算、给排水工程预算、暖通工程预算、电气照明工程预算、构筑物工程预算及工业管道、电力、电信工程预算。单位工程施工图预算的编制工作必须反映该单位工程的各分部分项工程名称、定额编号、工程数量、综合单价、合价(分项工程费)以及工料分析；反映单位工程的分部分项工程费、措施项目费、其他项目费、规费及税金。此外还应有"综合单价分析"。

施工图预算是在完成工程量计算的基础上，按照设计图纸的要求和预算定额规定的分项工程内容，正确套用和换算预算单价，计算工程直接费用，并根据各项取费标准，计算间接费用、利润、税金和其他费用，最后，计算出总单位工程预算造价。一般情况下，一份完整的单位工程施工图预算书应由下列内容组成：

(1) 封面。

封面主要是反映工程概况。其内容一般有建设单位名称、工程名称、结构类型、结构层数、建筑面积、预算造价、单方造价、编制单位名称、编制人员、编制日期、审核人员、审核日期及预算书编号等。

(2) 编制说明。

编制说明主要是说明所编预算在预算表中无法表达，而又需要审核单位(或人员)必须了解的相关内容。其内容一般包括：编制依据、预算所包括的工程范围，施工现场(如土质、标高)与施工图纸说明不符的情况，对业主提供的材料与半成品预算价格的处理，施工图纸的重大修改，对施工图纸说明不明确之处的处理。深基础的特殊处理，特殊项目及特殊材料补充单价的编制依据与计算说明，经双方同意编入预算的项目说明，未定事项及其他应予以说明的问题等。

(3) 费用汇总表。

费用汇总表是指组成单位工程预算造价所需费用计算的汇总表，是按照工程造价计算程序计算的。其内容包括工程直接费、施工综合费、材料价差调整、各项税金和其他费用。

(4)　分部分项工程预算表。

分部分项工程预算表是指各分部分项工程直接费的计算表(有的含工料分析表)，它是施工图预算书的主要组成内容，其内容包括：定额编号、分部分项工程名称、计量单位、工程数量、预算单价及合价等。

(5)　工料分析表。

工料分析表是指分部分项工程所需人工、材料和机械台班消耗量的分析计算表。此表一般与分部分项工程表结合在一个表内，其内容除了与工程预算表的内容相同外，还应列出分项工程的预算定额工料消耗量指标和计算出相应的工料消耗数量。

(6)　材料分析、汇总表。

单位工程定额材料用量分析表、汇总表。根据工程量计算提供的各分项工程量和定额项目表中各主要材料的相应子目含量，分别计算出各分项主要材料定额用量，然后进行分页汇总合计，最后将各页合计进行汇总，填制汇总表。

施工图预算的两种编制模式

(1)　传统定额计价模式。

工程建设定额是在一定生产力水平下，在工程建设中单位产品人工、材料、机械、资金消耗的规定额度，这种数量关系体现出正常施工条件、合理的施工组织设计、合格产品下各种生产要素消耗的社会平均合理水平。

我国传统的定额计价模式是采用国家、部门或地区统一规定的预算定额、单位估价表、取费标准、计价程序进行工程造价计价的模式，通常也称为定额计价模式。它是我国长期使用的一种施工图预算的编制方法。在传统的定额计价模式下，由国家或地方主管部门颁布工程预算定额，并且规定了相关取费标准，发布有关资源价格信息。建设单位与施工单位均先根据预算定额中规定的工程量计算规则、定额单价计算直接工程费，再按照规定的费率和取费程序计取间接费、利润和税金，汇总得到工程造价。其中，预算定额单价既包括了消耗量标准，又包括了单位价格。

在预算定额从指令性走向指导性的过程中，虽然预算定额中的一些因素可以按市场变化做一些调整，但其调整(包括人工、材料和机械台班价格的调整)也都是按造价管理部门发布的造价信息进行，造价管理部门不可能把握市场价格的随时变化，其公布的造价信息与市场实际价格信息相比总有一定的滞后与偏离，这就决定了定额计价模式的局限性。

(2)　工程量清单计价模式。

工程量清单是表示拟建工程的分部分项工程项目、措施项目、其他项目名称和相应数量的明细清单。工程量清单是按统一规定进行编制的，它体现的核心内容为分项工程项目名称及其相应数量，是招标文件的组成部分，是投标人进行投标报价的重要依据。

工程量清单计价模式是招标人按照国家统一的工程量清单计价规范中的工程量计算规则提供工程量清单和技术说明，由投标人依据企业自身的条件和市场价格对工程量清单自主报价的工程造价计价模式。工程量清单计价模式是国际通行的计价方法。它使我国工程造价管理与国际接轨，逐步向市场化过渡。

5.1.2　施工图预算的作用

一般土建工程施工图预算是在施工图设计完成后，工程开工前，根据已批准的施工图纸，在施工方案或施工组织设计已确定的前提下，按照国家或省市颁发的现行建筑与装饰计价表、费用定额、材料信息发布价等有关规定，所确定的单位工程造价或单项工程造价的技术经济文件。

施工图预算的作用主要体现在以下 6 个方面：

(1) 施工图设计是确定单位工程造价的依据，是设计文件的组成部分。

(2) 施工图预算是建设单位编制标底、施工单位编制投标报价，建设单位和施工单位签订工程施工合同的依据。

施工图预算的作用.mp3

(3) 施工图预算是施工单位组织材料、机具、设备及劳动力供应的依据；是施工企业编制进度计划、进行经济核算的依据；也是施工单位拟定降低成本措施和按照工程量计算结果编制施工预算的依据。

(4) 施工图预算是拨付进度款和工程结算的依据。

(5) 施工图预算是工程造价管理部门监督、检查执行定额标准，合理确定工程造价，测算造价指数及审定招标工程标底的依据。

(6) 施工图预算是进行"两算对比"的依据，"两算对比"是指施工预算和施工图预算的对比。通过两算对比分析，可以预先找出工程节约和超支的原因，避免工程成本发生亏损。

5.2　施工图预算的编制

5.2.1　施工图预算的编制依据和作用

1. 施工图预算的编制依据

(1) 施工图纸及其说明。

经审批后的施工图纸及设计说明书，是编制施工图预算的主要工作对象和依据，施工图纸必须经过建设、设计和施工单位共同会审确定后，才能着手编制施工图预算，使预算编制工作能正常进行，避免不必要的返工计算。

施工图预算的
编制依据.mp3

(2) 现行的预算定额、计价表、地区材料预算价格。

现行建筑工程预算定额是编制预算的基础资料。编制工程预算，从划分分部分项工程项目到计算分项工程量，都必须以预算定额(包括已批准执行的概算定额、预算定额、单位估价表、计价表、费用定额、该地区的材料预算价格及其有关文件)作为标准和依据。现在，有部分省市编制了建筑与装饰工程计价表，并能与《建设工程工程量清单计价规范》相对应，编制预算时可直接使用。

(3) 施工组织设计或施工方案。

施工组织设计是确定单位工程施工方法或主要技术措施及施工现场平面布置的技术文件，该文件所确定的材料堆放地点、机械的选择、土方的运输工具及各种技术措施等，都是编制施工图预算不可缺少的依据。

(4)　现行的《建设工程工程量清单计价规范》。

(5)　甲乙双方签订的合同或协议。

(6)　有关部门批准的拟建工程概算文件。

经批准的拟建工程设计概算，是拟建工程投资的最高限额，所编制的施工图预算不得超过这一限额。

(7)　预算工作手册。

预算工作手册是将常用的数据、计算公式和系数等资料汇编而成的手册，方便查用，以加快工程量计算速度。

(8)　市场采购材料的市场价格。

2. 施工图预算对建设单位的作用

(1)　施工图预算是施工图设计阶段确定建设工程项目造价的依据，是设计文件的组成部分。

(2)　施工图预算是建设单位在施工期间安排建设资金计划和使用建设资金的依据。

施工图预算对建设
单位的作用.mp3

(3)　施工图预算是招投标的重要基础，既是工程量清单的编制依据，也是标底编制的依据。

(4)　施工图预算是拨付进度款及办理结算的依据。

3. 施工图预算对施工单位的作用

(1)　施工图预算是确定投标报价的依据。

(2)　施工图预算是施工单位进行施工准备的依据；是施工单位在施工前组织材料、机具、设备及劳动力供应的重要参考；是施工单位编制进度计划、统计完成工作量、进行经济核算的参考依据。

施工图预算对施工
单位的作用.mp3

(3)　施工图预算是控制施工成本的依据。根据施工图预算确定的中标价格是施工企业收取工程款的依据。企业只有合理利用各项资源，采取技术措施、经济措施和组织措施降低成本，将成本控制在施工图预算以内，企业才能获得良好的经济效益。

4. 施工图预算对其他方面的作用

(1)　对于工程咨询单位而言，客观、准确地为委托方做出施工图预算，是其业务水平、素质和信誉的体现。

(2)　对于工程造价管理部门而言，施工图预算是监督检查执行定额标准、合理确定工程造价、测算造价指数及审定招标工程标底的重要依据。

5.2.2　施工图预算的编制方法

1. 施工图预算的编制方法

现在常用的施工图预算编制方法有单价法和实物量法。单价法又分为工料单价法和综合单价法，综合单价法又分为全费用综合单价法和部分费用综合单价法。

1) 定额单价法

定额单价法是用事先编好的分项工程和单位估价表来编制施工图预算的方法。由于单价法编制施工图预算具有计算简单、编制速度快和便于统一管理等优点，所以是目前国内用来编制施工图预算的主要方法。

定额单价法.mp3

(1) 工料单价法。

工料单价法编制施工图预算，是根据各地区、各部门颁发的预算定额，根据预算定额的规定计算工程量，分别乘以相应单价或预算定额基价并求和，得到定额直接工程费；再以工程直接费为基数乘以间接费、利润、税金等各自的费率，求出该工程的间接费、利润、税金等费用，最后将各项内容汇总即得工程造价。这种编制方法，既简化了编制工作，又便于进行经济技术分析。在市场价格波动较大的情况

工料单价法.mp3

下用这种单价法编制施工图预算的步骤如下：

① 熟悉施工图纸。

施工图纸是编制施工图预算的基本依据。预算人员在编制施工图预算前，应熟悉施工图纸，对设计图纸和有关标准图的内容、施工说明及各张图纸之间的关系有一个认识，以了解工程全貌和设计意图。对图纸中的疑点、错误及时记录，以便在图纸会审时提出。同时进入施工现场，充分了解现场实际情况与施工组织设计所规定的措施和方法。

② 了解施工组织设计和施工现场情况。

编制施工图预算之前，应认真了解现场施工条件、施工方法、技术组织措施、施工设备、器材供应等情况。例如：各分部工程的施工方法，土方工程中余土外运使用的工具、运距，施工平面图及建筑材料、构件等堆放点到施工操作地点的距离等。这些都会影响施工图预算的分部分项工程量清单费(直接费)。

③ 熟悉预算定额和有关资料。

预算定额是编制工程预算的基础资料和主要依据。因为在每一个单位建筑工程中，分部分项工程项目的单位预算价格和人工、材料、机械台班使用消耗量，都是需要依据预算定额来确定的；此外，预算定额中的说明、计算规则、附注等是计算工程量的最重要的依据之一。因此，在编制预算之前，必须熟悉预算定额的内容、形式、使用方法和计算规则的含义，才能在编制预算的过程中正确应用。各地颁发的预算定额的名称、内容、形式等有所不同，使用时应特别注意。

另外，各地针对不同情况而颁布的取费文件，在编制预算前也应认真加以领会，以便灵活运用。

④ 计算工程量。

计算工程量是编制预算的一项重要工作，要使工程量计算得既快捷又精确，就必须熟悉预算定额中的工程量计算规则、说明、定额表的组成及附注，对施工图也要十分熟悉。

在计算工程量时，既要认真、细致，又要按一定的顺序进行，避免重复与遗漏，还应便于校对和审核。工程量计算一般按如下步骤进行：

A. 根据工程内容和定额项目，列出需计算工程量的分部分项工程；

B. 根据一定的计算顺序和计算规则，列出分部分项工程量的计算式；

C. 根据施工图纸上的设计尺寸及有关数据，代入计算式进行数值计算；

D. 对计算结果的计量单位进行调整，使之与定额中相应的分部分项工程的计量单位保持一致。

⑤ 选套预算定额基价(或综合单价)。

把土建工程中各分部分项工程的名称和工程量列入工程预算表内，然后把各分部分项工程套用的相应定额编号、综合单价、人工费、材料费、机械台班使用费、管理费和利润填入工程预算表内。这里应当注意的是，套用预算单位价格时，该分项工程的名称、规格、计量单位必须与定额表所列的内容完全一致。否则，错套预算定额("计价表")子目，将会出现较大的错误。

⑥ 计算分部分项工程量清单费。

将各分项工程的工程量及其综合单价相乘，即得出各分部分项工程量清单费用。

⑦ 计算各项费用。

分部分项工程量清单费确定后，再根据当地的定额("计价表")和取费文件，计算措施项目费、其他项目费、规费及税金等费用，最后算出一般土建工程造价。

⑧ 复核。

复核是指对编制完的施工图预算，派有关人员进行检查核对，如有差错，应及时更正。

⑨ 编制说明、填写封面、装订成册。

编制说明一般包括以下内容：

A. 编制工程预算所依据的施工图名称、编号以及是否包括了技术交底中的设计变更；

B. 编制工程预算所依据的预算定额或单位估价表的名称以及所采用的材料预算价格；

C. 编制补充单价的依据及其基础资料；

D. 编制工程预算所依据的费用定额，材料调整价差的有关问价名称和文号；

E. 其他。其他通常是指在施工图预算中无法表示，需要用文字补充说明的内容。

工程预算书封面通常需填写工程名称、建设单位名称、建筑面积、建筑结构、工程预算造价和单方造价、编制单位、编制人及日期等。最后，把封面、编制说明、取费表、工程预算表、补充预算单价表、材料分析表等按序编排并装订成册，请有关单位和领导审阅、签字并加盖单位公章，至此一般土建工程施工图预算编制工作完成。

【案例 5-1】 某现浇钢筋混凝土带形基础、独立基础的尺寸如图 5-1 所示。混凝土垫层强度等级为 C15，混凝土基础强度等级为 C20，场外集中搅拌，搅拌量为 25m³/h，混凝土运输车运输，运距为 4km。槽坑底均用电动夯实机夯实。计算现浇钢筋混凝土带形基础和独立基础工程量，确定定额项目。

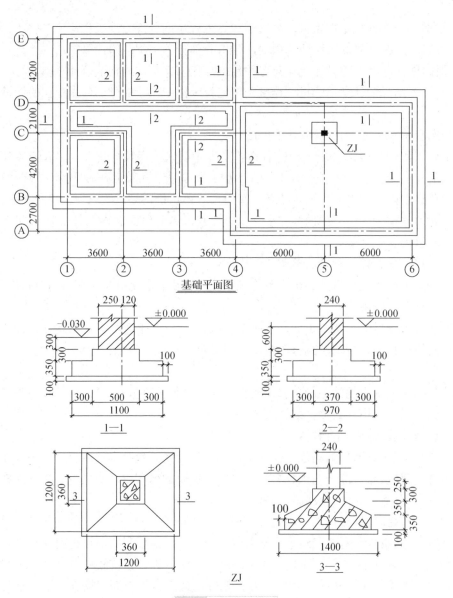

图 5-1　基础结构图

（2）综合单价法。

综合单价法是工程量清单计价模式出现后的一个新概念，是根据国家统一的工程量计算规则计算工程量，采用综合单价的形式计算工程造价的方法。它按分部分项工程的顺序，先计算出单位工程的各分项工程量，然后再乘以对应的综合单价，求出各分项工程的综合费用。

所谓"综合单价"，就是说完成一个规定计量单位的分部分项工程量项目或措施项目的费用，不仅仅包括所需的人工费、材料费、施工机械使用费，还包括企业管理费、利润，以及一定的风险费用。"综合单价法"就是根据施工图计算出的各分部分项工程量，分别乘以相应综合单价并求和，这样就得出分部分项工程费，再加上措施项目费、其他项目费、规费和税金，就得出工程总造价的计价方法。按照综合单价内容的不同，综合单价可分为全费用综合单价和部分费用综合单价。

① 全费用综合单价。

全费用综合单价综合了人、材、机费用、企业管理费、规费和税金等，以各项工程量乘以综合单价的合价汇总后，就生成工程承发包价。

② 部分费用综合单价。

我国目前实行的工程量清单计价采用的综合单价就是部分费用综合单价，分部分项工程单价综合了人、材、机费用，管理费、利润以及一定范围的风险费，但价中未包括措施费、其他项目费、规费和税金，是不完全费用综合单价。各分项工程量乘以部分费用综合单价的合价汇总，再加上项目措施费、其他项目费、规费和税金后生成工程承发包价。

采用工程量清单招标的工程，其各分项工程量不需要另行计算，应该直接采用工程量清单中的工程量。单位工程施工图预算的综合单价，目前仍然是以预算定额(或计价表)为基础，经过一定的组合与计算形成的。

这种编制方法适合于工、料因时因地发生价格变动情况下的市场需要。

综合单价法与工料单价法的区别主要表现在招标单位编制标底和投标单位编制报价的具体使用时有所不同，其区别如下：

(1) 计算工程量的编制单位不同。定额工料单价法是将建设工程的工程量分别由招标单位和投标单位各自按施工图计算。综合单价计价法则是工程量有招标单位按照"工程量清单计价规范"统一计算，各投标单位根据招标人提供的"工程量清单"并考虑自身的技术装备、施工经验、企业成本、企业定额和管理水平等因素后，自主填写报单价。

(2) 编制工程量的时间不同。工料单价法是在发出招标文件之后编制，综合单价计价法必须要在发出招标文件之前编制。

(3) 计价形式表现不同。定额工料单价法一般采用计价总价的形式。综合单价计价法采用综合单价形式，综合单价包括人工费、材料费、机械费、管理费和利润，并考虑风险因素。因而用综合单价报价具有直观、相对固定的特点，如果工程量发生变化时，综合单价一般不作调整。

(4) 编制的依据不同。定额工料单价法的工程量计算依据是施工图；人工、材料、机械台班消耗需要的依据是建设行政部门颁发的预算定额；人工、材料、机械台班单价的依据是工程造价管理部门发布的价格。综合单价计价法的工程量计算依据是"工程量清单计价规定"的统一计算规定。标底的编制依据是招标文件中的工程清单和有关规定要求、施工现场情况、合理的施工方法，以及工程造价主管部门制定的有关工程造价计价办法；报价的编制则是根据企业定额和市场价格信息确定。

(5) 造价费用的组成不同。定额工料单价法的工程造价由直接工程费、现场经费、间接费、利润、税金组成。综合单价计价法的工程造价由分部分项工程费、措施项目费、其他项目费、规费、税金等组成，且包括完成每项工程所包含的全部工程内容的费用。

【案例 5-2】 某教学单层用房，现浇钢筋混凝土圈梁代过梁，尺寸如图 5-2 所示。门洞 1000mm×2700mm，共 4 个；窗洞 1500mm×1500mm，共 8 个。混凝土强度等级均为 C25，现场搅拌混凝土。钢筋定尺长度为 8m，转角筋需在 1m 以外进行搭接，故考虑 7 处搭接。计算现浇钢筋混凝土圈梁、过梁及其钢筋的工程量，确定定额项目。

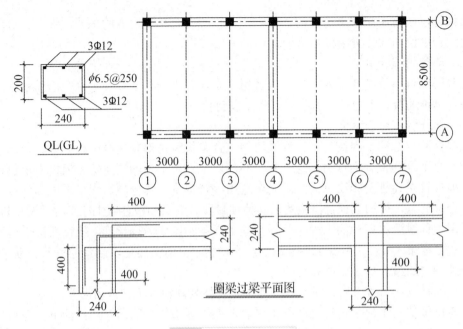

图 5-2　圈梁过梁平面图

2)　实物量法

实物量法是依据施工图纸先计算出各分项工程的工程量，然后套用预算定额(或计价表)的消耗量首先计算出各类人工、材料、施工机械台班的实物消耗量，然后再根据预算编制期的人工、材料、机械的市场(或信息)价格分别计算由人工费、材料费和机械费组成的定额直接费。

与单价法相比，用实物量法编制施工图预算，优点是工料消耗比较清晰，其人工、材料、机械价格更能体现市场价格；缺点是分项工程单价不直观，计算、统计和价格采集工作量较大。所以，目前全国使用的行业或地方均较少。

实物量法编制施工图预算的步骤：

(1)　准备资料、熟悉施工图纸。

全面收集各种人工、材料、机械的当时的实际价格，应包括不同品种、不同规格的材料预算价格；不同工种、不同等级的人工工资单价；不同种类、不同型号的机械台班单价等。要求获得的各种实际价格应全面、系统、真实、可靠。

(2)　计算工程量。

工程量计算步骤如下：

①　根据工程内容和定额项目，列出需计算工程量的分部分项工程；

②　根据一定的计算顺序和计算规则，列出分部分项工程量的计算式；

③　根据施工图纸上的设计尺寸及有关数据，代入计算式进行数值计算；

④　对计算结果的计量单位进行调整，使之与定额中相应的分部分项工程的计量单位保持一致。

(3)　计算人工费、材料费和施工机械使用费。用当时当地的各类人工、材料和施工机械台班的实际单价分别乘以相应的人工、材料和机械台班的消耗量，汇总得出单位工程的人工费、材料费和施工机械使用费。

实物量法与单价法的主要区别在于工程直接费的计算方法不同。单价法是把建筑工程的各分项工程量分别乘以预算定额基价或单位估价表中的相应单价，经汇总后得出工程直接费；实物法则是把各分项工程数量分别乘以预算定额中人工、材料及机械台班消耗量，求出该工程所消耗的各种人工、材料及施工机械台班消耗数量，再乘以当时当地的各类人工、材料和施工机械台班的单价，汇总得出工程直接费。

实物量法较单价法而言其计算过程更为烦琐，但它能更好地反应实际价格水平，工程造价的准确性更高。

5.2.3　施工图预算的编制步骤

(1) 收集基础资料，做好准备。

准备施工图纸、有关的通用标准图、图纸会审记录、设计变更通知、施工组织设计、预算定额或计价表、取费定额及市场材料价格等资料。详细了解施工图纸，全面分析工程各部分部分项工程，充分了解施工组织设计和施工方案。

(2) 熟悉施工图、计价表等基础资料。

设计图纸和施工说明不仅是建筑施工的依据，也是编制工程施工图预算的重要基础资料。

编制施工图预算前，应熟悉并检查施工图纸是否齐全、尺寸是否清楚，了解设计意图，掌握工程全貌。另外，针对要编制预算的工程内容收集有关资料，包括熟悉并掌握计价表的使用范围、工程内容及工程量计算规则等。

施工图预算的编制
步骤.mp3

施工图预算编制
步骤.avi

正确地掌握预算定额及其有关规定，熟悉预算定额的全部内容和项目划分，定额子目的工程内容、施工方法、材料规格、质量要求、计量单位、工程量计算方法，项目之间的相互关系，以及调整换算定额的规定条件和方法，以便正确地应用定额。

(3) 了解施工组织设计和施工现场情况。

编制施工图预算前，应了解施工组织设计中影响工程造价的有关内容。例如，各分部分项工程的施工方法，土方工程中余土外运使用的工具、运距，施工平面图对建筑材料、构件等堆放点到施工操作地点的距离等等，以便能正确计算工程量和正确套用或确定某些分项工程的基价。这对于正确计算工程造价，提高施工图预算质量，有着重要意义。

(4) 计算工程量。

建筑面积计算，严格按现行《建筑工程建筑面积计算规范》，结合设计图纸逐层计算，最后汇总计算出全部建筑面积。工程预算造价的正确与否，关键在于工程量的计算是否正确，项目是否齐全，有无遗漏和错误。

工程量计算应严格按照图纸尺寸和计价表规定的工程量计算规则，遵循一定的顺序逐项计算分项子目的工程量。计算各分部分项工程量前，最好先列项。也就是按照分部工程中各分项子目的顺序，先列出单位工程中所有分项子目的名称，然后再逐个计算其工程量。这样可以避免工程量计算中出现盲目、零乱的状况，使工程量计算工作有条不紊地进行，也可以避免漏项和重项。

【案例 5-3】　如图 5-3 所示，挖掘机大开挖(自卸汽车运输)土方工程，招标人提供的地质资料为三类土，设计放坡系数为 0.3，地下水-6.30m，地面已平整，并达到设计地面标高，钎探数量按垫层底面积平均每平方米 1 个计算，施工现场留下约 500m³ 土方(自然体积)用做回填土，其余全部用自卸汽车外运，余土运输距离为 800m。不考虑坡道挖土，计算挖运土方工程量。

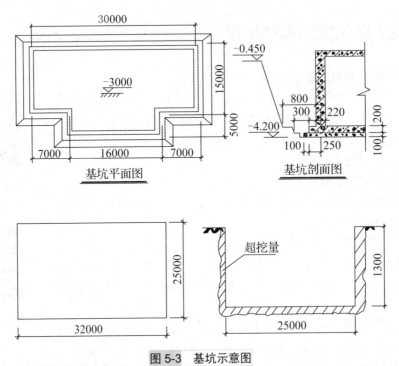

图 5-3　基坑示意图

(5)　汇总工程量，套计价表综合单价。

各分项工程量计算完毕并经复核无误后，按计价表规定的分部分项工程顺序逐项汇总，然后将汇总后的工程量填入工程预算表内，在表格中逐项填写分部分项工程项目名称、工程量、计量单位、定额编号及综合单价等。

(6)　计算出分部分项工程费用。

计算各分部分项工程费用并汇总，即为一般土建工程分部分项工程费用、按工程量计算的措施费。

(7)　计取各项费用。

按取费标准计算出以费率计算的措施费、规费、税金等费用，求和得出工程预算价格，并填入预算费用汇总表中。同时计算技术经济指标，即单方造价。

(8)　进行工料分析。

计算出该单位工程所需要的各种材料用量和人工工日总数及机械台班数量，并填入材料汇总表中，进行材料价差的调整。

(9) 编制说明，填写封面，装订成册。

编制说明一般包括以下几项内容：

① 编制预算时所采用的施工图名称、工程编号、标准图集以及设计变更情况；

② 采用的计价表及名称；

③ 取费定额或地区发布的动态调价文件等资料；

④ 钢筋、铁件是否已经过调整，材料调价依据等资料；

⑤ 其他有关说明。通常是指在施工图预算中无法表示，需要用文字补充说明的。例如，分项工程定额中需要的材料无货，用其他材料代替，其价格待结算时另行调整，就需用文字补充说明。

施工图预算封面通常需填写的内容有：工程编号及名称、预算总造价和单方造价、编制单位名称、负责人和编制日期以及审核单位的名称、负责人和审核日期等。

最后，把封面、编制说明、预算费用汇总表、工程预算分析表、材料汇总表，按以上顺序编排并装订成册，编制人员签字盖章，请有关单位审阅、签字并加盖单位公章后，单位工程施工图预算的编制工作就完成了。

5.3 施工图预算的审查

5.3.1 施工图预算审查的意义和依据

1. 施工图预算审查的意义

(1) 有利于控制工程造价，克服和防止预算超概算；

(2) 有利于加强固定资产投资管理，合理使用建设资金；

(3) 有利于施工承包合同价的合理确定和控制；

(4) 有利于积累和分析各项技术经济指标，不断提高设计水平。

2. 施工图预算的审查依据

(1) 国家、省(市)有关单位颁发的相关决定、通知、细则和文件；

(2) 国家或省(市)颁发的现行相关取费规定；

(3) 国家或省(市)颁发的现行定额或补充定额以及费用定额；

(4) 现行的地区材料预算价格、本地区工资标准及机械台班费用标准；

(5) 现行的地区单位估价表或市场价；

(6) 初步设计或扩大初步设计图样及施工图纸；

(7) 有关该工程的调查资料，地质钻探、水文气象等资料；

(8) 招标文件；

(9) 工程资料，如施工组织设计等文件资料。

5.3.2 施工图预算审查的内容和方法

施工图预算的审查是工程建设投资管理的重要环节，它能合理确定工程造价，有利于提高工程管理水平，并为签订工程合同、办理工程结算、编制基本建设计划，统计及研究技术经济指标提供基础数据。施工图预算的审查能更加准确地反映基本建设的投资额，合理确定工程造价，它对有效进行工程估价，节约建设投资，具有十分重要的意义。

1. 施工图预算审查的内容

施工图预算审查的重点是工程量的计算是否正确，定额套用、各项取费标准是否符合现行规定或单价计算是否合理等。审查的主要内容如下：

1）工程量的审查

工程量的审查可根据预算编制单位所提供的工程量计算表进行。若没有工程量表，也可由审查者重新计算工程量，然后与工程预算表中的工程量进行对照。工程量的审查，应根据施工图纸、施工组织设计、计算规则、定额项目的划分逐项进行。

工程量的审查.mp3

(1) 是否按照规定的工程量计算规则计算工程量；

(2) 编制预算时是否考虑了施工方案对工程量的影响；

(3) 工程计量单位的设定是否与要求的计量单位一致；

(4) 定额中要求扣除或合并项是否按规定执行。

2）定额单价的审查

定额单价是计算每一分项工程定额直接费的依据之一。套用定额单价时，各分部分项工程的名称、规格、计量单位和所包括的工程内容是否与定额一致，由单价换算时，换算的分项工程是否符合定额规定及换算是否正确，对于补充单价，缺项的补充定额及单价是否按规定做了正确的补充。

定额单价的
审查.mp3

(1) 对直接套用定额的审查。

要注意采用的项目名称和内容与设计图纸标准是否要求一致，如混凝土强度等级。工程项目是否重复套用，定额主材价格是否合理，主材价格未超过最高限额的，按定额规定，以预算价计入直接费，按实际补价差；主材价格超过最高限额的，则以最高限额计入直接费，按实际补差价。

(2) 对换算定额的审查。

对定额规定不允许换算的项目，不能寻找原因而任意换算。对定额规定允许换算的项目需审查其换算依据和换算方法是否符合规定。此外，还需注意的是允许换算的内容是定额中人工、材料或机械中的全部还是部分，换算的方法是否准确，采用的系数是否正确等。

(3) 对补充定额的审查。

对缺项的补充定额及单价，审查其编制的依据和方法是否正确，其工料数量是根据测算数量还是估算数量，或是参考有关相似定额确定的，是否按规定做了正确补充。

3）费用的审查

直接费用的审查，施工图预算中不能随意另列已包括在定额中的直接费，如工人的副食补贴，也不能漏列应计入直接费中的费用。

施工管理费及其他间接费审查时应注意：

(1) 费用定额是否与预算定额配套；

(2) 计取的各种费用与建筑企业的性质、等级或工程性质是否吻合；

(3) 各种费率的计算基数及费率是否符合规定。

2．施工图预算审查的步骤

1）　审查前准备工作

（1）　熟悉施工图纸。施工图纸是编制与审查预算的重要依据，必须全面熟悉。

（2）　根据预算编制说明，了解预算包括的工程范围。如配套设施、室外管线、道路以及会审图纸后的设计变更等。

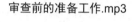

（3）　弄清所用单位估价表的适用范围，搜集并熟悉相应的单价、定额资料。

审查前的准备工作.mp3

2）　选择审查方法、审查相应内容

工程规模、繁简程度不同，编制施工图预算的繁简和质量就不同，应选择适当的审查方法进行审查。

3）　整理审查资料并调整定案

综合整理审查资料，同编制单位交换意见，定案后编制调整预算。经审查若发现差错，应与编制单位协商，统一意见后进行相应增加或核减的修正。

3．施工图预算审查的方法

施工图预算的审查可采用全面审查法、标准预算审查法、分组计算审查法、对比审查法、筛选审查法、重点审查法、分解对比审查法等。

1）　全面审查法

全面审查法又称逐项审查法，即按定额顺序或施工顺序，对各项工程子目逐项全面详细审查的一种方法。其优点是全面、细致，审查质量高、效果好；缺点是工作量大，时间较长。这种方法适用于一些工程量较小、工艺比较简单的工程。

施工图预算的审查.mp3

2）　标准预算审查法

标准预算审查法就是对利用标准图纸或通用图纸施工的工程，先集中力量编制标准预算，以此为准来审查工程预算的一种方法。按标准设计图纸施工的工程，一般上部结构和做法相同，只是根据现场施工条件或地质情况不同，仅对基础部分做局部改变。这样的工程，以标准预算为准，仅对局部修改部分单独审查即可，不需逐一详细审查。该方法的优点是时间短、效果好、易定案；其缺点是适用范围小，仅适用于采用标准图纸的工程。

3）　分组计算审查法

分组计算审查法就是把预算中有关项目按类别划分成若干组，利用同组中的一组数据审查分项工程量的一种方法。这种方法首先将若干分部分项工程按相邻且有一定内在联系的项目进行编组，利用同组分项工程间具有相同或相近计算基数的关系，审查一个分项工程数据，由此判断同组中其他几个分项工程的准确程度。如一般的建筑工程中将底层建筑面积编为一组。先计算底层建筑面积或楼(地)面面积，从而得知楼面找平层、天棚抹灰的工程量等，依次类推。该方法特点是审查速度快、工作量小。

4）　对比审查法

对比审查法是当工程条件相同时，用已完工程的预算或未完但已经过审查修正的工程预算对比审查拟建工程的同类工程预算的一种方法。采用该方法一般需符合下列条件：

(1) 拟建工程与已完或在建工程预算采用同一施工图，但基础部分和现场施工条件不同，则相同部分可采用对比审查法。

(2) 工程设计相同，但建筑面积不同，两工程的建筑面积之比与两工程各分部分项工程量之比大体一致。此时可按分项工程量的比例，审查拟建工程各分部分项工程的工程量，或用两工程每平方米建筑面积造价、每平方米建筑面积的各分部分项工程量进行对比审查。

(3) 两工程面积相同，但设计图纸不完全相同，则相同的部分，如厂房中的柱子、屋架、屋面、砖墙等，可进行工程量的对比审查。对不能对比的分部分项工程可按图纸计算。

5) 筛选审查法

"筛选"是能较快发现问题的一种方法。建筑工程虽面积和高度不同，但其各分部分项工程的单位建筑面积指标变化却不大。将这样的分部分项工程加以汇集、优选，找出其单位建筑面积工程量、单价、用工的基本数值，归纳为工程量、价格、用工三个单方基本指标，并注明基本指标的适用范围。这些基本指标用来筛选各分部分项工程，对不符合条件的应进行详细审查，若审查对象的预算标准与基本指标的标准不符，则应对其进行调整。

"筛选法"的优点是简单易懂、便于掌握、审查速度快、便于发现问题，但问题出现的原因尚需继续审查。该方法适用于审查住宅工程或不具备全面审查条件的工程。

6) 重点审查法

重点审查法就是抓住施工图预算中的重点进行审核的方法。审查的重点一般是工程量大或者造价较高的各种工程、补充定额、计取的各项费用(计费基础、取费标准)等。重点审查法的优点是突出重点，审查时间短、效果好。

4. 施工图预算工料分析

1) 工料分析的意义

工料分析即对单位工程的人工和各种材料需要量进行分析计算。

工料分析的意义是编制单位工程劳动计划和材料供应计划、签发班组施工任务书、开展班组经济核算的依据，是承包商进行成本分析、制定降低成本措施的依据。

2) 工料分析的方法

首先按定额编号从预算手册或计价表中查出各分项工程各工料的定额消耗量，然后分别乘以相应的各分项工程的工程量，并以此计算出分项工程所需的人工、材料消耗量，最后汇总计算出该单位工程所需各工种人工、各种不同规格的材料的总消耗量。人工需要量及材料需要量计算式如下：

$$人工需要量(工日) = \sum 分项工程量 \times 工时消耗定额 \qquad (5\text{-}1)$$

$$材料需要量 = \sum 分项工程量 \times 相应材料消耗定额 \qquad (5\text{-}2)$$

3) 工料分析应注意的事项

(1) 对于材料、成品、半成品的场内运输和操作损耗，场外运输和保管损耗，均已在定额和材料预算价格内考虑，不得另行计算。

(2) 预算定额中的"其他材料"，工料分析时不计算其用量。

(3) 如果定额给出的是每立方砂浆或混凝土体积，就必须根据定额附录中的配合比表进行"二次分析"，才能得出砂、石、水泥、石灰膏的重量。

(4) 对主要材料应按品种、规格及预算计价的不同分别进行计算。

(5) 对换算的定额子目在工料分析时要注意含量的变化，以求量的准确完整。

本 章 小 结

通过本章的学习，学生们认识了施工图预算的计价模式；了解了施工图预算的作用；掌握了施工图预算的作用及施工图预算的审核内容等知识。为以后的学习和工作打下了坚实的基础。

实 训 练 习

一、单选题

1. 具有审查全面、细致、审查效果好等优点，但只适宜于规模较小、工艺较简单的工程预算审查的方法是(　　)。

    A. 分组计算审查法　　　　　　　B. 对比审查法

    C. 逐项审查法　　　　　　　　　D. 标准预算审查法

2. 实物量法和定额单价法在编制施工图预算的主要区别在于(　　)不同。

    A. 直接工程费计算过程　　　　　B. 确定利润的方法

    C. 工程量的计算规则　　　　　　D. 依据的定额

3. 采用预算单价法编制施工图预算的过程中，工料分析表的编制依据是(　　)。

    A. 分部分项工程实物工程量和预算定额中的实物量

    B. 定额项目中所列的工、料、机的数量

    C. 分部分项工程实物工程量和企业定额中的价格信息

    D. 分部分项工程实物工程量以及预算定额中的实物量、企业定额中的价格信息

4. 采用定额单价法编制施工图预算时，出现分项工程的主要材料品种与预算单价或地区单位估价表中规定的材料不一致时，正确的处理方式是(　　)。

    A. 不可以直接套用定额单价，应根据实际使用材料编制补充单位估算表

    B. 不可以直接套用定额单价，应根据实际使用材料价格换算分项工程预算单价

    C. 直接套用定额单价，根据实际使用材料对材料数量进行调整

    D. 直接套用定额单价，不考虑材料品种差异的影响

5. 用实物量法编制施工图预算，主要是先用计算出的各分项工程的实物工程量分别套取相应定额中工、料、机消耗指标，并按类相加，求出单位工程所需的各种人工、材料、施工机械台班的总消耗量，然后分别乘以当时、当地各种人工、材料、机械台班的单价，求得人工费、材料费和施工机械使用费，再汇总求和。相关定额是指(　　)。

    A. 劳动定额　　　　　　　　　　B. 材料消耗定额

    C. 机械使用定额　　　　　　　　D. 预算定额

6. 采用实物量法编制施工图预算，所用人、材、机单价都是当时当地的实际价格，编制出的预算误差较小，适用的情况是市场经济条件(　　)。

    A. 波动较大　　B. 较平稳　　　　C. 波动较小　　D. 不变

7. 施工图预算的编制依据不包括(   )。

    A. 批准的设计概算　　　　　　　B. 相应预算定额或地区单位估价表

    C. 地方政府发布的区域发展规划　　D. 批准的施工图纸

8. 当建设工程条件相同时，用同类已完工程的预算或未完但已经过审查修正的工程预算审查拟建工程的方法是(   )。

    A. 筛选审查法　　B. 对比审查法　　C. 全面审查法　　D. 标准预算审查法

9. 实物量法的优点是(   )。

    A. 工作量较小

    B. 编制速度较快

    C. 便于工程造价管理部门集中统一管理

    D. 能及时将反映各种材料人工、机械的当时当地市场单价计入预算价格

10. 施工图预算编制的传统计价模式和工程量清单计价模式的主要区别在于(   )

    A. 计算方式和管理方式不同　　　　B. 编制主体不同

    C. 费用构成不同　　　　　　　　　D. 作用不同

二、多选题

1. 下列内容中，属于建筑安装工程施工图预算编制依据的是(   )。

    A. 工程地质勘察资料　　　　　　　B. 工程量清单与招标文件

    C. 设备原价及运杂费率　　　　　　D. 资金筹措方式与资金来源

    E. 工料分析表

2. 施工图预算包括(   )。

    A. 单位工程预算　　　　B. 单项工程预算　　　C. 建设项目总预算

    D. 工程其他费用预算　　E. 预备费预算

3. 施工图预算有(   )。

    A. 分部工程预算　　　　B. 单项工程预算　　　C. 建设项目总预算

    D. 单位工程预算　　　　E. 分项工程预算

4. 关于施工图预算的说法，正确的有(   )。

    A. 施工图预算一定要结合施工图纸和预算定额编制

    B. 施工图预算是进行"两算对比"的依据

    C. 综合单价法中的单价是指全费用综合单价

    D. 实物法能将资源消耗量和价格分开计算

    E. 使用预算单价法时一般需要进行工料分析

5. 施工图预算通常分为(   )两大类。

    A. 建筑工程预算　　　　B. 费用定额工程预算　　　C. 设备安装工程预算

    D. 电气照明工程预算　　E. 卫生工程预算

三、简答题

1. 施工图预算书有哪几部分组成？

2. 简述施工图预算的作用。

3. 施工图预算对建设单位的作用有哪些？

第 5 章　课后答案.pdf

实训工作单(一)

班级		姓名		日期	
教学项目		施工图预算			
任务	掌握施工图预算的编制		要求	编制一套五层框架结构的施工图预算	
相关知识			施工图预算的编制		
其他要求					

施工图预算编制过程记录

评语			指导老师	

实训工作单(二)

班级		姓名		日期	
教学项目		施工图预算			
任务	掌握施工图预算的审查		要求	1. 掌握施工图预算审查的意义 2. 掌握施工图预算审查的方法	
相关知识			施工图预算的审查		
其他要求					
施工图预算审查的过程记录					
评语				指导老师	

第6章　概算定额、概算指标与投资估算指标

06

【学习目标】

- 了解概算定额、概算指标与投资估算指标的概念
- 掌握概算定额、概算指标的内容
- 了解投资估算指标的编制原则与依据
- 了解概算定额与预算定额的区别

【教学要求】

本章要点	掌握层次	相关知识点
概算定额	1. 了解概算定额的概念 2. 理解概算定额的作用 3. 掌握概算定额的特点 4. 了解概算定额的表现形式	概算定额的作用
概算定额的编制	1. 掌握概算定额的编制方法 2. 掌握概算定额的编制原则	1. 概算定额法 2. 概算指标法 3. 类似工程预算法
概算指标的概念	1. 了解概算指标的概念 2. 理解概算定额与概算指标的主要区别 3. 掌握概算指标的作用	扩大结构定额
概算指标的原则和依据	1. 掌握概算指标的编制方法 2. 掌握概算指标的原则 3. 了解概算指标的编制步骤	1. 简明适用原则 2. 按平均水平确定概算指标的原则

【项目案例导入】

隧道是公路工程的重要构筑物，尤其是山岭区高速公路占有较大比例，其建造单价远高于路线部分，应正确运用定额确定其工程造价。某隧道工程全长 1460m，设计开挖断面面积为 150m²，开挖土石方数量为 221 780m³，其中Ⅳ级围岩 40%，Ⅴ级围岩 60%，洞外出渣运距为 1500m。

【项目问题导入】

请结合自身所学的相关知识，试根据本案例的相关数据确定隧道洞身开挖的工、料、机消耗量。

6.1　概 算 定 额

6.1.1　概算定额的基本知识

1. 概算定额的概念

建筑工程概算定额也叫扩大结构定额，它是指生产一定计量单位扩大的分项工程或结构构件所需的人工、材料及机械台班消耗量的标准。它是在预算定额的基础上，进行综合、合并而成。

概算定额.mp3

概算定额是在预算定额的基础上，按常用主体结构工程列项，以主要工程内容为主，适当合并相关预算定额的分项内容进行综合扩大而编制的。例如砖基础的概算定额是以砖基础为主，综合了平整场地、挖基坑、砌砖基础、铺设防潮层、回填土、运土等分项工程而成。

概算定额与预算定额的相同之处在于，它们都是以建筑物各个结构部分和分部分项工程为单位表示的，内容也包括人工、材料和机械台班消耗量定额三个基础部分，并列有基准价。概算定额表达的主要内容、主要方式及基本使用方法都与预算定额相近。

定额基准价=定额单位人工费+定额单位材料费+定额单位机械费

$$=\sum(人工概算定额消耗量×人工工资单价)$$

$$+\sum(材料概算定额消耗量×材料预算格)$$

$$+\sum(施工机械概算定额消耗量×机械台班费用单价) \qquad (6\text{-}1)$$

概算定额与预算定额相比，简化了计算程序，省时省事，但是其精确度降低了。其不同之处是项目划分和综合扩大程度上的差异，同时，概算定额主要用于设计概算的编制。由于概算定额综合了若干分项工程的预算定额，因此使概算工程量计算和概算表的编制，都比施工图预算编制简化了一些。

【案例 6-1】 某路基工程采用挖掘机挖装普通土方，但机械无法操作处，需由人工挖装，机动翻斗车运输的工程量为 4500m³，请结合自身所学的相关知识，试确定人工操作的预算定额和所需总人工工日数。

2. 概算定额的作用

(1) 概算定额是扩大初步设计阶段编制设计概算和技术设计阶段编制修正概算的依据。按有关规定应按设计的不同阶段对拟建工程估价，初步设计阶段应编制设计概算，技术设计阶段应修正概算，因此必须要有与设计深度相适应的计价定额。概算定额就是为适应这种设计深度而编制的。

概算定额的作用.mp3

(2) 概算定额是对设计项目进行技术经济分析和比较的基础资料之一。设计方案的比较主要是对建筑、结构方案进行技术、经济比较，目的是选出经济合理的优秀设计方案。概算定额按扩大分项工程或扩大结构构件划分定额项目，可为设计方案的比较提供方便的条件。

(3) 概算定额是编制建设项目主要材料计划的参考依据；项目建设所需要的材料、设备，应先提出采购计划，再据此进行订购。根据概算定额的材料消耗指标计算工、料数量比较准确、快速，可在施工图设计之前提出计划。

(4) 概算定额是编制概算指标的依据。概算指标比概算定额更加综合扩大，因此概算指标的编制需以概算定额作为基础，结合其他资料和数据才能完成。

(5) 概算定额是编制招标控制价和投标报价的依据。使用概算定额编制招标标底、投标报价，既有一定的准确性，又能快速报价。

3. 概算定额的编制依据

(1) 现行国家和地区的建筑标准图、定型图集及常用的工程设计图纸；

(2) 现行工程设计规范、施工质量验收规范、建筑安装工程操作规程等；

概算定额的编制
依据.mp3

(3) 现行全国统一预算定额、地区预算定额及施工定额；

(4) 过去颁发的概算定额；

(5) 现行地区人工工资标准、材料价格、机械台班单价等资料；

(6) 有关的施工图预算、工程结算、竣工决算等资料。

4. 概算定额的内容

概算定额由文字说明、定额项目表及附录三部分组成。

(1) 总说明是对定额的使用方法及共性问题所做的综合说明和规定，它一般包括以下几点：

① 概算定额的性质与作用；

② 定额的适用范围、编制依据和指导思想；

③ 有关定额的使用方法的统一规定；

④ 有关人工、材料、机械台班的规定和说明；

⑤ 有关定额的解释和管理。

(2) 定额项目表主要包括以下内容。

① 定额项目的划分。

概算定额项目一般按以下两种方法划分。一是按工程结构划分：一般是按土石方、基础、墙、梁板柱、门窗、楼地面、屋面、装饰、构筑物等工程结构划分。二是按工程分部划分：一般是按基础、墙体、梁柱、楼地面、屋盖、其他工程部位等划分，如基础工程中包括砖、石、混凝土基础等项目。

② 定额项目表。

定额项目表是概算定额手册的主要内容，由若干分节定额组成。各节定额由工程内容、定额表及附注说明组成。定额表中列有定额编号，计量单位，概算价格，人工、材料、机械台班消耗量指标，综合了预算定额的若干项目与数量。

(3) 附录一般列在概算定额手册之后，通常包括各种砂浆、混凝土配合比表，各种材料、机械台班造价表及其他相关资料，供定额换算、施工作业计划编制等使用。

【案例 6-2】 某路基工程用 $10m^3$ 以内的自行式铲运机铲运硬土，平均运距为 500m，重力上坡 18%。请结合自身所学的相关知识，试确定概算定额。

5. 概算定额的编制步骤

概算定额的编制一般分三阶段进行，即准备阶段、编制初稿阶段和审查定稿阶段。

1) 准备阶段

该阶段主要是确定编制机构和人员组成，进行调查研究，了解现行概算定额的执行情况和存在问题，明确编制的目的，制定概算定额的编制方案和确定概算定额的项目。

2) 编制初稿阶段

该阶段是根据已经确定的编制方案和概算定额项目，收集和整理各种编制依据，对各种资料进行深入细致的测算和分析，确定人工、材料和机械台班的消耗量指标，最后编制概算定额初稿。

3) 审查定稿阶段

该阶段的主要工作是测算概算定额水平，即测算新编制概算定额与原概算定额及现行预算定额之间的水平。既要分项进行测算，又要通过编制单位工程概算以单位工程为对象进行综合测算。概算定额水平与预算定额水平之间应有一定的幅度差，幅度差一般在 5%以内。

概算定额经测算比较后，可报送国家授权机关审批。

6. 编制概算定额的一般要求

(1) 概算定额的编制深度，要适应设计深度的要求，因为概算定额的编制是在设计阶段进行的，所以要与设计深度相适应，才能保证概算的准确性。

(2) 概算定额水平的确定应与基础定额、预算定额的水平基本一致。它必须反映在正常条件下，大多数企业的设计、生产、施工管理水平。

由于概算定额是在预算定额的基础上，适当地再一次扩大、综合和简化，因而在工程标准、施工方法和工程量取值等方面要进行综合。概算定额与预算定额之间必将产生并允许留有一定的幅度差，以便根据概算定额编制的概算能够控制施工图预算。

6.1.2 概算定额的特点、编制原则和方法

1. 概算定额的特点

概算定额是在综合预算或预算定额的基础上，根据有代表性的建筑工程通用图和标准

图等资料，对综合预算定额或预算定额相关子目进行适当综合、合并、扩大而成。

(1) 项目划分贯彻简明适用原则，以简化设计概算编制手续。

(2) 全部定额子目与实际工程项目相对应，基本形成独立、完整的单位产品价格，便于设计人员做多方案技术经济比较，提高设计质量。

概算定额的特点.mp3

(3) 以综合预算定额为基础，充分考虑到定额水平合理的前提，取消换算系数，为有效控制建设投资创造条件。

(4) 与综合预算定额相比，概算定额水平有 5%定额幅度差，使概算真正能起到控制预算的作用。

概算定额和综合预算定额在编排次序、内容形式上基本相同，有总说明、分部分项工程说明、工程量计算规则，每个定额子目的定额基价、人工费、机械费、材料费和主要材料用量等。两者不同的是概算定额较之篇幅更小，子目更少。因此，概算工程量的计算和概算表的编制比编制施工图预算简单得多。

2. 概算定额的编制原则

概算定额应贯彻"社会平均水平"和"简明适用"的原则。由于概算定额和预算定额都是工程计价的依据，所以应符合价值规律和反映现阶段大多数企业的设计、生产及施工管理水平。但在概、预算定额水平之间应保留必要的幅度差。概算定额的内容和深度是以预算定额为基础的综合和扩大。在合并中不得遗漏或增加项目，需保证其严密和正确性。概算定额务必要简化、准确和适用。

3. 概算定额的编制方法

1) 概算定额法

概算定额法又叫扩大单价法或扩大结构定额法。它是采用概算定额编制建筑工程概算的方法，类似用预算定额编制建筑工程预算。它是根据初步设计图纸资料和概算定额的项目划分计算出工程量，然后套用概算定额单价(基价)，计算汇总后，再计取有关费用，得出单位工程概算造价。

概算定额法.mp3

概算定额法要求初步设计达到一定深度，建筑结构比较明确，能按照初步设计的平面、立面、剖面图纸计算出楼地面、墙身、门窗和屋面等扩大分项工程(或扩大结构构件)项目的工程量时，才可采用。

2) 概算指标法

概算指标法采用直接费指标。概算指标法是用拟建的厂房、住宅的建筑面积(或体积)乘以技术条件相同或基本相同的概算指标得出直接费，然后按规定计算出其他直接费、现场经费、间接费、利润和税金等，编制出单位工程概算的方法。

概算指标法适用于当初步设计深度不够，不能准确地计算出工程量，但工程设计是采用技术比较成熟而又有类似工程概算指标可以利用的情况。

3) 类似工程预算法

类似工程预算法是利用技术条件与设计对象相类似的已完工程或在建工程的工程造价

资料来编制拟建工程设计概算的方法。类似工程预算法适用于拟建工程初步设计与已完工程或在建工程的设计相类似又没有可用的概算指标时，但必须对建筑结构差异和价差进行调整。

4. 概算定额和预算定额的区别

1) 所起的作用不同

概算定额编制在初步设计阶段，作为向国家和地区报批投资的文件，经审批后用以编制固定资产计划，是控制建设项目投资的依据；预算定额编制在施工图设计阶段，它起着控制建筑产品价格的作用，是工程价款的标底。

概算定额与预算定额
的主要区别.mp3

2) 编制依据不同

概算依据概算定额或概算指标进行编制，其项目内容经扩大而简化，概括性大，预算则依据预算定额和综合预算定额进行编制，其项目较详细，也更为重要。

3) 编制内容不同

概算应包括工程建设的全部内容，如总概算要考虑从筹建开始到竣工验收交付使用前所需的一切费用；预算一般不编制总预算，只编制单位工程预算和综合预算书，它不包括准备阶段的费用(如勘察、征地、生产职工培训费用等)。一般情况下，结算是决算的组成部分，是决算的基础。决算不能超过预算，预算不能超过概算，概算不能超过估算。

4) 编制的准确度不同

概算定额是比较笼统地估计，其中有很多不确定因素在内，也有一些未考虑到的东西，通常是项目建议时采用，好的建议书概算应该保证在±40%的偏差之内。

预算定额基本上是项目进入到初步设计阶段，提出的数据具有很强的明确性，具体到每一个小的实物和可能发生的费用，包括可能预计到的价格波动等，好的初步设计应该保证在±5%的偏差之内。

5) 工程项目数量多少不同

预算定额是在基础定额的基础上，将项目综合后，按工程分部分项划分，以单一的工程项目为单位计算的定额。概算定额是在预算定额的基础上，将项目再进一步综合扩大后，按扩大后的工程项目为单位进行计算的定额。两者相比，预算定额的工程项目划分较细，每一项目所包括的工程内容较单一；概算定额的工程项目划分较粗，每一项目所包括的工程内容较多，也就是把预算定额中的多项工程内容合并到一项之中了。因此，概算定额中的工程项目较预算定额中的项目要少很多。

6) 编制人员的素质和资历要求不同

编制施工图设计预算，设计者已经画出详细的施工详图，个别图上未标出的，设计说明里也交代了实施措施和处理方法，也就是编制施工图设计预算的每项费用都具备具体实物形象和尺寸，只要把握图纸内容，计算出来的数据都是实在的。

概算是概括性的计算，也是由初步设计文件内容的深度决定的。建设项目开始实施时，缺少图纸和详细的说明书，概算是以规模产量或近似的空间需要展开的，概算人员往往是依靠简单化的工艺流程图和建筑物的轮廓以及主要设施原理图进行工作。有时图上没有影子的东西，概算人员也必须决定，这时只得采用近似值估算。

因此，要求概算人员具有一定的设计、施工经验，能独立地进行某一单项工程或专业的概算工作。凭经验发挥想象力，科学的分析、判断，把图上没有的内容按工艺流程或工程结构和构造逐项推断列项，选择起作用的部位或部件进行计算。所以，参与编制概算的人员，特别是负责总概算人员的素质和资历都要求较高。

5. 概算定额的应用步骤

利用概算定额编制单位建筑工程概算的方法，与利用预算定额编制单位建筑工程施工图预算的方法基本相同。利用概算定额编制概算的具体步骤如下：

1)　列出单位工程中分项工程的名称或扩大分项工程项目名称并计算工程量

按照概算定额分部分项顺序，列出各分项工程的名称。工程量计算应按概算定额中规定的工程量计算规则进行，并将所得到的各分项工程量按概算定额编号顺序，填入工程概算表内。

2)　确定各分部分项工程项目的概算定额单价

计算完工程量后，查概算定额的相应项目，逐项套用相应定额单价、人工和材料消耗指标。然后分别将其填入工程概算表和工料分析表。

3)　计算各分部分项工程的直接费用和总直接费用

将已算出的各分部分项项目的工程量与在概算定额中已查出的相应定额单价和单位人工、材料消耗指标分别相乘，即可得到各分项工程的直接费和人工、材料消耗量。汇总各分项工程的直接费和人工、材料消耗量，即可得到该单项工程的直接费和工料的总消耗量，再汇总其他直接费即可得到该单位的总直接费。

4)　计算间接费用、利润和税金

根据总直接费、各项施工取费标准，分别计算间接费、利润和税金等费用。

5)　计算单位工程概算造价

$$单位工程概算造价=总直接费+间接费+利润+税金 \tag{6-2}$$

6.2　概　算　指　标

6.2.1　概算指标的基本知识

1. 概算指标的概念

建筑安装工程概算指标通常是以整个建筑物和构筑物为对象，以建筑面积、体积或成套设备装置的台或组为计量单位而规定的人工、材料、机械台班的消耗量标准和造价指标。

概算指标是概算定额的扩大与合并，它是以整个房屋或构筑物为对象，以更为扩大的计量单位来编制的，它也包括劳动力、材料和机

概算指标.mp3

械台班定额三个基本部分。同时，还列出了各结构分部的工程量及单位工程(以体积计或以面积计)的造价。例如 1000m 道路所需要的劳动力、材料和机械台班的消耗量等。

【案例 6-3】　某公路路基宽 7.5m，长 5km，基层为 20cm 厚的水泥稳定碎石，厂拌法

施工，用 8t 自卸汽车运输混合料 3km，请结合自身所学的相关知识，根据案例的相关数据确定自卸汽车的台班消耗量。

概算指标比概算定额更加综合扩大，其主要内容包括五部分：

(1) 总说明：说明概算指标的编制依据、适用范围、使用方法等；

(2) 示意说明工程的结构形式。工业项目中还应表示出吊车规格等技术参数；

(3) 结构特征：详细说明主要工程的结构形式、层高、层数和建筑面积等；

(4) 经济指标：说明该项目每 $100m^2$ 或每座构筑物的造价指标，以及其中土建、水暖、电器照明等单位工程的相应造价；

(5) 分部分项工程构造内容及工程量指标：说明该工程项目各分部分项工程的构造内容，相应计量单位的工程量指标，以及人工、材料消耗指标。

2. 概算定额与概算指标的主要区别

1) 确定各种消耗量指标的对象不同

概算定额是以单位扩大分项工程或单位扩大结构构件为对象，而概算指标则是以整个建筑物和构筑物为对象。因此概算指标比概算定额更加综合与扩大。

2) 确定各种消耗量指标的依据不同

概算定额以现行预算定额为基础，通过计算才综合确定出各种消耗量指标，而概算指标中各种消耗量指标的确定，则主要来自各种预算或结算资料。

概算指标和概算定额、预算定额一样，都是与各个设计阶段相适应的多次性计价的产物，它主要用于投资估价、初步设计阶段。

3. 概算指标的作用

(1) 概算指标是编制投资估价、控制初步设计概算和工程概算造价的依据；

(2) 概算指标中的主要材料指标可以作为粗略计算主要材料用量的依据；

(3) 概算指标是设计单位进行设计方案的技术经济分析、衡量设计水平、考核投资效果的标准；

(4) 概算指标是编制固定资产投资计划、确定投资额和主要材料计划的主要依据。

4. 概算指标的编制方法

由于各种性质的建设工程项目所需要的劳动力、材料和机械台班的数量不同，概算指标通常按工业建筑和民用建筑分别编制。工业建筑又按各工业部门类别、企业大小、车间结构编制，民用建筑又按用途性质、建筑层高、结构类别编制。

单位工程概算指标，一般选择常见的工业建筑的辅助车间和一般民用建筑项目为编制对象，根据设计图纸和现行的概算定额等，测算出每 $100m^2$ 建筑面积或每 $1000m^3$ 建筑体积所需的人工、主要材料、机械台班的消耗量指标和相应的费用指标等。

5. 概算指标的特点

概算指标与概算定额、预算定额相比，具有以下几个特点：

(1) 概算指标核算对象是成品建筑物或构筑物，是可供使用的最终产品，如多层混合结构住宅、单层排架结构工业厂房、20 层框剪结构商住楼等。而概算定额、预算定额核算对象是不能提供使用效益的半成品(分项工程)，如钢筋混凝土独立基础等。

(2) 概算指标对工程建设产品提供的核算尺度有两部分：实物指标即人工、材料和施工机械台班消耗量；经济指标即直接费用标准和其他费用标准。

(3) 概算指标不仅列出多种指标，而且还需描述出工程概况和主要构造特征，必要时还需画出示意图。

(4) 由于概算指标是用来规定完成一定计量的建筑物或构筑物所需全部施工过程的经济指标和实物消耗指标，所以它具有较高的综合性。利用概算指标编制投资估算或初步设计概算，能满足时效性要求极强的工作需要，但其精确度稍差。

6.2.2　概算指标的编制原则和依据

1. 概算指标的编制原则

1) 按平均水平确定概算指标的原则

在我国社会主义市场经济条件下，概算指标作为确定工程造价的依据，同样必须遵照价值规律的客观要求，在其编制时必须按照社会必要劳动时间，贯彻平均水平的编制原则。只有这样才能使概算指标合理确定和控制工程造价的作用得到充分发挥。

概算指标的原则.mp3

2) 简明适用的原则

为适应市场经济的客观要求，建筑工程概算指标的项目划分应根据用途的不同，确定其项目的综合范围。遵循粗而不漏，适应面广的原则，体现综合扩大的性质。概算指标从形式到内容应该简明易懂，要便于在采用时根据拟建工程的具体情况进行必要的调整换算，能在较大范围内满足不同用途的需要。

3) 概算指标的编制依据必须具有代表性

概算指标所依据的工程设计资料，应是有代表性的，技术上是先进的，经济上是合理的。

2. 概算指标的编制依据

(1) 标准设计图纸和各类工程典型设计；

(2) 国家颁发的建筑标准、设计规范、施工规范等；

(3) 各类工程造价资料；

概算指标的编制
依据.mp3

(4) 现行的概算定额和预算定额及补充定额；

(5) 人工工资标准、材料预算价格、机械台班预算价格及其他价格资料；

(6) 国家及地区现行的工程建设政策、法令和规章。

3. 概算指标的编制步骤

(1) 首先成立编制小组，拟定工作方案，明确编制原则和方法，确定指标的内容及表现形式，确定基价所依据的人工工资单价、材料预算价格、机械台班单价。

(2) 收集整理编制指标所必需的标准设计、典型设计以及有代表性的工程设计图纸，设计预算等资料，充分利用有使用价值的已经积累的工程造价资料。

(3) 按指标内容及表现形式的要求进行具体的计算分析，工程量尽可能利用经过审定的工程竣工结算的工程量，以及可以利用的可靠的工程量数据。按基价所依据的价格要求计算综合指标，并计算必要的主要材料消耗指标，用于调整工、料、机消耗指标，一般可按不同类型工程划分项目进行计算。

(4) 最后经过核对审核、平衡分析、水平测算、审查定稿。随着有使用价值的工程造价资料积累制度和数据库的建立，以及电子计算机、网络的充分发展利用，概算指标的编制工作将得到根本改观。

4. 概算指标编制方法

(1) 编制概算指标。首先要根据选择好的设计图纸，计算出每一结构构件或分部工程的工程数量。计算工程量的目的有两个：一是以 $1000m^3$ 建筑体积为计算单位，换算出某种类型建筑物所含的各结构构件和分部工程量指标。工程量指标是概算指标中的重要内容，它详尽地说明了建筑物的结构特征，同时也规定了概算指标的适用范围。计算工程量的另一目的，是为了计算出人工、材料和机械的消耗量指标，计算出工程的单位造价。所以计算标准设计和典型设计的工程量，是编制概算指标的重要环节。

(2) 在计算工程量指标的基础上，确定人工、材料和机械的消耗量。确定的方法是按照所选择的设计图纸，现行的概预算定额，各类价格资料，编制单位工程概算或预算，并将各种人工、机械和材料的消耗量汇总，计算出人工、材料和机械的总用量。

(3) 最后再计算出每平方米建筑面积和每立方米建筑物体积的单位造价，计算出该计量单位所需要的主要人工、材料和机械实物消耗量指标，次要人工、材料和机械的消耗量，综合为其他人工、机械、材料，用金额"元"表示。

对于经过上述编制方法确定和计算出的概算指标，要经过比较平衡、调整和水平测算对比以及试算修订，才能最后定稿报批。

5. 概算编制应注意的问题

1) 计算基础的选择

我国预算制度规定：当初步设计或扩大初步设计有一定深度，建筑和结构的设计又比较明确，有关的工程量数据基本上能满足执行概算定额编制概算的要求时，可以根据概算定额结合有关的取费标准及规定编制设计概算。当设计深度不够，编制依据不齐全时，可以用概算指标编制概算。

目前，概算的计算基础很混乱，有的编制预算使用预算定额，编制概算时，不分情况又使用预算定额，拉不开档次，分不清设计阶段。另一种混乱现象是，在同一单位工程内，有的分部工程使用概算定额单价，有的分部工程使用预算定额单价，有的分部工程使用所谓的"技术经济指标"，口径不统一，产生的幅度差也较大。应该指出的是，在初步设计总概算的编制中，除了定型设计和重复使用的设计之外，应避免使用"技术经济指标"。确实因初步设计深度不够，必须使用"技术经济指标"时，也应根据项目结构和工艺特点合理选用。

2) 概算工程量及单价的确定

概算的工程量，很大一部分是通过想象和推断罗列的，按概算定额或概算指标的规定，依据初步设计确定的，一方面需要概算人员有丰富的实践经验，还需要概算人员熟练地掌握概算定额和概算指标。而分部工程的价格，以及构成项目三要素的人工、材料、机械台班的价格，都是不能凭想象和判断得出的。因为价格不是哪个人可以主观制定的，它受到劳动力价格和设备、材料市场价格的影响，随着时间的推移而不断变化。因此，概算人员要了解市场、熟悉市场，并根据当地当期的生产要素指导价格合理确定。

6.2.3　概算指标的内容和表现形式

1. 概算指标的分类

概算指标可分为两大类，一类是建筑工程概算指标，一类是安装工程概算指标。

1) 建筑工程概算指标

(1) 一般土建工程概算指标；

(2) 给排水工程概算指标；

(3) 采暖工程概算指标；

(4) 通信工程概算指标；

(5) 电气照明工程概算指标；

(6) 工业管道工程概算指标。

2) 设备安装工程概算指标

(1) 机器设备及安装工程概算指标；

(2) 电气设备及安装工程概算指标；

(3) 器具及生产家具购置费概算指标。

2. 概算指标的组成内容及表现形式

1) 组成内容

组成内容一般分为文字说明和列表形式两部分，以及必要的附录。

建筑工程列表形式：建筑、构筑物一般以建筑面积、建筑体积、"座"、"个"为计算单位，列出综合指标，元/m²，元/m³。

设备及安装工程的列表形式：设备以"t"、"台"为计算单位，或设备购置费或原价的百分比表示；工艺管道以"t"为计算单位；通信电话站安装以"站"为计算单位。

2) 表现形式

(1) 综合概算指标是按照工业或民用建筑及其结构类型而制定的概算指标。综合概算指标的概括性较大，其准确性、针对性不如单项指标。

(2) 单项概算指标是指为某种建筑物或构筑物而编制的概算指标。单项概算指标的针对性较强，故指标中对工程结构形式要作介绍。只要工程项目的结构形式及工程内容与单项指标中的工程概况相吻合，编制出的设计概算就比较准确。

概算指标的表现
形式.mp3

概算定额与概算指标都是在初步设计阶段用来编制设计概算的基础资料，两者的区别有以下 4 个方面：

(1) 编制对象不同。概算定额是以定额计量单位的扩大分项工程或扩大结构构件为对象编制的，概算指标是以扩大计量单位(面积或体积)的建筑安装工程为对象编制的。

(2) 综合程度不同。概算定额比预算定额综合性强，概算指标比概算定额综合性强。

(3) 适用条件不同。概算定额适用于设计深度较深，已经达到能概算扩大分项工程工程量的程度，概算指标适用于设计深度较浅，只能达到已经明确结构特征的程度。

(4) 使用方法不同。使用概算定额编制概算书时需要先计算扩大分项工程的工程量，再与概算单价相乘来计算概算直接费，使用概算指标编制概算书时只需要计算拟建工程的建筑面积(或体积)，再与单位面积(或体积)的概算指标值相乘来计算概算直接费。

3. 概算定额的应用

1) 概算指标的直接套用

直接套用概算指标时，应注意以下问题：

(1) 拟建工程的建设地点与概算指标中的工程地点在同一地区；

(2) 拟建工程的外形特征和结构特征与概算指标中工程的外形特征、结构特征应基本相同；

(3) 拟建工程的建筑面积、层数与概算指标中工程的建筑面积、层数相差不大。

2) 概算指标的调整

用概算指标编制工程概算时，往往不容易选到与概算指标中工程结构特征完全相同的概算指标，实际工程与概算指标的内容存在着一定的差异。在这种情况下，需对概算指标进行调整，调整方向如下：

每 $100m^2$ 造价调整，需从原每 $100m^2$ 概算造价中减去每 $100m^2$ 建筑面积需换出结构构件的价值，加上每 $100m^2$ 建筑面积需换入结构构件的价值，即得每 $100m^2$ 修正造价调整指标，再将每 $100m^2$ 造价调整指标乘以设计对象的建筑面积，即得出拟建工程的概算造价。

6.3　投资估算指标的基本知识

1. 投资估算指标的概念

投资估算指标通常是以独立的单项工程或完整的工程项目为计算对象编制确定的生产要素消耗数量标准或项目费用标准，是根据已建工程或现有工程的价格数据和资料，经分析、归纳和整理编制而成的。

建设项目的投资估算，主要是指项目建议书、可行性研究报告和设计任务书等前期工作阶段对项目所需投资的计算，它是研究项目投资行为，投资项目决策和考核投资收益的重要依据，也是国家对固定资产投资实行宏观调控的重要依据，投资估算一经批准即为建设项目投资的最高限额，不得任意突破。

投资估算指标.mp3

2. 投资估算指标的作用

工程建设投资估算指标是编制建设项目建议书、可行性研究报告等前期工作阶段投资估算的依据，也可以作为编制固定资产长远规划

投资估算的作用.avi

投资额的参考。投资估算指标为完成项目建设的投资估算提供依据和手段，它在固定资产的形成过程中起着投资预测、投资控制、投资效益分析的作用，是合理确定项目投资的基础。

3. 投资估算指标的内容

投资估算指标是确定和控制建设项目全过程各项投资支出的技术经济指标，其范围涉及建设前期、建设实施期和竣工验收交付使用期等各个阶段的费用支出，内容因行业不同而各异，一般可分为建设项目综合指标、单项工程指标和单位工程指标三个层次。

1）　建设项目综合指标

建设项目综合指标是指按规定应列入建设项目总投资的从立项筹建开始至竣工验收交付使用的全部投资额，包括单项工程投资、工程建设其他费用和预备费等，如图 6-1 所示。

建设项目综合指标一般以项目的综合生产能力为单位投资表示，如元/t，或以使用功能表示，如医院床位：元/床。

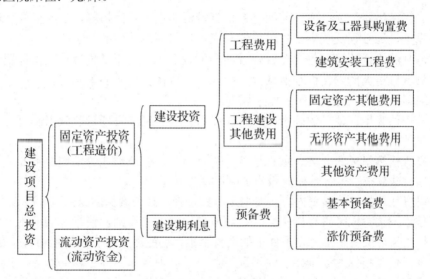

图 6-1　建设项目总投资图

2）　单项工程指标

单项工程指标是指按规定应列入能独立发挥生产能力或使用效益的单项工程内的全部投资额，包括建筑工程费、安装工程费、设备、工器具及生产家具购置费和其他费用。单项工程划分原则一般如下：

(1) 主要生产设施。它是指直接参加生产产品的工程项目，包括生产车间和生产装置。

(2) 辅助生产设施。它是指为主要生产车间服务的工程项目，包括集中控制室、中央试验室、机修、电修、仪器仪表修理及木土等车间、原材料、半成品、成品及危险品等仓库。

(3) 公用工程。包括给排水系统、供热系统、供电及通信系统以及热电站、热力站、煤气站、空压站、冷冻站、冷却塔等。

(4) 环境保护工程。包括废气废渣、废水等的处理和综合利用设施及全厂性绿化。

(5) 总图运输工程。包括场区防洪、围墙大门、传达及收发室、汽车室、消防车库、厂区道路、桥涵、厂区码头及厂区大型土石方工程。

(6) 厂区服务设施。包括厂部办公室、厂区食堂、医务室、浴室、哺乳室、自行车棚等。

(7) 生活福利设施。包括职工宿舍、住宅、生活区食堂、职工医院、俱乐部、托儿所、子弟学校、商业服务点以及与之配套的设备。

(8) 厂外工程。如水源工程、场外输电、输水、排水、通信、输油等管线以及公路、铁路专用线等。

3) 单位工程指标

单位工程指标是指按规定应列入能独立设计、施工的工程项目的费用，即建筑安装工程费用。

4. 投资估算指标的编制原则

投资估算指标属于项目建设前期进行估算投资的技术经济指标，它不但要反映实施阶段的静态投资，还必须反映项目建设前期和交付使用期内发生的动态投资。以投资估算指标为依据编制的投资估算，包含项目建设的全部投资额。这要求投资估算指标要比其他各种计价定额具有更大的综合性和概括性。因此，投资估算指标的编制工作，除了应遵循一般定额的编制原则外，还必须坚持以下原则：

(1) 投资估算指标项目的确定，应考虑以后几年编制建设项目建议书和可行性研究报告投资估算的需要。

(2) 投资估算指标的分类、项目划分、项目内容、表现形式等要结合各专业的特点，并且要与项目建议书、可行性研究报告的编制深度相适应。

(3) 投资估算指标的编制内容，典型工程的选择，必须遵循国家的有关建设方针政策，符合国家技术发展方向，贯彻国家高科技政策和发展方向原则，使指标的编制既能反映现实的高科技成果，反映正常建设条件下的造价水平，也能适应今后若干年的科技发展水平。

(4) 投资估算指标的编制要反映不同行业、不同项目和不同工程的特点，投资估算指标要适应项目前期工作深度的要求，且具有更大的综合性。投资估算指标的编制必须密切结合行业特点及项目建设的特定条件，在内容上既要贯彻指导性、准确性和可调性的原则，又要具有一定的深度和广度。

(5) 投资估算指标的编制要体现国家对固定资产投资实施间接调控作用的特点，要贯彻能分能合、有粗有细、细算粗编的原则。

(6) 投资估算指标的编制要贯彻静态和动态相结合的原则。在市场经济条件下，由于建设条件、实施时间、建设期限等因素的不同，导致指标的量差、价差、利息差、费用差等"动态"因素对投资估算有影响，对上述动态因素给予必要的调整办法和调整参数，尽可能减少这些动态因素对投资估算准确度的影响，使指标具有较强的实用性和可操作性。

5. 投资估算指标的编制依据

投资估算指标的编制工作具有较强的技术性和政策性，其编制工作除了必须依据国民经济整体发展规划、技术发展政策和国家规定的建设标准外，还必须依照指标的编制内容、使用的层次确定具体的编制依据。指标的编制依据有以下几个方面：

(1) 主要工程项目、辅助工程项目及其他各单项工程的建设内容及工程量；

(2) 专门机构发布的建设工程造价及费用构成、估算指标、计算方法以及其他有关估算文件；

(3) 专门机构发布的建设主程其他费用计算办法和费用标准，以及政府部门发布的物价指数；

(4) 已建同类工程项目的投资档案资料；

(5) 影响工程项目投资的动态因素，如利率、汇率、税率等。

6. 投资估算指标的编制方法

1) 收集整理资料阶段

收集整理已建成或正在建设的，符合现行技术政策和技术发展方向，有可能重复采用的，有代表性的工程设计施工图、标准设计以及相应的竣工决算或施工图预算资料等，这些资料是编制工作的基础。资料收集得越广泛，反映出的问题越多，编制工作考虑得越全面，就越有利于提高投资估算指标的实用性和覆盖面。同时，对调查收集到的资料要选择占投资比重大、相互关联多的项目进行认真的分析整理，由于已建成或正在建设的工程的设计意图、建设时间和地点、资料的基础等不同，相互之间的差异很大，需要去粗取精、去伪存真地加以整理，才能重复利用。将整理后的数据资料按项目划分栏目加以归类，按照编制年度的现行定额、费用标准和价格，调整成编制年度的造价水平。

2) 平衡调整阶段

由于调查收集的资料来源不同，虽然经过一定的分析整理，但仍难免由于设计方案、建设条件和建设时间上的差异带来的某些影响，出现数据失准或漏项等现象，所以，必须对有关资料进行综合平衡调整。

3) 测算审查阶段

测算审查阶段是将新编的指标和选定工程的概预算，在同一价格条件下进行比较，检验其"量差"的偏离程度是否在允许偏差的范围之内。如偏差过大，则要查找原因，进行修正，以保证指标的确切、实用。测算同时也是对指标编制质量进行的一次系统检查，应由专人进行，以保持测算口径的统一，在此基础上组织有关专业人员予以全面审查定稿。

由于投资估算指标的计算工作量非常大，在目前计算机已经广泛普及的条件下，应尽可能应用计算机进行投资估算指标的编制工作。

本 章 小 结

通过本章的学习，学生们主要了解概算定额与概算指标的主要编制步骤及表现形式；熟悉概算定额与概算指标的作用；掌握概算定额的概念及编制方法。为以后编制初步设计阶段的概算打下坚实的基础。

实 训 练 习

一、单选题

1. 投资估算指标的编制一般分三个阶段进行，其中不包括(　　)。
   A. 收集整理资料阶段　　　　　　　　B. 测算审查阶段
   C. 平衡调整阶段　　　　　　　　　　D. 确定指标阶段

2. 概算定额的编制步骤不包括(　　)。
   A. 审查定稿阶段　　　　　　　　　　B. 编制初稿阶段
   C. 准备工作阶段　　　　　　　　　　D. 平衡调整阶段

3. 概算指标是以(　　)为对象的消耗指标。
   A. 单位工程　　　　　　　　　　　　B. 分部工程
   C. 整个建筑物或构筑物　　　　　　　D. 分项工程

4. 下列关于概算定额和概算指标的说法不正确的是(　　)。
   A. 概算定额是编制设计概算的依据和编制概算指标的基础
   B. 概算定额水平应能反映在正常条件下大多数企业的设计生产、施工管理水平
   C. 概算指标的精度一般比概算定额高
   D. 概算定额也称为扩大结构定额

5. 对于拟建工程初步设计与已完工程或在建工程的设计相类似且没有概算指标，但必须对建筑结构差异和价差进行调整的情况，编制工程概算可以采用(　　)。
   A. 单位工程指标法　　　　　　　　　B. 概算指标法
   C. 概算定额法　　　　　　　　　　　D. 类似工程概算法

6. 按专业特点和地区特点编制的概算定额手册，其组成内容包括(　　)。
   A. 文字说明、定额项目表和附录
   B. 人工、材料和机械概算定额
   C. 工程结构和工程部位
   D. 工程结构和工程部位定额编号、计量单位和概算价格

7. 某拟建工程初步设计已达到必要的深度，能够据此计算出扩大分项工程的工程量，则能较为准确地编制拟建工程概算的方法是(　　)。
   A. 概算指标法　　　　　　　　　　　B. 类似工程预算法
   C. 概算定额法　　　　　　　　　　　D. 综合吨位指标法

8. 概算定额与预算定额的主要不同之处在于(　　)。
   A. 贯彻的水平原则不同　　　　　　　B. 项目划分和综合扩大程度不同
   C. 表达的主要内容不同　　　　　　　D. 表达的方式不同

9. 概算指标在具体内容的表示方法上，有(　　)两种形式。
   A. 单项指标和分类指标　　　　　　　B. 单项指标和分项指标
   C. 综合指标和单项指标　　　　　　　D. 综合指标和分类指标

10. 概算定额水平与预算定额水平之间的幅度差一般在( )以内。

    A. 5%   B. 10%   C. 15%   D. 20%

二、多选题

1. 概算定额由( )三部分组成。

    A. 文字说明   B. 定额项目表   C. 附录

    D. 解释说明   E. 附表

2. 概算定额和预算定额的区别是( )。

    A. 所起的作用不同   B. 编制依据不同   C. 编制内容不同

    D. 编制的准确度不同   E. 工程项目成本不同

3. 概算指标的编制依据有( )。

    A. 标准设计图纸和各类工程典型设计

    B. 国家颁发的建筑标准、设计规范、施工规范等

    C. 各类工程造价资料

    D. 现行的概算定额和预算定额及补充定额

    E. 以上都不正确

4. 下列选项属于概算指标的是( )。

    A. 机电工程概算指标   B. 水利工程概算指标   C. 市政工程概算指标

    D. 安装工程概算指标   E. 建筑工程概算指标

5. 投资估算指标是确定和控制建设项目全过程各项投资支出的技术经济指标，其范围涉及( )等各个阶段的费用支出。

    A. 建设前期   B. 建设实施期   C. 竣工验收交付使用期

    D. 保修期   E. 施工期

三、问答题

1. 简述概算定额的概念和作用。

2. 简述概算指标的原则和依据。

3. 投资估算指标在整个项目中有哪些作用？

第6章 课后答案.pdf

实训工作单(一)

班级		姓名		日期	
教学项目		概算定额、概算指标与投资估算指标			
任务	学习概算定额和概算指标	学习途径	本书中的案例分析，自行查找相关书籍		
学习目标		掌握概算定额及概算指标			
学习要点					
学习查阅记录					
评语			指导老师		

实训工作单(二)

班级		姓名		日期	
教学项目		概算定额、概算指标与投资估算指标			
任务	学习投资估算指标的概念与作用	学习途径	本书中的案例分析，自行查找相关书籍		
学习目标		掌握投资估算指标的概念与作用			
学习要点					
学习查阅记录					
评语			指导老师		

第 7 章　工程结算
与竣工决算教案.pdf

第 7 章　工程结算与竣工决算 07

【学习目标】

- 了解工程结算和竣工决算的概念
- 熟悉工程结算和竣工决算的作用和内容
- 掌握工程结算和竣工决算的编制方法

【教学要求】

本章要点	掌握层次	相关知识点
工程结算	1. 了解工程结算的概念 2. 理解工程结算的作用和内容 3. 掌握工程结算的编制方法	工程结算
竣工决算	1. 了解竣工决算的概念 2. 理解竣工决算作用和内容 3. 掌握竣工决算的编制方法	竣工决算

【项目案例导入】

　　桥涵是公路工程的重要构筑物，构件结构复杂，类型多，施工方法多样，在施工中具有一定的难度，某小型工程为 6 孔跨径为 30m 的混凝土拱桥，拱盖宽为 18m，拱矢比为 1/4，起拱线至地面的高度为 10m，制备 2 孔满堂式木拱盔和支架。

【项目问题导入】

　　请结合自身所学的相关知识，根据本案例的相关数据及最新市场单价试确定某小型工程的工程结算。

7.1　工程结算

7.1.1　工程结算的概念

工程结算是指施工企业按照承包合同和已完工程量向建设单位(业主)办理工程价清算的经济文件。

一般来说，工程结算在整个施工的实施过程中要进行多次，直到工程项目全部竣工并验收后，进行最终产品的工程竣工决算才是发包人双方认可的建筑产品的市场真实价格，也就是最终产品的工程造价。

工程结算的概念.mp3

1. 工程结算的方式

1)　按月结算

即实行旬末或月中预支，月终结算，竣工后清算的方法。跨年度竣工的工程，在年终进行工程盘点，办理年度结算。我国现行的工程价款结算中，相当一部分是实行这种按月结算。

按月结算时，对已完成的施工产品，必须符合规定标准质量和逐一清点工程量。质量不合格或未完成预算定额规定的全部工序内容，不能办理工程结算。工程承发包双方必须遵守结算纪律，既不准冒领，也不准互相拖欠，违者应按国家主管部门的规定处罚。

2)　按进度结算

即当年开工，当年不能竣工的单项工程或单位工程按照工程形象进度，划分不同阶段进行结算。

(1)　按施工阶段预支，在施工阶段完工后结算。这种做法是将工程总造价通过计算拆分到各个施工阶段，从而得到各个施工阶段的建筑安装工程费用。承包商据此填写"工程价款预支账单"送监理工程师签字并经建设单位确认后办理结算。

(2)　按施工阶段预支，竣工后一次结算。这种方法与前一种方法比较，其相同点均是按阶段预支，不同点是不按阶段结算，而是竣工后一次结算。

(3)　分次预支，竣工后一次结算。分次预支，每次预支金额数应与施工进度大体一致。此种结算方法的优点是可以简化结算手续，适用于投资少、工期短、技术简单的工程。

【案例 7-1】　工程完工后，乙方依据后来变化的施工图做了结算，结算仍然采用清单计价方式，结算价是 1200 万元，另外还有 200 万元的洽商变更(此工程未办理竣工图和竣工验收报告，不少材料和做法变更也无签字)。咨询公司在对此工程审计时依据乙方结算报价与合同价格不符，且结算的综合单价和做法与投标也不尽一致，另外施工图与投标时图纸变化很大，已经不符合招标文件规定的条件了。因此决定以定额计价结算的方式进行审计，将结算施工图全部重算，措施费用也重新计算。得出的审定价格大大低于乙方的结算价。而乙方以有清单中标价为由，坚持以清单方式结算，不同意调整综合单价费用和措施费。双方争执不下，谈判陷入僵局。这种分歧应如何判定？

3)　按目标结算

即在工程合同中，将承包工程的内容分解成不同的控制界面，以业主验收控制界面作为支付工程价款的前提条件。也就是说，将合同中的工程内容分解成不同的验收单元，当承包商完成单元工程内容并经业主(或其委托人)验收后，业主支付单元工程内容的工程价款。

4)　竣工后一次结算

建设项目或单项工程全部建设在 12 个月以内完成，或者工程承包合同价值在 100 万元以下的可以实行工程价款每月月中预支，竣工后一次结算的方式。

5)　其他结算方式

其他结算方式是指双方可根据具体情况协商确定其他结算方式。

【案例 7-2】 我公司中标一工程，采用清单计价，报价时未仔细计算工程量，合同规定工程量超出 3%时允许调整。请问结算时是不是需要根据图纸和清单计算规则重新计算？

2．工程结算的流程

(1)　核对并编制好结算资料基础；

(2)　工程量是审核的关键；

(3)　定额单价的审核不可忽视；

(4)　其他费用的审核坚持合情合理。

3．工程结算的原则

(1)　及时性原则。对内对外结算应按合同约定，应做到签证及时、计量及时、结算及时，必须坚持按月计量和结算。对内结算最长不得延期一个月。

工程结算的原则.mp3

(2)　工程量统一原则。对内结算实体工程量应不大于业主、监理批复量，不得出现对内结算工程量大于业主、监理批复量的情况。

(3)　价格统一原则。合同外项目单价，对内结算单价应小于业主、监理批复的单价。

(4)　费用可控原则。分部分项工程对内结算总额应小于业主、监理批复结算总额。

4．影响工程结算准确性的关键因素

1)　工程设计问题

工程设计的完整性是工程结算准确性的基本保障。建设施工必须以设计图纸为依据，并且与设计图纸要求保持一致，才能有效保障结算的准确性。但是，在实际的设计过程中，工程设计受经济、技术以及人员等多种因素的影响，实际施工过程中难免会因为各种因素造成施工变动，导致工程预算与结算之间存在较大误差，从而影响结算的准确性。

2)　工程量计算存在误差，从而影响结算的准确性

3)　定额的理解与使用问题

定额的理解与使用对工程结算的准确性有直接影响。工程定额是指实际施工过程中使用的人力、物力和财力状况，直接决定企业生产力水平。在实际的编制结算工作中，往往由于工作人员对相关的政策法规缺乏了解导致定额使用存在较大问题，从而影响结算的准确性。

4) 建设工程材料及设备价格的影响

工程中所使用的材料和设备的价格对结算的准确性有直接影响。众所周知，建筑材料和设备的价格由市场决定，建筑材料和设备的成本投入占总工程成本的 70%左右，材料和设备的价格一旦超出预算标准，结算的结果与设计图纸的要求之间会存在很大的误差。

7.1.2　工程结算的基本知识

1. 工程结算的作用

(1) 通过工程结算办理已完工的工程价款，确定施工企业的货币收入，补充施工生产过程中的资金消耗；

(2) 工程结算是统计施工企业完成生产计划，建设单位完成建设投资任务的依据；

工程结算的作用.mp3

(3) 工程结算是施工企业完成该工程项目的总货币收入，是企业内部编制工程决算进行成本核算，确定工程实际成本的重要依据；

(4) 工程结算是建设单位编制竣工决算的主要依据；

(5) 工程结算的完成，标志着施工企业和建设单位双方所承担合同义务的经济责任的结束。

2. 工程结算的内容

工程结算按单位工程编制。其内容与施工图预算书基本相同，不同处是以变更签证等资料为依据，以原施工图预算为基础，进行部分增减与调整。

1) 工程分项有无增减

由于设计的变更，可能会带来工程分项的增减，应对原施工图预算分项进行核对、调整。一般情况下原施工图预算书分项不变，遇特殊情况时，也可能增加不同类别的分项。此时应根据变更计算其分项工程量，确定采用相应的预算定额，作为新项列入工程结算。

2) 调整工程量差

调整工程量差即调整原预算书与实际完成的工程数量之间的差额。出现量差的主要原因有修改设计或设计漏项、现场施工条件及其措施变动和原施工图预算不准等。

3) 调整材料差价

调整材料差价是调整结算的重要内容，政策性强，应严格按照当地主管部门的规定进行调整，材料代用发生的差价，应以材料代用核定通知单为依据，在规定范围内调整。

4) 各项费用的调整

由于工程量的增减会影响直接费(或定额人工费总额)的变化，其间接费、利润和税金也应作相应调整。各种材料价差不能列入直接费作为间接费的调整基数，但可作为工程预算成本，也可作为调整利润和税金的技术费用。

其他费用，例如因建设单位发生的窝工费用、机械进出场费用等，应一次结清，分摊到结算的工程项目之中。施工现场使用建设单位的水电费用，应在工程结算时按有关规定付给建设单位。

5）　结算书的内容

（1）　工程结算书封面。封面形式与施工图预算书封面相同，要求填写工程名称、结构类型、建筑面积、工程造价及单方造价等内容。

（2）　编制说明。主要说明施工合同有关规定、有关文件和变更内容等。

（3）　结算造价汇总计算表。工程结算表形式与施工图预算表相同。

（4）　汇总表的附表。包括工程增减变更计算表、材料价差计算表、建设单位工料计算表等内容。

（5）　工程竣工资料。包括竣工图、各类签证单、核定单、工程量增补单、设计变更单等内容。

3. 工程结算的分类

1）　根据工程建设的不同时期以及结算对象的不同分类

（1）　工程备款的结算。

所谓工程备料是指包工包料工程在签订施工合同后，由建设单位按有关规定或合同约定支付给承包商的主要用来购买工程材料的款项。预支工程备料款额度应不超过当年建筑安装工程量的 25%；若工期不足一年的工程，可按承包合同的 30%预支工程备料款。

备料款属于预付性质，到施工的中后期，随着工程备料逐量减少，预付备料款应在中间结算工程价款中逐步扣还。

（2）　工程进度款的结算。

工程进度款的结算是指为了保证工程施工的正常进行，发包人(甲方)根据合同的约定和有关规定按工程的形象进度按时支付工程款。

2）　根据工程结算的内容不同分类

（1）　工程价款结算。

工程价款结算是指建筑安装工程施工完毕并验收合格后，承包商按工程合同的规定与建设单位结清工程价款的经济活动，包括预付工程备料款和工程进度的结算，在实际工作中通常称为工程结算。

（2）　设备、工器具购置结算。

设备、工器具购置结算是指建设单位和施工企业为了采购机械设备、工器具以及处理积压物资，同有关单位之间发生的货币收付结算。

（3）　劳务供应结算。

劳务供应结算是指施工、建设单位及有关部门之间，互相提供咨询、勘察、设计、建筑安装工程施工、运输和加工等劳务而发生的结算。

（4）　其他货币资金结算。

其他货币资金结算是指施工单位各项工作、建设单位及主管基建部门和中国建设银行之间进行资金调拨、缴纳、存款、贷款和账户清理而发生的结算。

4. 中间结算、年终结算、竣工结算

由于工程建设周期长，耗用资金数大。为使建筑安装企业在施工中耗用的资金及时得到补偿，需要对工程价款进行中间结算(进度款结算)、年终结算，全部工程竣工验收后应进

行竣工结算。

1) 中间结算

施工企业按逐月完成的工程量计算各项费用，向建设单位办理工程价款结算手续，是在施工过程中发生的，称为中间结算。

2) 年终结算

年终结算是指各级财政之间，在年终清理的基础上，按照预算管理体制及有关规定结清上下级财政总预算之间的预算调拨(上解、补助)收支和往来款项。按规定由上级财政与下级财政之间单独结算的事项，一并计算出全年应补助款数额和上解款数额，与已补助和已上解数额进行比较，结合往来款项，计算出全年最后应补助或应上解数额，填制"年终财政决算结算单"，作为年终财政结算的凭证，进行会计账务处理。从某种意义上讲，年终结算，也是整个决算编制前的年终清理工作的一项特殊的清理结算工作。年终结算的内容包括：

(1) 定额结算。

为简化结算事务，对数额变化不大的结算事项，由财政部给地方财政确定一个基数，每年进行结算。

(2) 税收返还收入结算。

税收返还是"分税制"财政体制下中央财政对地方转移支付的一种形式，是我国"分税制"改革过程中既为保持地方既得利益，又为逐步提高中央财政收入比重，增强中央政府的宏观调控能力而实行的一项改革措施。

(3) 其他结算。

其他结算包括地方财政检查中央企事业单位违纪资金，补缴入库收入分成结算；地方审计机关审计中央企事业单位违纪资金，补助入库收入分成结算；中央减免农业税、补助地方的结算；14个经济技术开发区中央增量退还的结算以及企事业单位下划等结算项目。

3) 竣工结算

竣工结算是指一个建设项目或单项工程、单位工程全部竣工，发承包双方根据现场施工记录，设计变更通知书，现场变更鉴定，定额预算单价等资料，进行合同价款的增减或调整计算。竣工结算应按照合同有关条款和价款结算办法的有关规定进行，合同通用条款中有关条款的内容与价款结算办法的有关规定有出入的，以价款结算办法的规定为准。工程竣工结算分为单位工程竣工结算、单项工程竣工结算、建设项目竣工总结算三种。

(1) 竣工结算的作用。

① 竣工结算是确定工程最终造价，是了结业主和承包商的合同关系和经济责任的依据。

② 竣工结算是为承包商确定工程最终收入，是承包商经济核算和考核工程成本的依据。

竣工结算的作用.mp3

③ 竣工结算反映建筑安装工程工作量和实物量的实际完成情况，是业主编报项目竣工决算的依据。

④ 竣工结算反映建筑安装工程的实际造价，是编制概算定额、概算指标的基础资料。

(2) 竣工结算的方法。

① 预算结算方式。这种方式是把经过审定确认的施工图预算作为竣工结算的依据，

在施工过程中发生的而施工预算中未包括的项目和费用，经建设单位驻现场工程师签证，和原预算一起在工程结算时进行调整，因此又称这种方式为施工图预算加签证的结算方式。

②　承包总价结算方式。这种方式的工程承包合同为总价承包合同。工程竣工后，暂扣合同价的 2%～5% 作为维修金，其余工程价款一次结清，在施工过程中所发生的材料代用、主要材料价差、工程量的变化等，如果合同中没有可以调价的条款，一般不予调整。因此，凡按总价承包的工程，一般都列有一项不可预见费用。

③　平方米造价包干方式。承发包双方根据一定的工程资料，经协商签订每平方米造价指标的合同，结算时按实际完成的建筑面积汇总结算价款。此方法手续较简便，但适用范围具有一定的局限性，对于可变因素较多的项目不宜采用。

④　工程量清单结算方式。采用清单招标时，中标人填报的清单分项工程单价是承包合同的组成部分，结算时按实际完成的工程量，以合同中的工程单价为依据计算结算价款。建筑安装工程实行招标承包制是建筑业适应市场经济发展的一项重大改革，它有利于培养企业的竞争意识，也给建设单位择优选择施工单位提供了必要条件，此方法确定的工程造价更趋于合理。

(3)　竣工验收的依据。竣工验收的依据因项目性质的不同而各有差别，工程结算书见表 7-1 所示，主要依据包括以下几个方面：

表 7-1　工程结算书

工程结算书

范本

发包单位：_____

工程名称：_____

工程编号：_____

建筑面积：_____平方米

工程造价：_____元

经济指标：_____元/平方米

编制人：_____

编制认证书编号：_____

审核人：_____

审核认证书编号：_____

编制单位：_____

编制日期：_____年____月____日_____

①　上级批准的各种文件。主要内容包括可行性研究报告、设计任务书、初步设计，以及与项目建设有关的各种文件。

②　工程设计文件。主要内容包括施工图纸及其说明、设备技术说明书等。

③　国家颁布的各种标准的规范。主要内容包括现行的《工程施工及验收规范》(GB 51029—2014)、《建筑工程施工质量验收统一标准》(GB 50300—2013)及地方政府颁布的有关规程标准等。

④ 合同文件。主要内容包括施工承包的工作内容和应达到的标准，有效施工合同及在施工过程中的设计变更通知书、现场签证单等。

(4) 竣工验收的标准。

按照国家有关规定，建设项目竣工验收、交付生产使用，应满足以下条件：

① 生产性项目和辅助性公用设施，已按设计要求完成，能满足生产使用。

竣工验收的标准.mp3

② 主要工艺设备配套设施经联动负荷试车合格，形成生产能力，能够生产出设计文件所规定的合格产品。

③ 必要的生产设施，已按设计要求建成；生产准备工作能适应投产的需要。

④ 环保设施、劳动安全卫生设施、消防设施已按设计要求与主体工程同时建成使用。

5. 工程结算审计

1) 审核竣工结算编制依据

编制依据主要包括：工程竣工报告、竣工图及竣工验收单；工程施工合同或施工协议书；施工图预算或招标投标工程的合同标价；设计交底及图纸会审记录资料；设计变更通知单及现场施工变更记录；经建设单位签证认可的施工技术组织措施；预算外各种施工签证或施工记录；合同中规定的定额，材料预算价格，构件、成品价格；国家或地区新颁发的有关规定。审计时要审核编制依据是否符合国家有关规定，资料是否齐全，手续是否完备，对遗留问题处理是否合规。

2) 审核工程量

(1) 工程量是决定工程造价的主要因素，核定施工工程量是工程竣工结算审计的关键。审计的方法可以根据施工单位编制的竣工结算中的工程量计算表，对照图纸尺寸进行计算来审核，也可以依据图纸重新编制工程量计算表进行审计。一是要重点审核投资比例较大的分项工程，如基础工程、钢筋混凝土工程、钢结构等。二是要重点审核容易混淆或出漏洞的项目，如土石方分部中的基础土方，清单计价中按基础详图的界面面积乘以对应长度计算，不考虑放坡、工作面。三是要重点审核容易重复列项的项目。四是重点审核容易重复计算的项目。对于无图纸的项目要深入现场核实，必要时可采用现场丈量实测的方法。

(2) 审核材料用量及价差。材料用量审核，主要是审核钢材、水泥等主要材料的消耗数量是否准确，列入直接费的材料是否符合预算价格。材料代用和变更是否有签证，材料总价是否符合价差的规定，数量、实际价格、差价计算是否准确，并应在审核工程项目材料用量的基础上，依据预算定额统一基价的取费价格，对照材料耗用时的实际市场价格，审核退补价差金额的真实性。

(3) 审查隐蔽验收记录。验收的主要内容是否符合设计及质量要求，其中设计要求中包含工程造价的成分达到或符合设计要求，也就达到或符合设计要求的造价。因此，做好隐蔽工程验收记录是进行工程结算的前提。目前，在很多建设项目中隐蔽工程没有验收记录，到竣工结算时，施工企业才找有关人员后补记录，然后列入结算。有的甚至没有发生也列入结算，这种事后补办的隐蔽工程验收记录，不仅存在严重质量隐患，而且使工程造价提高，并且存在严重徇私舞弊腐败的现象，因此，在审查隐蔽工程的价款时，一定要严格审查验收记录手续的完整性、合法性。验收记录上除了监理工程师及有关人员确认外，还要加盖建设单位公章并注明记录日期，防止事后补办记录或虚假记录的发生，为竣工结算减少纠纷扫平道路，有效地控制工程造价。设计变更应由原设计单位出具设计变更通知单和修改图纸，设计、校审人员签字并加盖公章，并经建设单位、监理工程师审查同意。重大的设计变更应经原审批部门审批，否则不应列入结算。在审查设计变更时，除了有完整的变更手续外，还要注意工程量的计算，对计算有误的工程量进行调整，对不符合变更手续要求的不能列入结算。

(4)　审查工程定额的套用。主要审查工程所套用定额是否与工程应执行的定额标准相符，工程预算所列各分项工程预算定额与设计文件是否相符，工程名称、规格、计算单位是否一致。正确把握预算定额套用，避免高套、错套和提高工程项目定额直接费等问题。

(5)　审核工程类别。对施工单位的资质和工程类别进行审核，是保证工程取费合理的前提，确定工程类别，应按照国家规定的规范认真核对。

(6)　审查各项费用的计取。建筑安装工程取费标准，应按合同要求或项目建设期间与计价定额配套使用的建安工程费用定额及有关规定。在审查时，应审查各项费率、价格指数或换算系数是否正确，价差调整计算是否符合要求，并在核实费用计算程序时要注意以下几点：

①　各项费用计取基数，如安装工程间接费等是以人工费为基数，这个人工费是定额人工费与人工调整部分之和；

②　取费标准的确定与地区分类工程类别是否相符；

③　取费定额是否与采用的预算定额相配套；

④　按规定有些签证应放在独立费用中，是否放在定额直接费中计算；

⑤　有无不该计取的费用；

⑥　结算中是否按照国家和地方有关调整结算文件规定计取费用；

⑦　费用计列是否有漏项；

⑧　材料正负差调整是否全面、准确；

⑨　施工企业资质等级取费项目有无挂靠高套现象；

⑩　有无随意调整人工费单价。

(7)　审查附属工程。在审核竣工结算时，对列入建安主体的水、电、暖与室外配套的附属工程，应分别审核，防止施工费用的混淆、重复计算。

(8)　防止各种计算误差。工程竣工结算是一项非常细致的工作，由于结算的子项目多，工作量大，内容繁杂，不可避免地存在着这样或那样的计算误差，但很多误差都是多算。因此，必须对结算中的每一项进行认真核算，防止因计算误差导致工程价款多计或少计。搞好竣工结算审查工作，控制工程造价，不仅需要审查人员具有较高的业务素质和丰富的审查经验，还需要具有良好的职业道德和较高的思想觉悟，同时也需要建设单位、监理工程及施工单位等方面人员的积极配合。出具的资料要真实可靠，只有这样，才能使工程竣工结算工作得以顺利进行，减少双方纠纷，才能全面真实地反映建设项目合理的工程造价，维护建设单位和施工单位各自的经济利益，使目前我国的建筑市场更加规范有序地运行。

3) 审核施工企业资质

严格审核施工企业的资质，对挂靠、无资质等级及无取费证书的施工企业，应严格进行把关。

4) 审核工程合同

工程合同审计是投资审计的一项重要内容，必须仔细查阅相关文件资料是否齐全、合法合规。

当双方对合同文件有异议时，国内工程按国内合同文件顺序解释，国际工程按照 FIDIC 合同文件顺序解释，特别是按 FIDIC 条款签订合同时，索赔费用应重点审计。

7.1.3 工程结算的编制方法

1. 工程结算的编制程序

(1) 熟悉理解合同文件；

(2) 收集和整理计量资料；

(3) 审核工程量；

(4) 严格套价取费；

(5) 重视索赔工作。

工程结算的编制
程序.mp3

工程结算编制过程一般分为准备、编制和定稿三个阶段，实行编制人、审核人和审定人分别署名、盖章确认的编审签署制度，共同对工程结算成果文件质量负责。

1) 工程结算编制准备阶段的工作内容

(1) 收集与工程结算相关的编制依据，主要有国家法律、法规和行业规程、规范等；

(2) 熟悉招标文件、投标文件、施工合同、施工图纸等相关资料；

(3) 掌握工程项目发承包方式、现场施工条件、应采用的计价标准、定额、费用标准、材料价格、人工工资、机械台班价格变化等情况；

(4) 对工程结算编制依据进行分类、归纳和整理；

(5) 召集工程结算编制人员对工程结算涉及的内容进行核对、补充和完善。

2) 工程结算编制阶段的工作内容

(1) 根据施工图或竣工图以及施工组织设计进行现场踏勘，并做好书面或影像记录；

(2) 按招标文件施工合同约定的方式和相应的工程量计算规则计算部分分项工程项目、措施项目或其他项目的工程量；

(3) 按招标文件、施工合同约定的计价原则和计价方法对分项工程项目、措施项目或其他项目进行计价；

(4) 对工程量清单缺项以及采用新材料、新设备、新工艺、新技术等工程，应根据施工过程中的合理消耗和市场价格以及施工合同有关条款，编制综合单价或单位估价分析表；

(5) 工程索赔应按合同约定的索赔处理原则、程序和计算方法，算出索赔费用；

(6) 汇总计算工程费用，包括编制分部分项工程费、措施项目费、其他项目费、规费和税金，初步确定工程结算价格。

3)　工程结算编制定稿阶段的工作内容

(1)　工程结算审核人员对初步成果文件进行审核，并对发现的问题和意见进行处理；

(2)　工程结算审定人员对审核后的初步成果文件进行审定，并对发现的问题和意见进行处理；

(3)　工程结算编制人员、审核人员、审定人员分别在工程结算成果文件上署名，并加盖造价工程师或造价人员执业或从业印章；

(4)　工程结算文件经编织、审核、审定后，工程造价咨询企业的法定代表人或其授权人在成果文件上签字或盖章；

(5)　最后经工程造价咨询企业在工程结算文件上签署工程造价咨询企业执业印章，工程结算文件算正式完成。

2. 工程结算的编制原则

(1)　工程结算按工程的施工内容或完成阶段，可分为竣工决算、分阶段结算、合同终止结算和专业分包结算等形式，在编制工程结算时可根据合同条款的具体约定进行编制。

(2)　当合同范围涉及整个建设项目时，应按建设项目组成，将各单位工程汇总为单位工程，再将单项工程汇总为建设项目，编制相应的建设项目工程结算成果文件。

(3)　实行分阶段结算的建设项目，应按合同要求进行分阶段结算，出具各阶段结算成果文件。在竣工结算时再将各阶段结算成果文件汇总，编制相应的建设项目工程结算成果文件。

(4)　进行合同终止结算时，应按已完成合格的实际工程量和施工合同的有关条款约定编制合同终止结算。实行专业分包结算的工程项目，应按专业分包合同要求分别编制专业分包工程结算。总承包人应按合同要求将各专业分包工程结算汇总在相应的单位工程或单项工程结算内，进行工程总承包结算。

(5)　工程结算的编制还应区分施工合同类型及工程结算的计价模式采用合适的工程结算的编织方法。工程项目采用总价合同模式的，应在原合同价的基础上对设计变更、工程洽商以及工程索赔等合同约定可以调整的内容进行调整。工程项目采用单价合同模式的，工程结算的工程量应按照经发承包双方在施工合同约定予以计量且实际已完成的工程量确定，并根据合同约定对可以调整的内容进行调整。工程项目采用成本加酬金合同模式的，应依据合同约定的方法计算分部分项工程及设计变更、工程洽商、施工措施等内容的工程成本，并计算酬金及有关税费。

3. 提高工程结算编制准确性的措施

1)　结算资料整理

结算资料是结算的关键，结算书均是以结算资料为依据编制和审核的。通常的结算资料有：工程合同、中标通知书、投标书、工程答疑书、图纸会审纪要签证单、变更通知书、工程材料单价确认单等，这些资料都要求有原始单证，且资料上工程参与方都有签字盖章，只有这样才能保证资料的合法性、合理性、真实性。另外，还有一些相关工程资料，开工报告、竣工报告、材料检验单等。工程资料是工程建设的一个缩影，工程建设期间各个环节都会形成大量的文件、图纸和资料，它们是工程建设的真实记录和重要组成部分；是展示工程项目管理水平和体现规范标准的载体；是项目成果的重要展示形式；是工程建设及检查验收的主要内容和依据，也是对工程进行竣工验收、交接、维护、管理、使用、改扩建、项目后评价和质量事故调查的重要原始凭证。对某一单位工程而言，整理一套与其施工内容和进度相适应的真实、完整、系统的施工资料是十分必要的。在一般的工程员印象中，工程资料与结算资料是没有关系的，就对此部分资料不重视。工程资料看似为工程服务，其实也可以为以后的工程保修、结算、争议提供依据。资料是根本，是依据，应重视资料的完整性，确保资料的真实性。缺乏资料的结算是站不住脚的、经不起审核的，没有严格的、完善的资料所进行的审核也是不准确的。

2) 工程量的编制

工程量是工程造价的主要组成部分，是审核和编制方的主体，工程量的编制严格按照相关资料和施工图纸，以及工程量计算规则进行，特别是定额计价与清单计价规范中关于工程量计算的不同点更应该重视。定额计价工程量按照施工图加上定额规定的预留数量，而工程量清单中的工程数量以形成工程实体为准，并以完成后的净值计算。很多人员在编制清单时加上了相应的预留长度，不是按照图纸净值计算的。工程量编制中应注意的问题：严格以施工图纸、设计变更等资料为依据，施工现场签证和施工合同相结合，避免造成施工签证的重复；编制主体在计算工程量时只计算增加的部分，而忽略减少的部分，或者根据变更造价与原造价相比减少了，就忽视变更，还按照原来的项目计算造价；交叉项目的施工，参建单位各方均重复计算某一交叉点，认真审核确认属于哪一方的工作内容，严防重复计算。作为一名有经验的结算人员，在工程投标阶段，要做的不仅是简单复核建设单位发布的工程量清单的准确性，还要在复核工程量清单的基础上，结合招标文件为将来签订合同和编制结算建立一定的基础，对招标清单的错漏之处仔细分析，考虑如何在结算时加以利用，然后再对招标清单提出质疑，并能对清单中所有的错漏之处都提出疑问，在投标报价中进行相应处理。

3) 价格的确定

价格的核对有两个方面，一是定额子目的套用；二是材料、设备的价格。定额子目的套用，严格按照定额的说明和相关规定执行，需要换算的要核对换算系数是否正确，引用的换算依据是否正确。直接套用的是否与设计相符合，借用的子目是否合理，特别要注意定额子目的工程含量。另外就是工程定额中的一些活口，所谓活口就是指在定额中的一些可以这样计算也可以那样计算的地方，利用好这些活口，可以为结算争取更好的效益。当然了解它们只是基本功而已，关键在于能够利用它们，这就要求我们的工程造价人员能够仔细分析定额子目的构成和含量，从中找出能够利用的地方。当然在运用时，还应有相应的说法，而且这些说法最好有相应的依据。材料设备的单价是否是按照合同规定进入或调整差价的，对于建设单位指定的材料、设备是否按照指定的价格进入造价计算。对于有争议的单价部分，要根据施工时间进行询价，确保价格的合理性。

4) 工程费用的确定

费用计算严格按照施工合同和相关定额文件、法规的规定执行。对于因政策性调整增加或减少的费用，要严格按照文件规定的内容进行调整。施工过程中的有些措施费用是根据经建设单位批准的施工组织方案进行计算的，如模板单价、大型机械进出场费、二次搬运费等，在计算这些费用时要严格按要求计算，把相关资料做好。政策性费用，例如：人工费、税金的调整，要根据政策性文件的要求按实计算，同时结合工程实际和合同履行地的规定办理。

7.2　竣 工 决 算

7.2.1　竣工决算的概念

一个建设项目或单项工程的全部工程完成后并经有关部门验收盘点移交后，对所有财产和物资进行一次财务清理，计算包括从开始筹建到该项建设项目或单项工程投产或使用为止的全过程中实际支出的一切费用总和，称竣工决算。

竣工决算是建设工程经济效益的全面反映，是项目法人核定各类新增资产价值，办理其交付使用的依据。通过竣工决算，一方面能够

竣工决算的概念.mp3

正确反映建设工程的实际造价和投资结果；另一方面可以通过竣工决算与概算、预算的对比分析，考核投资控制的工作成效，总结经验教训，积累技术经济方面的基础资料，提高未来建设工程的投资效益。

7.2.2　竣工决算的基本知识

1. 竣工决算的作用

(1) 作为核定新增资产价值和交付使用的依据；

(2) 作为考核建设成本和分析投资效果的依据；

(3) 作为今后工程建设的经验积累和决算的资料；

(4) 作为建设单位正确计算投入使用固定资产的折旧费，缩短建

竣工决算的作用.mp3

设周期，节约建设投资的依据，有利于企业合理计算生产成本和企业利润，进行经济核算；

(5) 作为考核竣工项目概预算与工程建设计划执行情况以及分析投资效果的依据。竣工决算反映了竣工项目的实际建设成本、主要原材料消耗、实际建设工期、新增生产能力、占地面积和完成工程的主要工程量；

(6) 作为综合掌握竣工项目财务情况和总结财务管理工作的依据。竣工决算反映了竣工项目自开工建设以来各项资金来源和运用情况以及最终取得的财务成果；

(7) 作为修订概预算定额和制定降低建设成本的依据。竣工决算反映了竣工项目实际物化劳动和劳动消耗的数量，为总结工程建设经验，积累各项技术经济资料，提高建设管理水平提供了基础资料。

2. 竣工决算的依据

(1) 建设工程项目可行性研究报告和有关文件；

(2) 建设工程项目总概算书和单项工程综合概算书；

(3) 建设工程项目设计图纸及说明；

(4) 建筑工程竣工结算文件；

(5) 设备安装工程结算文件；

(6) 设备购置费用竣工结算文件；

(7) 工器具及生产家居购置费用结算文件；

(8) 其他工程费用的结算文件；

(9) 国家和地区颁发的有关建设工程竣工决算文件；

(10) 施工中发生的各种记录、验收资料、会议纪要等资料。

竣工决算的依据.avi

【案例 7-3】 某清单计价招标工程在竣工决算时发现，设计要求采用平铺砖垫层，报价时却按铺碎砖垫层报价，因工程量很小，影响工程造价不大。但在施工过程中采用碎砖进行了地基处理，且地基处理工程量较大。结算时施工单位要求按报价时的碎砖价格计算地基处理工程的综合单价，因原碎砖价格远高于实际价格，增加投资较大，建设方不同意，原因是如果原报价不发生错误，投标文件中不会出现碎砖单价，该单价无效。但施工单位认为既然我们已中标，原碎砖单价应该有效。请问该怎么处理？

3. 施工企业的竣工决算和建设单位的竣工决算

1) 施工企业竣工决算

施工企业竣工决算是施工企业内部对竣工的单位工程进行实际成本分析，反映经济效果的一项决算工作。它以单位工程为对象，以单位工程竣工结算为依据，合算一个单位工程的预算成本、实际成本和成本降低额，又称为工程成本决算。

施工企业工程竣工决算的作用主要是反映单位工程预算的执行情况，分析工程成本超降的原因；为同类型工程积累成本资料，总结经验教训，提高企业经营管理水平。

2) 建设单位竣工决算

建设单位竣工决算是由建设单位编制的反映建设项目实际造价和投资效果的文件，是竣工验收报告的重要组成部分。

建设单位工程竣工决算的作用主要是用于总结分析建设过程的经验教训，提高工程造价管理水平和积累技术经济资料，为制订类似工程的建设计划与修订概算定额提供资料和经验。

4. 竣工决算组成

1) 竣工决算报告说明书

该说明书全面概述了竣工工程建设成果和经验，是考核分析工程投资与造价的书面总结，是竣工决算报告的重要组成部分，其主要内容包括：

(1) 对工程总的评价。从工程的进度、质量、造价和安全四个方面进行分析说明。进度主要说明开工、竣工时间，对照合理工期和要求工期是提前还是延期；质量根据质量监督部门的验收评定等级、合格率和优良品率进行说明；造价对照概算造价，说明节约还是超支，用金额或百分率进行说明；安全根据劳动工资和施工部门的记录，对有无设备和人身伤亡事故进行说明。

(2) 各项财务和技术经济指标的分析。概算执行情况分析：根据实际投资额预估概算进行对比分析；新政生产能力的效益分析：说明交付使用财产占投资额的比例，生产用固定资产占交付使用财产的比例，非固定资产投资额占投资额的比例，分析其有机构成和效果；建设投资包干情况分析：说明投资包干数、实际支用数和节约额，投资包干节余的有机构成和包干分配情况；财务分析：列出历年资金来源和资金占用情况。

(3)　项目建设期的经验教训及有待解决的问题。

2)　竣工决算报表

竣工决算报表按大、中、小型建设项目分别指定，其主要内容包括：

(1)　建设项目工程竣工工程概况表。主要说明建设项目名称、设计及施工单位、建设地址、占地面积、新增生产能力、建设时间、完成主要工程量、工程质量评定等级、未完工程尚需的投资等。

(2)　建设项目竣工财务决算表包括下列六个表格：

①　建设项目竣工财务决算明细表；

②　建设项目竣工财务决算总表；

③　交付使用固定资产明细表；

④　交付使用流动资产明细表；

⑤　递延资产明细表；

⑥　无形资产明细表。

(3)　概算执行情况分析及编制说明。

(4)　待摊投资明细表。

(5)　投资包干执行情况表及编制说明。

3)　竣工工程平面示意图

竣工工程平面示意图是建设单位长期保存的技术档案，也是国家的重要技术档案。

4)　工程造价比较分析

概算是考核建设项目造价的依据，分析时可将竣工决算报告表中所提供的实际数据和相关资料与批准的概算、预算指标进行对比，以确定竣工项目造价是超支还是节约。

为了考核概算执行情况，正确核实建设工程造价，财务部门首先要积累概算动态变化资料(如材料、设备、人工价差和费率价差)以及设计方案变化和设计变更资料；其次，要考查实际竣工造价节约或超支的数额。实际工作中，主要分析以下内容：

(1)　主要实物工程量。因概算编制的主要实物工程量的增减变化必然使概算造价和实际工程量造价随之变化，因此，对此分析中应审查项目的规模、结构和标准是否符合设计文件的规定，变更部分是否按照规定的程序办理，对造价的影响如何等。

(2)　主要材料消耗量。在建筑安装过程投资中，材料费用所占的比例往往很大，因此考核材料消耗和费用也是考核工程造价的重点。考核主要材料消耗量，要按照竣工决算报表中所列明的三大材料实际超概算的消耗量，查清在工程哪一个环节超出量最大，再进一步查明超耗的原因。

(3)　考核建设单位管理费、建筑安装工程间接费的取费标准。概算中对建设单位管理费列有投资控制额，对其进行考核，要根据竣工决算报表中所列实耗金额与概算中所列投资控制额进行比较，确定其节约或超支数额，并进一步查出节约或超支的原因。

(4) 竣工财务决算表是竣工财务决算报表的一种，用来反映建设项目的全部资金来源和资金占用(支出)情况，是考核和分析投资效果的依据。其采用的是平衡表的形式，即资金来源合计等于资金占用合计。在编制竣工财务决算表时，主要应注意下面几个问题：

① 资金来源中的资本金与资本公积金的区别。资本金是项目投资者按照规定，筹集并投入项目的非负债资金，竣工后形成该项目(企业)在工商行政管理部门登记的注册资金；资本公积金是指投资者对该项目实际投入的资金超过其应投入的资本金的差额，项目竣工后这部分资金形成项目(企业)的资本公积金。

② 项目资本金与借入资金的区别。如前所述，资本金是非负债资金，属于项目的自有资金；而借入资金，无论是基建借款、投资借款，还是发行债券等，都属于项目的负债资金。这是两者根本性的区别。

③ 资金占用中的交付使用资产与库存器材的区别。交付使用资产是指项目竣工后，交付使用的各项新增资产的价值；而库存器材是指没有用在项目建设过程中的、剩余的工器具及材料等，属于项目的节余，不形成新增资产。

5. 竣工决算审计的内容

1) 审查决算资料的完整性

建设、施工等与建设项目相关的单位应提供的资料：

(1) 经批准的可行性研究报告、初步设计、投资概算、设备清单；

(2) 工程预算(投标报价)、结算书；

(3) 同级财政审批的各年度财务决算报表及竣工财务决算报表；

(4) 各年度下达的固定资产投资计划及调整计划；

(5) 各种合同及协议书；

审计的作用
和意义.mp3

(6) 已办理竣工验收单项工程的竣工验收资料；

(7) 施工图、竣工图和设计变更、现场签证、施工记录；

(8) 建设项目设备，材料采购及入、出库资料；

(9) 财务会计报表、会计账簿、会计凭证及其他会计资料；

(10) 工程项目交点清单及财产盘点移交清单；

(11) 其他资料，如收尾工程、遗留问题等。

2) 竣工财务决算报表和说明书的完整性、真实性审计

(1) 大、中型建设项目财务决算报表。

包括：基本建设项目竣工决算审批表，大、中型建设项目竣工工程概况表，竣工工程财务决算表，交付使用资产总表，交付使用资产明细表。

(2) 小型基建项目财务决算报表。

包括：竣工工程决算总表、交付使用资产明细表。

(3) 各项建设投资支出的真实性、合规性审计。

包括：建安工程投资审计、设备投资审计、待摊投资列支的审计、其他投资支出的审计、待核销基建支出的审计、转出投资审计。

(4) 建设工程竣工结算的真实性、合规性审计。

包括：约定的合同价款及合同价款调整内容以及索赔事项是否规范；工程设计变更价

款调整事项是否约定；施工现场的造价控制是否真实合规；工程进度款结算与支付是否合规；工程造价咨询机构出具的工程结算文件是否真实合规。

(5) 概算执行情况审计。

包括：实际完成投资总额的真实合规性审计，概算总投资、投入实际金额、实际投资完成额的比较，分析超支或节余的原因。

(6) 交付使用资产的真实性、完整性审计。

包括：是否符合交付使用条件，交接手续是否齐全，应交使用资产是否真实、完整。

(7) 结余资金及基建收入审计。

包括：结余资金管理是否规范，有无小金库；库存物资管理是否规范，数量、质量是否存在问题，库存材料价格是否真实；往来款项、债权债务是否清晰，是否存在转移挪用问题，债权债务清理是否及时；基建收入是否及时清算，来源是否核实，收入分配是否存在问题。

6. 竣工决算书

(1) 工程项目竣工决算书是由建设单位编制的反映工程项目实际造价和投资效果的文件，是竣工验收文件的重要组成部分。包括：从筹划到竣工投产全过程的全部实际费用，即建筑工程费用、安装工程费用、设备工具及器具购置费用和工程建设其他费用以及预备费等。

(2) 竣工决算书的编制格式。

P1：封面；P2：封皮(同封面)；P3：竣工决算书汇总表，包括主体工程、6m 外超深基础、增加建筑面积和钢材补差价、现场签证增减工程、设计变更增减工程、附属零星工程、其他增减工程的金额，以及合计大小写和审定价，建设单位、法定代表人、现场代表、预算审核人(盖公章)，施工单位、法定代表人、现场代表、预算编制人(盖公章、造价员章)；P4：竣工决算编制说明，并附带其依据，如施工合同、桩孔检查记录、工程量签证单、会议记录、钢筋明细表等资料。竣工决算书如表 7-2 所示。

7. 审计的作用和意义

(1) 可以规范竣工验收资料；

(2) 可以完整反映工程建设成果和财务情况；

(3) 可以使办理资产移交的依据更加充分；

(4) 是使用单位管理好资产的前提；

(5) 是全面考核工程概算、计划执行情况、分析投资效果的依据。

表 7-2　竣工决算书

竣工决算书

甲方：

乙方：

一、决算项目：

二、工程决算造价：

三、双方确认：乙方累计及完成工程量款为_____元，应扣留质量保证金_____万元。

四、质量保证金支付的条件依据双方签订的合同确定，达到支付条件后甲方在 5 个工作日内付于乙方。

五、乙方为完成本工程所欠一切债务(包括但不限于工人工资、材料款、机械设备租赁款)由乙方自行结清，甲方概不负责。

六、本竣工决算书一式两份，甲方一份，乙方一份。

甲方(盖章)：　　　　　　　　　　　乙方(盖章)：

代表人(签字)：　　　　　　　　　　代表人(签字)：

_____年_____月_____日　　　　　_____年_____月_____日

7.2.3　竣工决算的编制方法

1. 竣工决算的编制方法

根据经过审定的竣工结算，对照原概(预)算，重新核定各单项工程和单位工程的造价。对属于增加资产价值的其他投资，如建设单位管理费、研究试验费、勘察设计费、项目监理费、土地征用及拆迁补偿费、联合试运转费等，应分摊于受益工程，并随着受益工程交付使用的同时，一并计入新增固定资产价值。

竣工决算应反映新增资产的价值，包括新增固定资产、流动资产、无形资产和递延资产等，应根据国家有关规定进行计算。

2. 编制竣工决算的要求

工程基本建设项目应按《工程基本建设项目竣工财务决算报告编制规程》规定的内容、格式编制竣工财务决算。除对非工程类项目可根据项目实际情况适当简化外，不得改变《工程基本建设项目竣工财务决算报告编制规程》规定的格式，不得减少应编报的内容。

项目法人应从项目筹建起，指定专人负责竣工财务决算的编制工作，并与项目建设进度相适应。竣工财务决算的编制人员应保持相对稳定。

建设项目包括两个或两个以上独立概算的单项工程的，单项工程竣工并交付使用时，应编制单项工程竣工财务决算。建设项目是大、中型项目而单项工程是小型的，应按大、中型项目编制内容编制单项工程竣工财务决算；整个建设项目全部竣工后，还应汇总编制该项目的竣工财务决算。

建设项目符合国家规定的竣工验收条件，若尚有少量未完工程及竣工验收等费用，可预计纳入竣工财务决算。预计未完工程及竣工验收等费用，大、中型项目需控制在总概算的 3%以内，小型项目需控制在 5%以内。项目竣工验收时，项目法人应将未完工程及费用的详细情况提交项目竣工验收委员会确认。

3. 竣工决算编制依据

(1) 建设工程项目可行性研究报告和有关文件；
(2) 经批准的初步设计或扩大初步设计及其概算书或修正概算书；
(3) 经批准的施工图设计及其施工图预算书；
(4) 设计交底或图纸会审会议纪要；
(5) 招投标的标底、承包合同、工程结算资料；
(6) 施工记录或施工签证单及其他施工发生的费用记录；
(7) 竣工图及各种竣工验收资料；
(8) 历年基建资料、财务决算及批复文件；
(9) 设备、材料等调价文件和调价记录；
(10) 有关财务核算制度、办法和其他有关资料、文件等。

4. 竣工决算的编制步骤

(1) 收集基础资料；
(2) 及时审定工程结算；
(3) 及时办理材料设备购置费用结算；
(4) 及时办理待摊费用各项费用结算；
(5) 清理各项应付款明细账目；
(6) 调整账目；
(7) 对已经审定的工程结算按照资产交付要求进行重新分类调整；
(8) 填制竣工决算报表；
(9) 编写文字报告。

竣工决算的编制
步骤.mp3

本 章 小 结

通过本章的学习，可以让学生们认识工程结算，熟悉竣工决算的概念、分类及作用，了解了工程结算、竣工决算的作用及内容，掌握工程结算、竣工决算的编织方法和编制过程，为以后的学习和工作奠定坚实的基础。

实训练习

一、单选题

1. 根据《建设工程工程量清单计价规范》(GB 50500—2013)的规定：在具备施工条件的前提下，业主应在双方签订合同后的一个月内或不迟于约定的开工日期前的(　　)天内预付工程款。

    A. 10　　　　　　　B. 15　　　　　　　C. 7　　　　　　　D. 14

2. 根据《建设工程工程量清单计价规范》的规定，包工包料工程的预付款按合同约定拨付，原则按合同金额的(　　)比例区间预付。

    A. 5%～25%　　　B. 10%～25%　　　C. 5%～30%　　　D. 10%～30%

3. 业主应该在合同约定的时间拨付约定金额的预付款。如果业主不按约定预付，承包商向业主发出要求预付的通知应在预付时间到期后的(　　)天内发出。

    A. 7　　　　　　　B. 10　　　　　　　C. 14　　　　　　　D. 28

4. 根据《建设工程价款结算暂行办法》规定，在具备施工条件的前提下，业主给承包商预付工程款应在双方签订合同后的(　　)。

    A. 半个月内　　　B. 1个月内　　　C. 1个半月内　　　D. 2个月内

5. 业主不按约定预付，承包商应在预付时间到期后按时向业主发出要求预付的通知，业主收到通知后仍不按要求预付，承包商可在发出通知(　　)天后停止施工，业主承担违约责任。

    A. 7　　　　　　　B. 10　　　　　　　C. 14　　　　　　　D. 28

二、多选题

1. 关于工程预付款结算，下例说法正确的是(　　)。

    A. 工程预付款原则上预付比例不低于合同金额的30%，不高于合同金额的60%

    B. 对重大工程项目，按年度工程计划逐年预付

    C. 按实行工程量清单计价的，实体性消耗和非实体性消耗部分应在合同中分别约定预付款比例

    D. 预付的工程款必须在合同中约定抵扣方式，并在工程进度款中进行抵扣

    E. 凡是没有签订合同或不具备施工条件的工程，业主不得预付工程款

2. 合同示范文本专用条款中供选择的进度款的结算方式有(　　)。

    A. 按月结算与支付　　　　B. 分段结算与支付　　　　C. 按季结算与支付

    D. 按形象进度结算与支付　　E. 以上都不正确

3. 竣工结算的方式有(　　)。

    A. 单位工程竣工结算　　　B. 单项工程竣工结算　　　C. 建设项目竣工总结算

    D. 分项工程竣工结算　　　E. 分部工程竣工结算

4. 工程价款结算对于建筑施工单位和建设单位均具有重要的意义，其主要作用有(　　)。

A. 是建设单位组织竣工验收的先决条件

B. 是加速资金周转的重要环节

C. 是施工单位确定工程实际建设投资数额，编制竣工决算的主要依据

D. 是施工单位内部进行成本核算，确定工程实际成本的重要依据

E. 是反应工程进度的主要指标

5. 竣工结算编制的依据包括(   )。

A. 全套竣工图纸

B. 材料价格或材料、设备购物凭证

C. 双方共同签署的工程合同有关条款

D. 业主提出的设计变更通知单

E. 承包商单方面提出的索赔报告

三、问答题

1. 竣工财务决算报表有什么？

2. 简述竣工决算组成。

3. 简述工程结算的作用。

4. 简述竣工决算的依据。

5. 简述工程结算的编制程序。

6. 简述工程结算的方式。

第 7 章 课后答案.pdf

实训工作单(一)

班级		姓名		日期	
教学项目		工程结算与竣工决算			
任务	学习工程结算	学习途径	本书中的案例分析，自行查找相关书籍		
学习目标		掌握工程结算的作用和内容，熟悉工程结算的编制方法			
学习要点					
学习查阅记录					
评语			指导老师		

实训工作单(二)

班级		姓名		日期	
教学项目		工程结算与竣工决算			
任务	学习竣工结算	学习途径	本书中的案例分析,自行查找相关书籍		
学习目标		掌握竣工决算的作用、内容,熟悉竣工决算的编制方法			
学习要点					
学习查阅记录					
评语			指导老师		

第 8 章　工程量清单计价

08

【学习目标】

- 熟悉工程量计价概述
- 掌握工程量清单计价编制方法
- 掌握工程量清单计价与定额计价的区别

【教学要求】

本章要点	掌握层次	相关知识点
工程量清单计价的概述	1. 了解工程量清单计价的概念 2. 掌握工程量清单计价的内容和作用 3. 掌握工程量清单计价的特点	工程量清单计价的内容和特点
工程量清单计价的编制	1. 了解建设工程清单计价规范的内容 2. 掌握工程量清单的编制方法 3. 掌握工程量清单计价的编制程序	工程量清单
工程量清单计价与定额 计价的关系	1. 了解价值工程的概念、特点 2. 理解价值工程的功能评价	价值工程

【项目案例导入】

　　路基是公路工程的重要组成部分，它是沿线修筑的有一定技术要求的带状构造物，尤其是山岭区公路的路基工程量相当庞大，某二级公路路基工程填方总量为 2000m³，全部采用 2m³ 以内的装载机配合 10t 自卸汽车运 1km 从取土场借用普通土。

【项目问题导入】

请结合自身所学的相关知识及最新市场单价，试分别用清单计价和定额计价计算其所需要的费用？

8.1 工程量清单计价概述

8.1.1 工程量清单计价的概念

工程量清单计价方式，是在建设工程招投标中，招标人自行或委托具有资质的中介机构编制反映工程实体消耗和措施性消耗的工程量清单，并作为招标文件的一部分提供给投标人，由投标人依据工程量清单自主报价的计价方式。在工程招标中采用工程量清单计价是国际上较为通行的做法。

工程量清单计价的概念.mp3

8.1.2 工程量清单的内容作用

工程造价管理改革的取向是通过市场机制进行资源配置和生产力布局，而价格机制是市场机制的核心，价格形成机制的改革又是价格改革的中心，因此在造价管理改革中计价模式的改革首当其冲，工程造价管理改革不可能游离于国家经济体制改革之外，所以建立以市场为取向由市场形成工程造价的机制也是工程造价体制改革的核心环节之一和必然之路。

我国加入 WTO 后，将会有国外的投资商进入中国来争占我国巨大的投资市场，我们也同时利用入世的机遇到国外去投资和经营项目，入世意味着必须遵循国际公认的游戏规则，我们过去习惯的与国际不通用的方法必须做出重大调整。FIDIC 条款已为各国投资商及世界银行、亚洲银行等金融机构普遍认可，成为国际性的工程承包合同文本，入世后必将成为我国工程招标文件的主要支撑内容。纵观世界各国的招标计价办法，绝大多数国家均采用最具竞争性的工程量清单计价方法。国内利用国际货款项目的招投标也都实行工程量清单计价。因此，为了与国际接轨就必须推广采用工程量清单即实物工程量计价模式。

为此，《建设事业"十五"计划纲要》提出，"在工程建设领域推行工程量清单招标报价方式，建立工程造价市场形成和有效监督管理机制。"这是建设工程承发包市场行为规范化、法制化的一项改革性措施，也是我国工程计价模式与国际接轨的一项具体举措，我国建设项目全面推行工程量清单招标报价也是大势所趋，如果我们不学习和研究工程量清单计价，总包单位无法参与投标，业主无法招标，咨询单位无法编标计价，总之各方无法介入项目和市场。可见学习和研究工程量清单计价的必要性、迫切性和意义所在。

【案例 8-1】 黏土瓦屋面 1500m²，在檩木上钉方木椽子和挂瓦条，方木椽子规格为 45mm×60mm，中距为 450mm，挂瓦条规格为 30mm×25mm，方木椽子三面刨光，计算该屋面木基层的定额综合单价。

8.1.3　工程量清单的特点

工程量清单报价是指在建设工程投标时，招标人依据工程施工图纸，按照招标文件的要求及现行的工程量计算规则为投标人提供工程量项目和技术措施项目的数量清单，供投标单位逐项填写单价，并计算出总价，再通过评标，最后确定合同价。工程量清单报价作为一种全新的较为客观合理的计价方式，它有如下特征，能够消除以往计价模式的一些弊端。

工程量清单的特点.mp3

工程量清单均采用综合单价形式，综合单价中包括了工程直接费、间接费、管理费、风险费、利润、国家规定的各种规费等，一目了然，更适合工程的招投标。

工程量清单报价要求投标单位根据市场行情，自身实力报价，这就要求投标人注重工程单价的分析，在报价中反映出本投标单位的实际能力，从而能在招投标工作中体现公平竞争的原则，选择最优秀的承包商。

工程量清单具有合同化的法定性，本质上是单价合同的计价模式，中标后的单价一经合同确认，在竣工结算时是不能调整的，即量变价不变。

工程量清单报价详细地反映了工程的实物消耗和有关费用，因此易于结合建设项目的具体情况，把预算定额为基础的静态计价模式变为将各种因素考虑在单价内的动态计价模式。

工程量清单报价有利于招投标工作，避免招投标过程中有盲目压价、弄虚作假、暗箱操作等不规范行为。

工程量清单报价有利于项目的实施和控制，报价的项目构成、单价组成必须符合项目实施要求，工程量清单报价增加了报价的可靠性，有利于工程款的拨付和工程造价的最终确定。

工程量清单报价有利于加强工程合同的管理，明确承发包双方的责任，实现风险的合理分担，即量由发包方或招标方确定，工程量的误差由发包方承担，工程报价的风险由投标方承担。

工程量清单报价将推动计价依据的改革发展，推动企业编制自己的企业定额，提高自己的工程技术水平和经营管理能力。

8.2　工程量清单计价编制

8.2.1　建设工程工程量清单计价规范的内容

建设工程工程量清单计价规范包括正文和附录两大部分，二者具有同等效力。

1. 正文

正文共分五大部分，包括总则、术语、工程量清单编制、工程量清单计价、工程量清单计价表格等内容。

1) 总则

总则共有 8 条，主要阐述了制定本规范的目的、依据，本规范的适用范围，工程量清单计价活动中应遵循的基本原则，执行本规范与执行其他标准之间的关系和附录适用的工程范围等。

2) 术语

术语是对本规范特有术语给予的定义，以尽可能避免本规范在贯彻实施过程中由于不同理解造成的争议，本规范术语共计 23 条。

建设工程工程量清单
计价规范的内容.avi

3) 工程量清单编制

工程量清单编制主要介绍了工程量清单的组成，包括分部分项工程量清单、措施项目清单、其他项目清单、规费项目清单、税金项目清单。工程量清单是工程量清单计价的基础，应作为编制招标控制价、投标报价、计算工程量、支付工程款、调整合同价款、办理竣工结算以及工程索赔的依据之一。编制工程量清单时必须根据本规范的规定进行编制。

工程量清单编制这一部分，还强调了工程量清单应由具有编制能力的招标人或受其委托、具有相应资质的工程造价咨询人编制；采用工程量清单方式招标，工程量清单必须作为招标文件的组成部分，其准确性和完整性由招标人负责。

4) 工程量清单计价

工程量清单计价共有 9 节 72 条，是《建设工程工程量清单计价规范》(GB50500—2008)的主要内容。它规定了工程量清单计价从招标控制价的编制、投标报价、合同价款约定、工程计量与价款支付、索赔与现场签证、工程价款调整到工程竣工结算及工程造价争议处理等全部内容。

(1) 一般规定。

采用工程量清单计价，建设工程造价由分部分项工程费、措施项目费、其他项目费、规费和税金组成，分部分项工程量清单应采用综合单价计价，措施项目清单计价可分两种情况：一种情况是可以计算工程量的措施项目，应按分部分项工程量清单的方式采用综合单价计价；另一种情况是其余的措施项目可以"项"为单位的方式计价，应包括除规费、税金外的全部费用。其他项目清单应根据工程特点和本规范的有关规定计价，规费和税金应按国家、省级或行业建设主管部门的规定计算，不得作为竞争性费用。

采用工程量清单计价的工程，应在招标文件或合同中明确风险内容及其范围，不得采用无限风险、所有风险或类似语句规定风险内容及其范围。

(2) 招标控制价。

国有资金投资的工程建设项目应实行工程量清单招标，并应编制招标控制价，招标控制价应在招标时公布，不应上调或下浮，投标人的投标报价高于招标控制价的，其投标应予以拒绝。

招标控制价编制的依据有：《建设工程工程量清单计价规范》，建设工程设计文件及相关资料，招标文件，工程造价管理机构发布的工程造价信息，相关的标准、规范、技术资料、建设工程设计文件，当地现行的定额或"计价表"、计价办法。

(3) 投标价。

投标人应按招标人提供的工程量清单填报价格。填写的项目编码、项目名称、项目特征、计量单位、工程量必须与招标人提供的一致。

投标价应由投标人自主确定，但不得低于成本价。投标人在确定综合单价时，应考虑招标文件中要求投标人承担的风险费用；投标人在确定措施项目费时，应根据招标文件、工程的实际情况和施工组织设计，对招标人所列的措施项目进行增补；对于材料暂估价应按招标人在其他项目清单中列出的单价计入综合单价。

(4) 工程合同价款的约定。

实行招标的工程合同价款应在中标通知书发出之日起 30 天内，由发、承包双方依据招标文件和中标人的投标文件在书面合同中约定；不实行招标的工程合同价款，在发、承包双方认可的工程价款基础上，由发、承包双方在合同中约定；实行招标的工程，合同约定不得违背招投标文件中关于工期、造价、质量等方面的实质性内容。招标文件与中标人投标文件不一致的地方，以投标文件为准。

(5) 工程计量与价款支付。

发包人应按照合同约定支付工程预付款。支付的工程预付款，按照合同约定在工程进度款中抵扣。发包人支付工程进度款，应按照合同约定计量和支付，支付周期同计量周期。工程计量时，若发现工程量清单中出现漏项、工程量计算偏差以及工程变更引起工程量的增减，应按承包人在履行合同义务过程中实际完成的工程量计算。

发包人在收到承包人递交的工程进度款支付申请及相应的证明文件后，发包人应在合同约定时间内核对和支付工程进度款。发包人未在合同约定时间内支付工程进度款，承包人应及时向发包人发出要求付款的通知，发包人收到承包人通知后仍不按要求付款的，可与承包人协商签订延期付款协议，经承包人同意后延期支付。协议应明确延期支付的时间和从付款申请生效后按同期银行贷款利率计算应付款的利息。发包人不按合同约定支付工程进度款，双方又未达成延期付款协议，导致施工无法进行时，承包人可停止施工，由发包人承担违约责任。

(6) 索赔与现场签证。

承包人认为非承包人原因发生的事件，造成了承包人的经济损失，承包人应在确认该事件发生后，按合同约定向发包人发出索赔通知，但应当有正当的索赔理由和有效的索赔证据并符合合同的相关约定。发包人在收到最终索赔报告后并在合同约定时间内，未向承包人作出答复，视为该项索赔已经认可。若发包人认为由于承包人的原因造成额外损失，发包人应在确认引起索赔的事件后，按合同约定向承包人发出索赔通知。承包人在收到发包人索赔通知后并在合同约定时间内，未向发包人作出答复，视为该项索赔已经认可。

索赔与现场签证.mp3

承包人应发包人要求完成合同以外的零星工作或非承包人责任事件发生时，承包人应按合同约定及时向发包人提出现场签证。

(7) 工程价款调整。

本规范规定了工程价款调整的各种情况，概括起来有以下几种：

招标工程以投标截止日前 28 天、非招标工程以合同签订前 28 天为基准日，其后国家的法律、法规、规章和政策发生变化影响工程造价的，应按省级或行业建设主管部门或其授权的工程造价管理机构发布的规定调整合同价款。

若施工中出现施工图纸与工程量清单项目特征描述不符的，发、承包双方应按新的项目特征确定相应工程量清单项目的综合单价，因分部分项工程量清单漏项或非承包人原因的工程变更，造成增加新的工程量清单项目及由此引起措施项目发生变化，或造成施工组织设计或施工方案变更的，由承包人根据措施项目变更情况，提出适当的措施变更，经发包人确认后调整。

因非承包人原因引起的工程量增减超过了合同约定幅度以外的，其综合单价及措施项目应予以调整。施工期内市场价格波动超出一定幅度时，应按合同有关规定调整，因不可抗力事件导致的费用，发、承包双方应按本规范的有关原则承担费用。

(8) 竣工结算。

每一项工程按合同约定的承包内容完成后，发、承包双方应在合同约定时间内办理工程竣工结算。工程竣工结算应由承包人或受其委托、具有相应资质的工程造价咨询人编制，由发包人或受其委托、具有相应资质的工程造价咨询人核对。

对于工程结算，承包人应在合同约定时间内编制完成竣工结算书，并在提交竣工验收报告的同时递交给发包人。承包人未在合同约定时间内递交竣工结算书，经发包人催促后仍未提供或没有明确答复的，发包人可以根据已有资料办理结算。

发包人在收到承包人递交的竣工结算书后，应按合同约定时间核对，在合同约定时间内，不核对竣工结算书或未提出核对意见的，视为承包人递交的竣工结算书已被认可，发包人应向承包人支付工程结算价款。承包人在接到发包人提出的核对意见后，在合同约定时间内，不确认也未提出异议的，视为发包人提出的核对意见已经被认可，竣工结算办理完毕。同一工程竣工结算核对完成，发、承包双方签字确认后，禁止发包人又要求承包人与另一个或多个工程造价咨询人重复核对竣工结算。

(9) 工程造价争议处理。

在工程计价中，对工程造价计价依据、办法以及相关政策、规定发生争议事项的，由工程造价管理机构负责解释。发、承包双方发生工程造价合同纠纷时，应通过双方协商、提请调解、按合同约定申请仲裁或向人民法院起诉等方法解决。

工程造价争议处理.mp3

5) 工程量清单计价表格

工程量清单计价表格统一了工程量清单计价表格的格式，包括封面、总说明、汇总表、分部分项工程量清单表、措施项目清单表、其他项目清单表、规费和税金项目清单计价表、工程款支付申请(核准)表等，共计 4 种封面 22 种表样，完善了从工程量清单、招标控制价、投标报价、竣工结算等各个阶段计价使用的表格，从而大大增加了本规范的实用价值。

封面应按规定的内容填写、签字、盖章，除承包人自行编制的投标报价和竣工结算外，受委托编制的招标控制价、投标报价、竣工结算若为造价人员编制的，应有负责审核的造价工程师签字、盖章以及工程造价咨询人盖章。

总说明应填写的内容有：工程概况，包括建设规模、工程特征、计划工期、合同工期、实际工期、施工现场及变化情况，施工组织设计的特点、自然地理条件、环境保护要求等以及编制依据。

附录由附录 A——建筑工程工程量清单项目及计算规则；附录 B——装饰装修工程工程量清单项目及计算规则；附录 C——安装工程工程量清单项目及计算规则；附录 D——市

政工程工程量清单项目及计算规则；附录 E——园林绿化工程工程量清单项目及计算规则组成。

每个附录表中设有项目编码、项目名称、项目特征、计量单位、工程量计算规则和工程内容六个项目。其中项目编码、项目名称、项目特征、计量单位作为"四统一"的内容，要求招标人在编制工程量清单时必须执行。

项目编码采用十二位阿拉伯数字表示。一至九位为统一编码，其中，一、二位为附录顺序码，三、四位为专业工程顺序码，五、六位为分部工程顺序码，七、八、九位为分项工程项目名称顺序码，编码的前九位是全国统一编码，编制分部分项工程量清单时，应按附录中的相应编码设置，不得变动。十至十二位为清单项目名称顺序码，应根据拟建工程的工程量清单项目名称设置，同一招标工程的项目编码不得有重码。本"计价规范"规定了组成分部分项工程量清单的五个要素，即项目编号、项目名称、项目特征、计量单位和工程量，它们在分部分项工程量清单的组成中缺一不可。

补充项目的编码由附录的顺序码、B 和三位阿拉伯数字组成，并应从 X B 001 起顺序编制，同一招标工程的项目不得重码。例如：桩与地基基础分部工程中，编码为 010201 的项目中要补充一个项目名称为钢管桩的项目，项目编码可编为 A B 001。

8.2.2　工程量清单的编制

工程量清单的编制专业性强，内容复杂，对编制人的业务技术水平要求高。能否编制出完整、严谨的工程量清单，直接影响招标的质量，也是招标成败的关键。

1. 工程量清单格式及清单编制的规定

工程量清单应由分部分项工程量清单、措施项目清单、其他项目清单、规费项目清单、税金项目清单组成。

工程量清单编制
依据.mp3

(1) 工程量清单是招标人要求投标人完成的工程项目及相应工程数量，全面反映了投标报价要求，是投标人进行报价的依据，工程量清单应是招标文件不可分割的一部分，必须由具有编制招标文件能力的招标人或受其委托具有相应资质的中介机构编制。

(2) 工程量清单反映拟建工程的全部工程内容，由分部分项工程量清单、措施项目清单、其他项目清单组成。

(3) 编制分部分项工程量清单时，项目编码、项目名称、项目特征、计量单位和工程量计算规则等严格按照国家制定的计价规范中的附录做到统一，不能任意修改和变更。其中项目编码的第十至十二位可由招标人自行设置。

(4) 措施项目清单及其他项目清单应根据拟建工程具体情况确定。

2. 工程量清单编制依据和编制程序

1) 工程量清单编制依据

工程量清单的内容体现了招标人要求投标人完成的工程项目、工程内容及相应的工程数量。编制工程量清单应依据：

(1) 建设工程工程量清单计价规范；

(2) 国家或省级、行业建设主管部门颁发的计价依据和办法；

(3) 建设工程设计文件；

(4) 与建设工程项目有关的标准、规范、技术资料；

(5) 招标文件及其补充通知、答疑纪要；

(6) 施工现场情况、工程特点及常规施工方案；

(7) 其他相关资料。

2) 工程量清单编制程序

工程量清单编制的程序如下：

(1) 熟悉图纸和招标文件；

(2) 了解施工现场的有关情况；

(3) 划分项目、确定分部分项清单项目名称、编码(主体项目)；

(4) 确定分部分项清单项目的项目特征；

(5) 计算分部分项清单主体项目工程量；

(6) 编制清单(分部分项工程量清单、措施项目清单、其他项目清单)；

(7) 复核、编写总说明；

(8) 装订。

【案例 8-2】 某小区内的钢筋混凝土排水管直径为 600mm，中心线长为 500m，基坑深度为 2m，三类干土，管沟开挖回填后余土外运 200m。

要求计算： ①管沟土方的工程量清单。②管沟土方的工程量清单计价。

3. 分部分项工程量清单的编制

分部分项工程量清单应包括项目编码、项目名称、项目特征、计量单位和工程量。分部分项工程量清单应根据附录规定的项目编码、项目名称、项目特征、计量单位和工程量计算规则进行编制。

1) 项目编码

分部分项工程量清单的项目编码，应采用 12 位阿拉伯数字表示。1～9 位应按附录的规定设置，10～12 位应根据拟建工程的工程量清单项目名称设置。同一招标工程的项目编码不得有重码。各级编码代表的含义如图 8-1 所示。

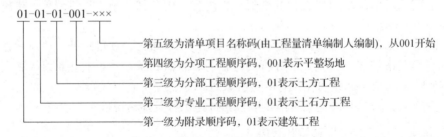

图 8-1　各级编码图

2) 项目名称

分部分项工程量清单的项目名称应按附录的项目名称结合拟建工程的实际确定。项目名称应以工程实体命名。这里所指的工程实体,有些是可用适当的计量单位计算的简单完整的施工过程的分部分项工程,也有些是分部分项工程的组合。

【**案例8-3**】山东省临邑县阳光小区 6 号楼室内生活给排水工程的部分工程量为: DN40塑料给水管(螺纹连接)1500m,该管道的套管外径为 75mm 的塑料给水管 60 个;洗脸盆安装(钢管组成冷水)48 组。试确定各分项工程的费用。

3)　工程量

分部分项工程量清单中所列工程量应按附录中规定的工程量计算规则计算。

工程数量的计算主要通过工程量计算规则计算得到。工程量计算规则是指对清单项目工程量的计算规定。除另有说明外,所有清单项目的工程量应以实体工程量为准,并以完成后的净值计算;投标人投标报价时,应在单价中考虑施工中的各种损耗和需要增加的工程量。

4)　计量单位

分部分项工程量清单的计量单位应按附录中规定的计量单位确定。工程数量应遵守下列规定:

(1)　以"吨""公里"为单位,应保留小数点后 3 位数字,第四位四舍五入;

(2)　以"立方米""平方米""米"为单位,应保留小数点后两位数字,第三位四舍五入;

(3)　以"个""项""副""套"等为单位,应取整数。

当计量单位有两个或两个以上时,应根据所编工程量清单项目的特征要求,选择最适宜表现该项目特征并方便计量的单位。如门窗工程的计量单位为"樘/m^2"两个计量单位,实际工作中,应选择最适宜、最方便计量的单位来表示。

5)　项目特征

项目特征是指构成分部分项工程量清单项目、措施项目自身价值的本质特征。项目特征的表述按拟建工程的实际要求,以能满足确定综合单价的需要为前提。在编制工程量清单时应根据计价规范附录中有关项目特征的要求,结合技术规范、标准图集、施工图纸,按照工程结构、使用材质及规格或安装位置等予以详细而准确的表述和说明。在进行项目特征描述时,可掌握以下要点:

(1)　必须描述的内容。

涉及正确计量的内容必须描述;涉及结构要求的内容必须描述;涉及材质要求的内容必须描述;涉及安装方式的内容必须描述。

(2)　可不描述的内容。

对计量计价没有实质影响的内容可以不描述;应由投标人根据施工方案确定的可以不描述;应由投标人根据当地材料和施工要求确定的可以不描述;应由施工措施解决的可以不描述。

(3)　可不详细描述的内容。

无法准确描述的可不详细描述,如土壤类别注明由投标人根据地勘资料自行确定土壤类别,决定报价。施工图纸、标准图集标注明确的,可不再详细描述,对这些项目可描述为见××图集××页号及节点大样等。还有一些项目可不详细描述,如土方工程中的"取土运距""弃土运距"等,但应注明由投标人自定。

6) 补充项目

随着科学技术日新月异的发展，工程建设中新材料、新技术、新工艺不断涌现，规范附录所列的工程量清单项目不可能包罗万象，更不可能包含随科技发展而出现的新项目。在实际编制工程量清单时，当出现规范附录中未包括的清单项目时，编制人应作补充。

补充项目的编码由附录的顺序码与 B 和 3 位阿拉伯数字组成，并应从×B001 起顺序编制，同一招标工程的项目不得重码。工程量清单中需附有补充项目的名称、项目特征、计量单位、工程量计算规则、工程内容。

编制补充项目时应注意以下 3 个方面：

(1) 补充项目的编码必须按规范的规定进行。即由附录的顺序码(A、B、C、D、E、F)与 B 和 3 位阿拉伯数字组成；

(2) 在工程量清单中应附补充项目的项目名称、项目特征、计量单位、工程量计算规则和工作内容。

(3) 将编制的补充项目报省级或行业工程造价管理机构备案，补充工程量清单项目及计算规则见表 8-1 所示。

表 8-1 补充工程量清单项目及计算规则

项目编码	项目名称	项目特征	计量单位	工程量计算规则	工程内容
AB001	现浇钢筋混凝土平板模板及支架	(1)构件形状 (2)支模高度	m²	按与混凝土的接触面积计算，不扣除面积≤0.1m² 孔洞所占面积	(1)模板安装、拆除 (2)清理模板粘接物及模内杂物、刷隔离剂 (3)整理堆放及场内、外运输

4. 措施项目清单的编制

措施项目是指为完成工程项目施工，发生于该工程施工准备和施工过程中的技术、生活、安全、环境保护等方面的非工程实体项目。措施项目清单应根据拟建工程的实际情况列项。"通用措施项目"是指各专业工程的"措施项目清单"中均可列的措施项目，可按表 8-2 选择列项。

表 8-2 通用措施项目一览表

序号	项目名称
1	安全文明施工(含环境保护、文明施工、安全施工、临时设施)
2	夜间施工
3	二次搬运
4	冬雨期施工
5	大型机械设备进出场及安拆
6	施工排水
7	施工降水
8	地上、地下设施，建筑物的临时保护设施
9	已完工程及设备保护

各专业工程的专用措施项目应按附录中各专业工程中的措施项目并根据工程实际进行选择列项。如混凝土、钢筋混凝土模板及支架与脚手架分别列于附录 A 等专业工程中。同时，当出现规范未列的措施项目时，可根据工程实际情况进行补充。

一般来说，措施项目费用的发生和金额的大小与使用时间、施工方法或者两个以上工序相关，与实际完成的实体工程量的多少没有太大的关系，例如大中型施工机械进出场及安拆费，文明施工和安全防护、临时设施等，以"项"为计量单位进行编制。但有的措施项目，例如混凝土浇筑的模板工程，与完成的工程实体具有直接关系，并且是可以精确计量的项目，宜采用分部分项工程量清单的方式进行编制，列出项目编码、项目名称、项目特征、计量单位和工程量计算规则。

对投标人来讲，措施项目清单的编制依据有拟建工程的施工组织设计、拟建工程的施工技术方案、与拟建工程相关的工程施工规范及工程验收规范、招标文件、设计文件。在设置措施项目清单时，首先，要参考拟建工程的施工组织设计，以确定环境保护、文明安全施工、材料的二次搬运等项目。其次，要参阅拟建工程的施工技术方案，以确定大型机具进出场及安拆、混凝土模板与支架、脚手架、施工排水降水、垂直运输机械等项目。最后，要参阅相关的施工规范与工程验收规范，以确定施工技术方案没有表述但为实现施工规范与工程验收规范要求而必须发生的技术措施，招标文件中提出的某些必须通过一定的技术措施才能实现的要求，设计文件中一些不足以写进技术方案但是要通过一定的技术措施才能实现的内容。

措施项目清单计价应根据拟建工程的施工组织设计，可以计算工程量的措施项目，应按分部分项工程量清单的方式采用综合单价计价；其余的措施项目可以"项"为单位的方式计价，应包括除规费、税金外的全部费用。措施项目清单中的安全文明施工费应按照国家或省级、行业建设主管部门的规定计价，不得作为竞争性费用。

5. 其他项目清单的编制

其他项目清单是指分部分项清单项目和措施项目以外，该工程项目施工中可能发生的其他费用项目和相应数量的清单。其他项目清单宜按照暂列金额、暂估价(包括材料暂估价、专业工程暂估价)、计日工、总承包服务费 4 项内容来列项。由于工程建设标准的高低、工程的复杂程度、工程的工期长短、工程的组成内容、发包人对工程管理要求等都直接影响其他项目清单的具体内容，以上内容作为列项参考，其不足部分，编制人可根据工程的具体情况进行补充。

1) 暂列金额

暂列金额是指招标人在工程量清单中暂定并包括在合同价款中的一笔款项。用于施工合同签订时尚未确定或者不可预见的所需材料、设备、服务的采购，施工中可能发生的工程变更、合同约定调整因素出现时的工程价款调整以及发生的索赔、现场签证确认等的费用。

暂列金额.mp3

暂列金额作为一笔暂定款项，只有按照合同约定程序实际发生后，才能成为中标人应得的金额，纳入合同结算价款中。但是，扣除实际发生金额后的暂列金额余额仍属于招标人所有。设立暂列金额并不能保证合同结算价格就不会再出现超过合同价格的情况，是否超出合同价格完全取决于工程量清单编制人对暂列金额预测的准确性，以及工程建设过程是否出现了其他事先未预测到的事件。

　　2）　暂估价

　　暂估价是指招标人在工程量清单中提供的用于支付必然发生但暂时不能确定价格材料的单价以及专业工程的金额。

　　暂估价是在招标阶段预见肯定要发生，只是因为标准不明确或者需要由专业承包人完成，暂时无法确定其价格或金额。

　　一般而言，为方便合同管理和投标人组价，材料暂估价需要纳入分部分项工程量清单项目综合单价中。专业工程暂估价一般应是综合暂估价，应当包括除规费、税金以外的管理费、利润等。

暂估价.mp3

　　3）　计日工

　　计日工是指在施工过程中，完成发包人提出的施工图纸以外的零星项目或工作，按合同中约定的综合单价计价。计日工是为了解决现场发生的零星工作，以完成零星工作所消耗的人工工时、材料数量、

计日工.mp3

机械台班进行计量，并按照计日工表中填报的适用项目的单价进行计价支付。计日工适用的所谓零星工作一般是指合同约定之外的或者因变更而产生的、工程量清单中没有相应项目的额外工作，尤其是那些时间上不允许事先商定价格的额外工作。

　　计日工表中一定要给出暂定数量，且需要根据经验，尽可能估算一个比较贴近实际的数量，同时，应尽可能把项目列全。

　　4）　总承包服务费

　　总承包服务费是指总承包人为配合协调发包人进行的工程分包自行采购的设备、材料等进行管理、服务以及施工现场管理、竣工资料汇总整理等服务所需的费用。总承包服务费是为了解决招标人在法律、法规允许的条件下进行专业工程发包以及自行采购供应材料、设备时，要求总承包人对发包的专业工程提供协调和配合服务(如分包人使用总包人的脚手架、水电接剥等)；对供应的材料、设备提供收发和保管服务以及对施工现场进行统一管理；对竣工资料进行统一汇总整理等发生并向总承包人支付的费用。

　　招标人应当预计该项费用并按投标人的投标报价向投标人支付该项费用。

6.　规费项目清单的编制

　　规费是指根据省级政府或省级有关权力部门规定必须缴纳的，应计入建筑安装工程造价的费用。规费项目清单应按照工程排污费、工程定额测定费、社会保障费(包括养老保险费、失业保险费、医疗保险费)、住房公积金、危险作业意外伤害保险等内容列项。若出现上述未列的项目，应根据省级政府或省级有关权力部门的规定列项。

　　规费作为政府和有关权力部门规定必须缴纳的费用，政府和有关权力部门可根据形势发展的需要，对规费项目进行调整。因此，对《建筑安装工程费用项目组成》未包括的规费项目，在计算规费时应根据省级政府和省级有关权力部门的规定进行补充。

7.　税金项目清单的编制

　　税金是指国家税法规定的应计入建筑安装工程造价内的营业税、城市维护建设税及教育费附加等。如国家税法发生变化或地方政府及税务部门依据职权对税种进行了调整，应

对税金项目清单进行相应调整。

规费和税金应按国家或省级、行业建设主管部门的规定计算，不得作为竞争性费用。

8.2.3 工程量清单计价的含义及特点

工程量清单计价是指投标人完成由招标人提供的工程量清单所需的全部费用，包括分部分项工程费、措施项目费、其他项目费、规费和税金。采用工程量清单计价，建设工程造价由分部分项工程费、措施项目费、其他项目费、规费和税金组成，如图 8-2 所示，体现了建筑安装工程在工程交易和工程实施阶段工程造价的组价要求，包括索赔等，内容更全面、更具体。

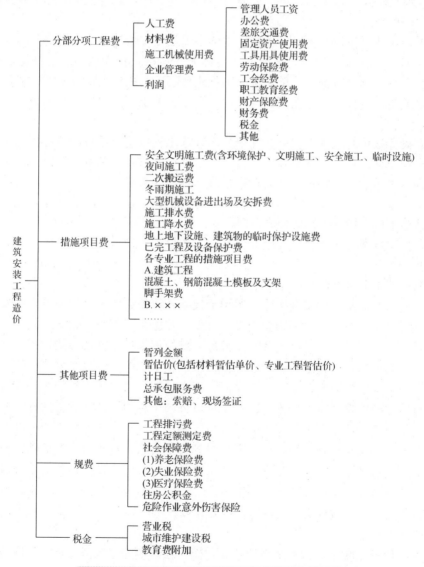

图 8-2　工程量清单计价的建筑安装工程造价的组成

8.2.4 工程量清单计价的编制程序

1. 根据招标人提供的工程量清单，复核工程量

投标人依据工程量清单进行组价时，把施工方案及施工工艺造成的工程量增减以价格的形式包含在综合单价中，选择施工方法、安排人力和机械、准备材料必须考虑工程量的多少。因此一定要复核工程量。

2. 确定分部分项工程费

分部分项工程费的确定是通过分部分项工程量乘以清单项目综合单价确定的。综合单价确定的主要依据是项目特征，投标人要根据招标文件中工程量清单的项目特征描述确定清单项目综合单价。

实行工程量清单招标，招标人在招标文件中提供工程量清单，其目的是使各投标人在投标报价中具有共同的竞争平台。因此，投标人在投标报价中填写的工程量清单的项目编码、项目名称、项目特征、计量单位、工程数量必须与招标人招标文件中提供的一致。为避免出现差错，投标人最好按招标人提供的分部分项工程量清单与计价表直接填写综合单价。

投标人投标报价时应依据招标文件中分部分项工程量清单项目的特征描述来确定综合单价，当出现招标文件中分部分项工程量清单特征描述与设计图纸不符时，投标人应以分部分项工程量清单的项目特征描述为准。招标文件中要求投标人承担的风险费用，投标人应考虑进综合单价。招标文件中提供了暂估单价的材料，按暂估的单价计入综合单价，填入表内"暂估单价"栏及"暂估合价"栏。

分部分项工程费应按招标文件中分部分项工程量清单项目的特征描述，确定综合单价进行计算。

(1) 编制施工组织设计，计算实际施工工程量。

招标人提供的清单工程量是按施工图图示尺寸计算得到的工程量净量。在确定综合单价时，必须考虑施工方案等各种影响因素，重新计算施工工程量。因此，施工组织设计或施工方案是施工工程量计算的必要条件，投标人可根据工程条件选择能发挥自身技术优势的施工方案，力求降低工程造价，确定在投标中的竞争优势。计算实际施工的工程量时要考虑施工方法或工艺的要求，如增加工作面。再者，工程量清单计算规则是针对清单项目主项的计算方法及计量单位进行确定，对主项以外的工程内容的计算方法及计量单位不作规定，由投标人根据施工图及投标人的经验自行确定，最后综合处理形成分部分项工程量清单综合单价。如清单项目"挖基础土方"包括排地表水、挖土方、支拆挡土板、基底钎探、截桩头、运输等子目，工程量的计算不考虑放坡等施工方法，但施工工程量计算时，挖土方量要考虑放坡，考虑施工工作面的宽度。同时，对该项目的排地表水、挖土方、挡土板支拆、基底钎探、截桩头、土方运输也要计算。

(2) 确定消耗量。

投标人应依据反映企业自身水平的企业定额，或者参照国家或省级、行业建设主管部门颁发的计价定额确定人工、材料、机械台班等的耗用量。

(3)　市场调查和询价。

询价的目的是获得准确的价格信息和供应情况，以便在报价过程中对劳务、工程材料(设备)、机械使用费、分包等正确地定价。根据工程项目的具体情况和市场价格信息，考虑市场资源的供求状况，采用市场价格作为参考，考虑一定的调价系数，或者参考工程造价管理机构发布的工程造价信息，确定人工工日价格、材料价格和施工机械台班单价等。

(4)　计算清单项目分部分项工程的直接工程费。

按确定的分项工程人工、材料和机械的消耗量及询价获得的人工工日价格、材料价格和施工机械台班单价，计算出对应分部分项工程单位数量的人工费、材料费和施工机械使用费。

(5)　计算综合单价。

综合单价由清单项目所对应的主项和各个子项的直接工程费、企业管理费与利润，以及一定范围内的风险费用组成。管理费和利润应根据企业自身情况及市场竞争情况确定，也可以根据各地区规定的费率得出。

(6)　计算分部分项工程费。

分部分项工程费按分部分项工程量清单的工程量和相应的综合单价进行计算，计算式如下：

$$分部分项工程费 = \sum 分部分项工程量 \times 分部分项工程综合单价 \qquad (8-1)$$

3. 确定措施项目费

由于各投标人拥有的施工装备、技术水平和采用的施工方法有所差异，招标人提出的措施项目清单是根据一般情况确定的，没有考虑不同投标人的"个性"，投标人投标时应根据自身编制的施工组织设计(或施工方案)确定措施项目，并对招标人提供的措施项目进行调整。措施项目费应根据招标文件中的措施项目清单及投标时拟定的施工组织设计或施工方案自主确定。投标人根据投标施工组织设计(或施工方案)调整和确定的措施项目应通过评标委员会的评审。

4. 确定其他项目费

其他项目费应按下列规定报价：

(1)　暂列金额应按照其他项目清单中列出的金额填写，不得变动。

(2)　暂估价不得变动和更改。暂估价中的材料必须按照暂估单价计入综合单价；专业工程暂估价必须按照其他项目清单中列出的金额填写。

(3)　计日工应按照其他项目清单列出的项目和估算的数量，自主确定各项综合单价并计算费用。

(4)　总承包服务费应依据招标人在招标文件中列出的专业分包工程内容和供应材料、设备情况，按照招标人提出的协调、配合与服务要求和施工现场管理需要自主确定。

5. 确定规费和税金

规费和税金的计取标准是依据有关法律、法规和政策规定制定的，具有强制性。投标人是法律、法规和政策的执行者，不能改变，更不能制定，而必须按照法律、法规、政策的有关规定执行。因此，投标人在投标报价时必须按照国家或省级、行业建设主管部门的有关规定计算规费和税金。

6. 确定分包工程费

分包工程费是投标报价的重要组成部分，在编制投标报价时，需熟悉分包工程的范围，确定分包工程费用。

7. 确定投标报价

分部分项工程费、措施项目费、其他项目费和规费、税金汇总后就可以得到工程的总价，但并不意味着这个价格就可以作为投标报价，需要结合市场情况、企业的投标策略对总价做调整，最后确定投标报价。

8. 投标报价的主要表格格式

(1) 投标总价封面，见表 8-3 所示，由投标人按规定的内容填写、签字、盖章。

表 8-3　投标总价封面

_____工程

投标总价

投标人_____

(单位盖章)

年　　月　　日

(2) 投标总价扉页，见表 8-4 所示，由投标人按规定的内容填写、签字、盖章。

表 8-4　投标总价扉页

投标总价

招　标　人：_____

工　程　名　称：_____

投标总价(小写)：_____

(大写)：_____

投　标　人：_____

(单位盖章)

法 定 代 表 人

或 其 授 权 人：_____

(签字或盖章)

编　制　人：_____

(造价人员签字盖专用章)

时　间：　　年　　月　　日

(3) 投标报价总说明，见表 8-5 所示。

表 8-5　投标报价总说明

工程名称：　　　　　　　　　　　　　　　　　　　　　　　　　　　　第　页共　页

(主要内容)

　1. 工程概况

　2. 投标价编制依据

　3. 其他需要说明的问题

(4) 建设项目投标报价汇总表，见表 8-6 所示。

表 8-6　建设项目投标报价汇总表

工程名称：　　　　　　　　　　　　　　　　　　　　　　　　　　　　第　页共　页

序号	单项工程名称	金额(元)	其中(元)		
			暂估价	安全文明施工费	规费

(5) 单位工程投标标价汇总表，见表 8-7 所示。

表 8-7　单位工程投标报价汇总表

工程名称：　　　　　　　　　　　　　　　　　　　　　　　　　　　　第　页共　页

序号	汇总内容	金额(元)	其中：暂估价
1			
1.1			
1.2			
1.3			
1.4			
1.5			
…			
2	措施项目费		
2.1	其中：安全文明施工费		
3	其他项目		
3.1	其中：暂列金额		

续表

序号	汇总内容	金额(元)	其中：暂估价
3.2	其中：专业工程暂估价		
3.3	其中：计日工		
3.4	其中：总承包服务费		
4	规费		
5	税金		
投标报价合计=1+2+3+4+5			

(6) 综合单价分析表，见表 8-8 所示。

表8-8　综合单价分析表

工程名称：　　　　　　　　　　　　　　　　　　　　　　　　　　　　　　　第　页共　页

项目编码	010101003001		项目名称	挖基础土方	计量单位	m³	
清单综合单价组成明细							

定额编号	定额名称	定额单位	数量	单价				合价			
				人工费	材料费	机械费	管理费和利润	人工费	材料费	机械费	管理费和利润

人工单价	小计						
元/工日	未计价材料费						
清单项目综合单价							

材料费明细	主要材料名称、规格、型号	单位	数量	单价(元)	合价(元)	暂估价(元)	暂估合价(元)
	其他材料费						
	材料费小计						

(7) 暂列金额明细表，见表 8-9 所示。

表 8-9　暂列金额明细表

工程名称：　　　　　　　　　　　　　　　　　　　　　　　　　　　　第　页共　页

序号	项目名称	计量单位	暂定金额(元)	备注
1				
…				
合计				

(8) 总承包服务费计价表，见表 8-10 所示。

表 8-10　总承包服务费计价表

工程名称：　　　　　　　　　　　　　　　　　　　　　　　　　　　　第　页共　页

序号	项目名称	项目价值(元)	服务内容	计算基础	费率(%)	金额(元)
1						
2						
…						
合计						

(9) 规费、税金项目计价表，见表 8-11 所示。

表 8-11　规费、税金项目计价表

工程名称：　　　　　　　　　　　　　　　　　　　　　　　　　　　　第　页共　页

序号	项目名称	计算基础	计算基数	计算费率(%)	金额(元)
1	规费	定额人工费			
1.1	社会保险费	定额人工费			
(1)	养老保险费	定额人工费			
(2)	失业保险费	定额人工费			
(3)	医疗保险费	定额人工费			
(4)	工伤保险费	定额人工费			
(5)	生育保险费	定额人工费			
1.2	住房公积金	定额人工费			
1.3	工程排污费	按工程所在地环境保护部门收费标准，按实计入			
2	税金	分部分项工程费+措施项目费+其他项目费+规费-按规定不计税的工程设备金额			
合计					

8.3 工程量清单计价与定额计价的关系

8.3.1 清单计价与定额计价

1. 两种计价模式简介

1) 定额计价模式

多年来，在建设工程造价行业，我国一直使用传统的定额计价模式，即由国家或行业提供统一的社会平均的人工、材料、机械标准和价格，供用户确定工程造价的模式。定额是计划经济的产物，在计划经济时期，定额作为建设工程计价的主要依据发挥了重要作用。但是，随着经济体制由计划经济向市场经济的转变，定额的局限性日渐突出，主要表现在：①定额的指令性限制了定额应用的灵活性；②定额的社

定额计价模式.mp3

会平均消耗量及建设行政主管部门定期发布的材料预算价格不利于市场竞争。针对定额编制与应用中存在的问题，提出了量价分离、企业自主报价、市场形成价格的工程造价改革措施，工程造价管理由静态管理模式逐步转变为动态管理模式。

从 2000 年开始，全国各地开始了工程造价改革试点：上海的新定额实行了量价分离；顺德、广东的改革则采用了工程量清单模式，既体现了量价分离，又把传统的定额与清单计价有机结合起来。我省也于 2000 年开始着手新定额的编制工作，新定额的编制即充分结合我省实际，又借鉴了上述各地改革的成功经验，同时还着眼于工程计价的发展方向，以利于下一步与新型计价模式的结合。

2) 工程量清单计价模式

随着我国建设市场的快速发展，招标投标制、合同制的逐步推行，工程造价计价依据改革不断深入，特别是 2001 年年底我国加入了世界贸易组织(WTO)，面对开放的国际市场竞争环境，按照 WTO 的要求，我国的工程计价方式与国际通行的工程量清单计价方式的接轨工作势在必行。根据"政府宏观调控，统一计价规则、企业自主报价、市场竞争形成价格"的改革目标，建设部于 2002 年初开始组织有关部门和地区的工程造价专家编制全国统一的工程量清单计价办法，为了增强工程量清单计价办法的权威性和强制性，以国家标准的形式推出了《建设工程工程量清单计价规范》，于 2003 年 7 月 1 日起正式实行。

(1) 计价规范的主要内容。

计价规范包括正文和附录两部分，二者具有同等效力。正文共五章，包括总则、术语、工程量清单编制、工程量清单计价、工程量清单及其计价格式的内容。分别就计价规范的使用范围、遵循的原则、编制工程量清单应遵循的规则、工程量清单计价活动的规则、工程量清单及计价格式作了明确规定。

计价规范的主要

内容.mp3

(2) 工程量清单计价是在建设工程招标投标项目中按照国家统一的工程量清单计价规范，由招标人提供反映工程实体和措施项目的工

程量清单，作为招标文件的组成部分，由投标人自主报价，经评审确定合理低价中标的工程造价计价模式。实行工程量清单计价的特点和优点如下：

①　实行全国统一的项目编码、项目名称、计量单位、计算规则，为建立全国统一的建设市场和规范计价行为提供了依据。

②　工程量清单计价由分部分项工程费、措施项目费、其他项目费组成。措施项目费单列计算，有利于投标企业根据自身的技术力量、管理水平和劳动生产率降低造价，提高竞争力。

③　实行工程量清单计价，由于工程量是公开的，将避免工程招标中弄虚作假、暗箱操作、盲目压价等不规范行为，真正体现了公开、公平、公正的原则，反映市场经济规律。

④　工程量清单计价实行综合单价，即分部分项工程单价包括人工费、材料费、机械使用费、管理费和利润，并考虑风险因素，这样，只要计算出工程量，就可简便快捷地确定工程造价，更有利于工程造价的控制。

⑤　工程量清单计价规范中没有具体的人工、材料、机械消耗量，投标企业可根据企业定额或参照省颁布的社会平均消耗量定额和市场价格信息，按照计价规范规定的原则和方法进行报价，工程造价的最终确定，由承发包双方在市场竞争中按价值规律通过合同确定。这充分体现了企业自主报价、市场形成价格的清单计价模式。

⑥　清单计价模式与国际通行的计价模式一致，实现了与国际接轨，提高了参与国际竞争的能力。

【案例 8-3】　某清单计价招标工程，竣工结算时发现，设计要求采用平铺砖垫层，报价时却按铺碎砖垫层报价，因工程量很小，工程造价影响不大。但在施工过程中采用碎砖进行了地基处理，且地基处理工程量较大。结算时施工单位要求按报价时的碎砖价格计算地基处理工程的综合单价，因原碎砖价格远高于实际价格，增加的投资较大，建设方不同意，原因是如果原报价不发生错误，投标文件中不会出现碎砖单价，该单价无效。施工单位认为既然我们已中标，原碎砖单价应该有效。请问该怎么处理？

(3)　工程量清单计价在我国属于一种新型计价模式，特别是以国家标准的形式发布尚属首次，实行清单计价应注意以下几个方面的问题：

①　计价规范中个别项目划分不细，涵盖内容较多；个别项目的工程内容列项不完全等。因此，在编制工程量清单时，应结合工程实际予以增减，避免重复或漏项。

②　投标人应及时对招标人提供的工程量进行复核，发现错误及时提出，避免结算时的争执。

③　投标人在编报综合单价或确定项目费用费率时，应结合工程实际及企业自身条件，并综合考虑风险因素，避免结算时调整。

(4)　实行工程量清单计价，对工程造价专业人员提出了更高要求，必须是懂技术、懂经济、懂法律、善管理等全面发展的复合人才。工程造价专业人员要从以往依据工程定额编制工程预结算，转变到依据工程定额结合企业技术与管理水平编制企业定额，并依据企业定额与工程实际、市场情况确定工程造价，同时，工程造价专业人员还要注意工、料、机、费等价格信息的收集，提高报价水平和竞争能力。

8.3.2 清单计价与定额计价既有联系又有区别

1. 清单计价和定额计价的联系

(1) 定额计价在我国已使用多年，具有一定的科学性和实用性，清单计价规范的编制以定额为基础，参照和借鉴了定额的项目划分、计量单位、工程量计算规则等。

(2) 定额计价可作为清单计价的组价方式。在确定清单综合单价时，以省颁定额或企业定额为依据进行计算。

2. 清单计价和定额计价的区别

(1) 定额表现的是某一分部分项工程消耗什么，消耗量是多少；而分部分项工程量清单表现的是这一项目清单内包括了什么，对什么需要计价。

(2) 定额项目一般是按施工工序进行设置的，包括的工程内容一般是单一的；而工程量清单项目的划分，一般是以一个"综合实体"考虑的，包括的工程内容一般不止一项。

(3) 定额消耗量是社会平均消耗量，企业依定额进行投标报价，不能完全反映企业的个别成本；清单计价规范不提供工料机消耗量，企业依招标人提供的工程量清单自主报价，反映的是企业的个别成本。

(4) 编制工程量清单时，是按分部分项工程实体净值计算工程量的；依定额计算工程量则考虑了人为规定的预留量。

(5) 工程量清单的计量单位是基本单位；定额工程量的计量单位则不一定是基本单位。

(6) 清单计价采用综合单价法，依企业按施工图纸完成的合格工程量来确定工程造价，实现了风险共担，即工程量风险由招标人承担，综合单价风险由投标人承担；定额计价一般采用工料单价法，风险一般在投资方。

3. 定额计价与工程量清单计价是共存于招标投标计价活动中的两种不同计价方式

但计价规范作为国家标准，从资金来源方面，规定了强制实行工程量清单计价的范围，即"全部使用国有资金或国有资金投资为主的大中型建设工程应执行本规范"，从此可以看出，工程量清单计价在建设工程招标投标计价活动中将逐步占据主导地位。

目前，为积极稳定地推行工程量清单计价，我省正采取积极有效的措施，制定工作方案，起草配套文件，编写工程量清单编制指南及综合单价计算办法，将国家的计价规范与我省的消耗量定额有机地结合起来，为业主编制清单和施工企业投标报价提供方便、快捷和完整的计价办法，避免在计价方式转变中造成不必要的混乱。

8.4 工程量清单计价案例

某多层砖混住宅土方工程，土壤类别为三类土；基础为大放脚带形砖基础；垫层宽度为 920mm，挖土深度为 1.8m，基础总长度为 1590.6m。根据施工方案，土方开挖的工作面宽度两边各加 0.25m，放坡系数为 0.2。除沟边堆土 1000m³ 外，现场堆土 2170.5m³，运距

60m，采用人工运输。其余土方需装载机装，自卸汽车运，运距4km。已知人工挖土单价为8.4元/m³，人工运土单价为7.38元/m³，装卸机装、自卸汽车运土需使用的机械有装载机(280元/台班，0.00398台班/m³)、自卸汽车(340元/台班，0.04925台班/m³)、推土机(500元/台班，0.00296台班/m³)和洒水车(300元/台班，0.0006台班/m³)。另外，装卸机装、自卸汽车运土需用工(25元/工日，0.012工日/m³)、用水(水1.8元/m³，每m³土方需耗水.012m³)。试根据工程量清单计算规则计算土方工程的综合单价(不含措施费、规费和税金)，其中，管理费取人、机费的14%，利润取人、料、机费与管理费之和的8%。

【解】 1) 招标人根据清单计算规则计算的挖方量

$0.92×1.8×1590.6=2634.034(m^3)$

2) 投标人根据地质资料和施工方案计算挖土方量和运土方量

(1) 需挖土方量。

工作面宽度两边各加0.25m，放坡系数为0.2，则基础挖土方总量为：

$(0.92+2×0.25＋0.2×1.8)×1.8×1590.6=5096.282(m^3)$

(2) 运土方量。

沟边堆土1000m³；现场堆土2170.5m³，运距60m，采用人工运输；装载机装，自卸汽车运，运距4km，运土方量为：$5096.282-1000-2170.5=1925.782(m^3)$

3) 人工挖土人、料、机费

人工费：$5096.282×8.4=42808.77(元)$

4) 人工运土(60m内)人、料、机费

人工费：$2170.5×7.38=16018.29(元)$

5) 装卸机装自卸汽车运土(4km)人、料、机费

(1) 人工费：$25×0.012×1925.782=0.3×1925.782=577.73(元)$

(2) 材料费(水)：$1.8×0.012×1925.782=0.022×1925.782=41.60(元)$

(3) 机具费。

装载机：$280×0.00398×1925.782=2146.09(元)$

自卸汽车：$340×0.04925×1925.782=32247.22(元)$

推土机：$500×0.00296×1925.782=2850.16(元)$

洒水车：$300×0.0006×1925.782=346.64(元)$

机具费小计：37590.11元

机具费单价$=280×0.00398+340×0.04925+500×0.00296+300×0.0006=19.519(元/m^3)$

(4) 机械运土人、料、机费合计：38209.44元。

6) 综合单价计算

(1) 人、料、机费合计。

$42808.77+16018.29+38209.44=97036.50(元)$

(2) 管理费。

人、料、机费×14%$=97036.50×14%=13585.11(元)$

(3) 利润。

(人、料、机费+管理费)×8%$=(97036.50+13585.11)×8%=8849.73(元)$

(4) 总计：$97036.50+13585.11+8849.73=119471.34(元)$

(5) 综合单价。

按招标人提供的土方挖方总量折算为工程量清单综合单价：

119471.34/2634.034=45.36(元/m³)

7) 综合单价分析

(1) 人工挖土方。

投标人计算的工程量=5096.282/2634.034=1.9348 清单工程量

管理费=8.40×14%=1.176(元/m³)

利润=(8.40+1.176)×8%=0.766(元/m³)

管理费及利润=1.176+0.766=1.942(元/m³)

(2) 人工运土方。

投标人计算的工程量=2170.5/2634.034=0.8240 清单工程量

管理费=7.38×14%=1.033(元/m³)

利润=(7.38+1.033)×8%=0.673(元/m³)

管理费及利润=1.033+0.673=1.706(元/m³)

(3) 装卸机自卸汽车运土方。

投标人计算的工程量=1925.782/2634.034=0.7311 清单工程量

人、料、机费=0.3+0.022+19.519=19.841(元/m³)

管理费=19.841×14%=2.778(元/m³)

利润=(19.841+2.778)×8%=1.8095(元/m³)

管理费及利润=2.778+1.8095=4.588(元/m³)

8) 部分工程量清单与计价表见 8-12、表 8-13。

表 8-12　工程分部分项工程量清单与计价表

序号	项目编号	项目名称	项目特征描述	计量单位	工程量	综合单价	合价	其中：暂估价
	010101 003001	挖基础土方	土壤类别：三类土 基础类型：砖放大脚带 垫层宽度：920m 挖土深度：1.8m 弃土距离：4km	m³	2634.034	45.36	119471.34	
本页小计								
合计								

表 8-13　工程量清单

项目编码	010101003001			项目名称		挖基础土方		计量单位		m³	
清单综合单价组成明细											
定额编号	定额名称	定额单位	数量	单价				合价			
				人工费	材料费	机械费	管理费和利润	人工费	材料费	机械费	管理费和利润
	人工挖土	m³	1.9348	8.40			1.942	16.25			3.76
	人工运土	m³	0.8240	7.38			1.706	6.08			1.41
	装卸机自卸汽车运土方	m³	0.7300	0.30	0.022	19.519	4.588	0.22	0.02	14.27	3.35
人工单价	小计							22.55	0.02	14.27	8.52
元/工日	未计价材料费										
清单项目综合单价								45.36			

	主要材料名称、规格、型号	单位	数量	单价(元)	合价(元)	暂估价(元)	暂估合价(元)
材料费明细	水	m³	0.012	1.8	0.022		
	其他材料费						
	材料费小计				0.022		

本 章 小 结

通过本章的学习，可以让学生们掌握工程量计价概述，工程量计价编制以及工程量清单计价与定额计价的区别。为学生们以后从事造价工作打下一个坚实的基础。

实 训 练 习

一、单选题

1. 计算工料及资金消耗的最基本构造要素的是(　　)。
   A. 单项工程　　B. 单位工程　　C. 分部工程　　D. 分项工程
2. 《建设工程工程量清单计价规范》(GB50500—2013)中术语(　　)，用于工程合同签订时尚未确定或不可预见的所需材料工程设备、服务的采购，施工中可能发生的工程变更以及发生索赔现场签证确认的费用。
   A. 计日工　　B. 暂估价　　C. 暂列金额　　D. 总承包服务费
3. 《建设工程工程量清单计价规范》(GB50500—2013)规定，建筑安装工程造价中临时设施费属于(　　)。

A. 直接费   B. 措施费   C. 规费   D. 企业管理费

4. 《建设工程工程量清单计价规范》(GB50500—2013)规定，投标报价不得高于( )。

    A. 工程成本   B. 招标控制价   C. 工程直接成本   D. 标底

5. 基础与墙身使用不同材料，位于设计室内地面高度≤±300mm时以( )为分界线。

    A. 不同材料   B. 设计室内地面

    C. 设计室外地面   D. ±300mm

二、多选题

1. 工程量清单作为招标文件的组成部分，它是( )。

    A. 进行工程索赔的依据   B. 编制标底的基础

    C. 由工程咨询公司提供的   D. 支付工程进度款的依据

    E. 办理竣工决算的依据

2. 按《建设工程工程量清单计价规范》(GB50500—2013)规定，分部分项工程量清单应按统一的( )进行编制。

    A. 项目编码   B. 项目名称   C. 项目特征

    D. 计量单位   E. 工程量

3. 编制分部分项工程量清单时应依据( )。

    A. 建设工程工程量清单计价规范   B. 建设项目招标文件

    C. 建设项目设计文件   D. 建设项目可行性研究报告

    E. 拟采用的施工组织设计和施工技术方案

4. 编制措施项目清单时应依据( )。

    A. 建设项目可行性研究报告

    B. 建设项目设计文件

    C. 建设项目招标文件

    D. 拟建工程施工组织设计和施工技术方案

    E. 拟建工程的具体情况

5. 措施项目清单的设置应( )。

    A. 参考拟建工程的施工组织设计和施工技术方案

    B. 考虑设计文件中需通过一定的技术措施才能实现的内容

    C. 全面遵循《建设工程工程量清单计价规范》(GB50500—2013)中的措施项目一览表

    D. 参阅施工规范及工程验收规范

    E. 考虑招标文件中提出的必须通过一定的技术措施才能实现的要求

三、问答题

1. 简述工程量清单计价的概念。

2. 简述建设工程工程量清单计价规范。

3. 简述清单计价与定额计价的联系。

第8章 课后答案.pdf

实训工作单(一)

班级		姓名		日期	
教学项目		工程量清单计价			
任务	学习工程量清单计价编制	学习途径	通过本书中的案例分析，自行查找相关书籍		
学习目标		掌握工程量清单计价编制，重点要掌握工程量清单计价的编制程序			
学习要点					
学习查阅记录					
评语				指导老师	

实训工作单(二)

班级		姓名		日期	
教学项目		工程量清单计价			
任务	学习工程量清单计价与定额计价的关系	学习途径	通过本书中的案例分析,自行查找相关书籍		
学习目标		掌握工程量清单计价与定额计价及两者的区别			
学习要点					
学习查阅记录					
评语			指导老师		

第 9 章　工程造价软件应用

09

【学习目标】

- 了解工程造价软件的发展和作用
- 熟悉工程造价软件的应用

【教学要求】

本章要点	掌握层次	相关知识点
工程造价软件概述	1. 了解工程造价软件的发展 2. 了解影响工程造价及造价软件的因素 3. 了解工程造价对软件的要求 4. 了解工程造价软件未来的发展	相关软件介绍
工程造价软件应用	1. 了解工程造价软件简介 2. 掌握工程定额计价模式与清单计价模式下报价软件的区别 3. 掌握工程造价软件的作用	工程造价软件应用

【项目案例导入】

　　建筑工程软件是指对建筑工程建设的过程及在建设过程中涉及的人、机、材、进度、质量等要素进行综合管理的软件。其过程分析，一般包括计划、实施、核算、分析四个部分，并能科学地设置协同互联的口径，将这四项有机的连贯起来，形成一个完整的"利益循环"工作流程，大大提高了人们对建筑整个过程的掌控。

【项目问题导入】

请结合自身所学的相关知识，试分别简述不同造价软件优缺点。

9.1 工程造价软件概述

9.1.1 工程造价软件的发展

伴随着网络的发展，信息化、网络化办公环境的形成，电脑已成为工程造价人员的必备工具。同时与之相适应的工程造价软件孕育而生，并根据需要不断地进行完善，各种工程造价软件的竞争日趋激烈。

1. 造价软件在国际上的发展

自 20 世纪 60 年代开始，西方工业发达国家已经开始利用计算机做估价工作，这比我国要早 10 年左右。他们的造价软件一般都重视已完工程数据的利用、价格管理、造价估计和造价控制等方面。由于各国的造价管理具有不同的特点，造价软件也体现出不同的特点，这说明了应用软件的首要原则就是满足用户的需求。

在已完工程数据利用方面，英国的 BCIS(Building Cost Information Service，建筑成本信息服务部)是英国建筑业最权威的信息中心，它专门收集已完工程的资料，存入数据库，并随时向其成员单位提供。当成员单位要对某些新工程估算时，可选择最类似的已完工程数据估算工程成本。

在价格管理方面，PSA(Property Services Agency，物业服务社)是英国的一家官方建筑业物价管理部门，在许多价格管理领域都成功地应用了计算机，如建筑投标价格管理。该组织收集投标文件，对其中各项目造价进行加权平均，求得平均造价和各种投标价格指数，并定期发布，供招标者和投标者参考。

类似的，BCIS 则要求其成员单位定期向自己报告各种工程造价信息，也向成员单位提供他们需要的各种信息。由于国际间工程造价彼此关系密切，欧洲建筑经济委员会(CEEC)在 1980 年 6 月成立造价分委会(Cost Commission)，专门从事各成员国之间的工程造价信息交换服务工作。造价估算方面，英美等国都有自己的软件，他们一般针对计划阶段、草图阶段、初步设计阶段、详细设计和开标阶段，分别开发有不同功能的软件。其中预算阶段的软件开发也存在一些困难，例如工程量计算方面，国外在与 CAD 的结合问题上，从目前资料来看，并未获得大的突破。

在造价控制方面，加拿大的 Revay 公司开发的 CT4(成本与工期综合管理软件)是一个比较优秀的代表。

2. 造价软件在国内的发展

改革开放以来，我国社会、经济日新月异，经济的高速发展令世人瞩目，建筑行业在其中起到了重要作用。在这样一个大好环境下，使得工程造价人员成为国内现阶段急需的人才。

我国工程造价是由预算制度逐步向国际通行的工程量清单计价方式过渡。上世纪 70 年代和 80 年代工程造价主要是恢复、重建工程预算制度，以及制定相应的规章制度，修订预算定额和预算构成。并推行招投标制度，通过招投标确定工程造价。这一阶段的工程造价主要是通过简单的人工及简单的计算工具计算。

进入 20 世纪 90 年代逐步实行企业自主报价，由市场确定报价，并从概算、预算定额管理发展到工程造价全过程管理。逐步实行造价工程师职业资格制度和工程造价咨询单位资质审核制度，以造价工程师为核心。工程造价软件，也正是在这一时期产生、发展起来的。

目前推行的是工程量清单计价方式，并逐步和国际通行计价方式接轨。

9.1.2　影响工程造价及造价软件的因素

目前我国的工程预算软件基本上是按照我国现行的工程预算管理制度开发的。因此，现行预算管理制度存在的问题也集中反映到工程预算软件中来。预算编制主要依据地区统一的预算定额、统一的单位估价表、统一的取费标准。

1. 工程造价制度影响

从中华人民共和国成立初期的基本建设设计概预算制度到如今走向成熟的工程造价管理制度。主要从观念的变化、定额水平的变化、工程造价构成的变化、管理机构的变化、基础资料的变化、准入制度的建立、理论研究的深入，各个环节都会影响到工程造价这个行业的发展，随着造价制度的不断进步，造价行业也随之完善。

2. 地域对造价的影响

我国共有 34 个省级行政单位，23 个省，5 个自治区，4 个直辖市和 2 个特别行政区。每一个省市都有造价概预算定额及清单的存在，而根据地域的不同，所倾向的造价软件不同，不同的地域所用的定额也有所不同。定额一变，软件也要跟着变，因此需要不断地变换软件的版本。各地的定额不统一，单价表不统一，取费标准不统一，工程造价软件有地区的局限性，不能互相通用。所以地域的不同对造价存在一定的影响。

3. 软件开发公司市场定位

由于采用统一的固定单位估价表，计算的直接费只是根据定额基价计算的定额直接费，不能直接反映市场价格行情，为此又必须进行工料分析，进而计算材料价差，工程材料费被人为分割为两部分，一部分在定额直接费中，另一部分在材料价差中。软件设计中存在很大差异。

软件开发公司无论是以定额为基础开发软件还是以工程量造价清单为基础开发软件，公司对于市场的认知程度都决定了软件的实用性。

4. 市场变化和信息对造价的影响

现在国际经济形势存在极大不可预测性，市场瞬息万变，因此作为工程造价的元素构成也不断发生变化，这些都会对造价产生影响。按照现行工程预算软件，只能计算单位工程的总造价，无法按分项工程计算出完整的分项工程造价及其综合单价。

多种招标模式决定了传统的预算软件必须向具备多种报价模式的造价软件的方向发展。为工程造价行业服务的造价软件公司也面临新的挑战和机遇。

9.1.3　工程造价对软件的要求

1. 工程造价的变化对软件的要求

一方面是要满足工程造价的全过程服务的要求。工程造价咨询单位的全过程服务，要求造价软件不仅能进行工程造价的计算和审核，还必须对工程造价全过程服务提供软件支持，能进行全过程的动态的造价管理，能进行工程造价的信息管理。这就需要建立工程造价信息管理系统，造价编制软件只是工程造价信息管理系统的一个组成部分。

工程造价对软件的
要求.mp3

另一方面是要满足现在造价人员的操作习惯，及所熟悉的软件操作平台，软件版本更新最好是在原有的操作平台上进行，如果原有的操作平台确实不能适应现在造价人员的操作要求，可以更改，如若不是，最好还是在原有平台进行功能方面的升级，一旦软件操作界面发生变化，造价人员便会产生一种陌生的感觉，从而产生一种抵触心理。这两个方面所表现出来的要求都将对造价软件带来不同程度技术变革，促使造价软件不断更新，随同造价行业一起发展，才能最终成为造价人员的得力助手，让造价人员运用起来得心应手，使枯燥乏味的造价生活变得更加多姿多彩。

2. 软件使用功能上的各种要求

(1) 电子导图对造价软件的要求。

现在的信息化及无纸化办公使得电子图纸越来越多，造价软件的电子导图能力将成为未来造价行业评比造价软件强弱的要求，强大的造价软件要能最大限度地识别电子图纸上所表达的构件内容，能够更加快捷的为造价人员进行图纸认知，使造价工作简单、明了，将信息化高度集中的电子图纸转化为造价人员自己的语言。

(2) 三维视图的要求。

现阶段的工程造价软件基本上都已经依托于三维平台进行算量，这个三维环境是现阶段人们所需要的环境，只有在人们能够接受的算量环境下进行算量，人们才能够使软件做到真正的明明白白的算量工作。在三维环境下，不但可以进行三维视图还可以在三维状态下进行构件编辑，使得在算量的同时，对建筑各构件能够做到真正的三维立体空间感。从而就对软件的三维可视界面产生了很大要求，要求必须逼真，必须界面流畅，这些都需要软件公司去进行技术维护。

(3) 工程互导的要求。

随着建筑业的房屋、路桥等特殊效果的出现，使得工程量非常巨大而且难以解决，所以很多情况都需要造价团队去合作完成，这样的话就要求造价软件能够为工程组合提供良好的互导要求，使工程能够更加方便多人协作后的汇总统一。

9.1.4　工程造价软件未来的发展

1. 造价信息和造价指标的大数据化

随着互联网大数据和云存储的发展，越来越多的造价信息输入到云储存上，经过强大的演算，最终得到较可信的造价指标数据，便于快速计算相关工程造价。

工程造价软件未来
的发展.mp3

2. 造价软件的系统集成云计算化

现在造价软件还停留在个人 PC 的安装授权使用上，这限制了使用情况，有时很不方便。随着互联网速度提升、云储存和云计算的发展，未来造价软件可以集成到云服务器上，可以远程进行工程造价算量工作，不受时间地点限制。

3. 造价交易的互联网平台化

工程造价传统交易都是先干活再给钱，有时付钱还存在困难，同时传统交易周期长，不确定因素多，甚至会出现信任危机问题。未来工程造价交易将会像电商平台一样有个担保交易。

目前，业内已经出现了未来工程造价互联网化、交易担保化的雏形，其提供的便利交易模式，能有效把控信任危机，在诚信的基础上，使质量得到保证。总之，未来工程造价会更多地与互联网接触，向便捷、安全、可靠的方向发展。进一步推行信息服务市场化、标准体系规范化、管理手段信息化。

9.2　工程造价软件应用

9.2.1　工程造价软件简介

1. 神机妙算软件

神机妙算系列产品分为工程量、钢筋翻样和清单计价三个，主程序由张昌平一个人编写，其余的像钢筋图库、定额这些二次开发由各地分公司实施，各地能根据本地的定额、计算规则和特殊情况进行充分的本地化。这个优点在清单计价实施前对其他同行业的软件有着无可比拟的优势，其在钢筋翻样软件中样采用图库、参数和单根的方法，其常用模式是在某种构件图库的下面用表格进行输入，它的单根法是在同类软中最完美的，几乎囊括了所有形状的钢筋，并且用户可以利用其内置的宏语言自己做图库。

神机妙算软件虽然辉煌一时，但其开发力量相当薄弱，从软件的版本来看，似乎停滞不前，钢筋软件由于操作复杂，已经很少有人使用；而且随着时间的推移，暴露出了软件运行速度慢，系统不够稳定，计算结果不精确等缺点。神机妙算是自主开发平台的三维算量软件，但是其软件一直不能完善成熟，目前的情况不容乐观。

2. 鲁班软件

鲁班软件运行速度相当快，在输入完数据的同时已得到计算结果。软件的易用性、适用性得到用户的公认，不过有些图形绘制的基础功能不太完美，不符合预算人员的绘图习惯，多是设计人员使用。鲁班钢筋最出色的功能在于可以使用构件向导方便地完成钢筋输入工作，这是鲁班钢筋优于其他软件的特色功能。但是随着广联达钢筋和清华钢筋支持图形平面标注的功能升级，鲁班钢筋将面对强有力的挑战。

鲁班因为只关注于工程量计算，所以无其他配套计价软件，它的出路在于开放文件格式，为其他软件识别调用。但是时至今日鲁班只能支持神机妙算套价软件，仍不能支持广联达套价和清华套价软件。

【案例 9-1】 某工程现场采用出料容量 500L 的混凝土搅拌机，每一次循环中，装料、搅拌、卸料、中断需要的时间分别为 1、3、1、1 分钟，机械正常利用系数为 0.9，请根据不同造价软件试求该机械的台班产量定额。分析不同的软件计算结果有什么差异。

3. 清华斯维尔

它的系列品种较多、较全、较广。斯维尔算量软件与众不同的是把工程量和钢筋整合在一个软件中，在建筑构件图上直接布置钢筋，可输出钢筋施工图。它的可视化检验功能具有预防多算、少扣、纠正异常错误、排除统计出错等特点，给用户带来新的体验。但是这个软件品牌不是建设部指定的清单计价软件的提供商，较为可惜，如果不与别的软件公司进行兼并和联合，其前景不容乐观。随着广联达三维算量软件和算量钢筋二合一软件的升级，清华软件面对广联达强劲的挑战，在功能方面清华已经多处落伍于广联达。

4. PKPM

中国建科院本来主要从事建筑结构设计软件开发，后来涉及工程技术和工程造价软件的开发，它是唯一一家成为建设部指定清单计价软件的提供商，由此可见其雄厚的开发实力。其软件最大的特点是一次建模全程使用，各种 PKPM 软件随时随地调用。其软件具有自主开发平台，而不用第三方中间软件支撑，同时又具有强大的图形和计算功能。它的钢筋软件秉承设计软件的风格，通过绘图实现钢筋统计，并提供两种单位(厘米和毫米)，对异形板、异形构件的处理应付自如，只要在默认的图纸上修改钢筋参数即可。但它没有提供钢筋图库，其实许多标准的构件用图库是最简单快捷也是最有效的方法。

总的来说，PKPM 是一款有实力有潜力的造价软件品牌。但由于其营销方法不得当，软件比较难学，缺乏有效的培训渠道和学习环境，算量软件细节如在构件划分和绘制方面有些细节未考虑到造价技术实际应用，使得这款优秀的软件市场占有率极低。

5. 广联达

广联达是造价软件市场中最有实力的软件企业，堪称中国造价软件行业的"微软"。已经展现出一定的垄断潜力。它的产品系列操作流程是由工程量软件和钢筋统计软件计算出工程量，通过数字网站询价，然后用清单计价软件进行组价，所有的历史工程通过企业定额生成系统形成企业定额。

广联达算量软件在自主平台上开发，功能较完善，该公司和神机妙算公司一样是国内第一批靠造价软件起家的软件公司。在神机妙算失去升级实力的时候广联达品牌软件保持了强劲的升级势头，使其在二维算量软件时代成为当之无愧的第一品牌。

9.2.2　工程定额计价模式与清单计价模式下报价软件的区别

1. 定额计价模式的软件功能

定额软件有定额库。定额软件的主要功能是套定额，然后自动计算出结果。这充分体现出计算机运行的高效。定额软件能根据操作者设置的工程特征、项目判别、建筑面积等自动取费，所以要求软件必须要有所有的费用表，以便能根据不同工程类别分别计算。定额软件要能进行各种换算，例如混凝土强度等级、土方运距等，这样大大节约了操作者的时间。

定额计价与清单
计价模式下报价
软件的区别.mp3

2. 清单报价模式的软件功能

在清单计价模式下，如果有良好的软件工具，施工企业完全有可能在投标阶段测算自己的成本价。清单计价软件必须要适应甲方不同的要求。清单软件要求各项费用组成更细化。

随着互联网向传统细分领域的发展，工程造价也赶上了这趟车。从造价软件的兴起，到造价信息的大数据化，再到造价交易的互联网平台化，这其中逐渐从信息的单一向信息的多元快速发展。

【案例 9-2】　某基础工程，基础为 C25 混凝土带形基础，垫层为 C15 混凝土垫层，垫层底宽度为 1400mm，挖土深度为 1800mm，基础总长为 220m。室外设计地坪以下基础的体积为 227m³，垫层体积为 31m³。试用清单计价法计算挖基础土方、土方回填、余土外运等分项工程的清单项目费。

9.2.3　工程造价软件的作用

1. 速度快

工程造价相对来讲是各种计算规则的具体运用，在手工算量过程中计算式繁杂，计算量大，重复性的脑力活动较多。而且，计算过程中某一构件一旦发生计算错误，预算人员必须从新按照工程造价的计算程序再计算一次，增加了造价人员的重复工作量。

工程造价软件的
作用.mp3

工程造价软件内置了相应的工程造价计算规则，包括各种构件的扣减关系、节点构造等，而且工程量计算式由软件自动生成并计算结果，大大缩短了预算人员的时间。如果出现某一构件需要更正或者重新计算，只需要在软件中直接修改该构件的数据，其余工程量的调整将由软件自动完成，把预算人员从烦琐的计算中解放出来。

2. 算量准确度高

现在工程造价软件经过数十年的发展，计算的准确度更高，计算更加精确。只要我们的预算人员通过一段时间的工程造价软件培训，掌握工程造价软件的操作流程、计算规则和特性，就可以实现手工计算和软件计算相结合的效果。尤其是在钢筋计算软件中，部分软件已经将平法规则内置，预算人员只需按照图纸的标注准确输入钢筋信息，并合理设置节点构造形式，软件就会快速而准确的完成工程量计算。相对于以前的预算人员需要记忆大量的计算规则及构件的扣减关系，软件能更加快速精确计算。

【案例 9-3】 某路桥施工企业中标承包某一级公路 H 合同段的路基施工。其中：K20+000～K21+300 为填方路段，路线经过地带为旱地，原地面横坡平缓，该路段填方53000m³；K21+320～K21+700 为挖方路段，表面土质为砂性土，下面为风化的砂岩，强度为 14MPa 左右，该路段挖土方 55000m³，挖石方 6100m³；K21+720～K26+000 为半填半挖路段，土石方基本平衡。沿线未发现不良地质路段。

问题：

(1) K20+000~K21+300 宜采用的填筑方法是什么？

(2) 本合同段内进行土石方调配后多余的土方、石方数量有多少？

(3) 根据本案例说明手算和电算有什么区别？

3. 一图多算

目前的造价市场，存在定额计价和清单计价并存的状态。工程造价软件在此也提供了一图多算的功能，即只需一次绘图输入就可以分别按照定额计价和清单计价完成工程造价的过程，实现清单计价和定额计价的对比，满足建设单位的需求。也可以根据不同地区的定额按照不同的定额计算规则计算不同的工程造价，这使得各工程的造价有一定的横向可比性，为造价管理创造了更好的条件。

4. 实现工程造价的信息化管理

工程造价以往都是纸质的文档，不利于保存，现在通过电子文档可以长久保存。另外，部分软件已经实现了网上询价的过程，以广联达造价软件为例，各种所需的建材市场价格都可以通过软件在其数字造价网站上完成询价过程，方便快速，便于管理。

本 章 小 结

本章主要介绍了工程造价软件的相关知识，从工程造价软件的发展历程，影响工程造价软件的因素，工程造价对软件的要求，工程造价软件的发展，常用的工程造价软件，不同模式下的工程造价软件的功能以及工程造价软件的作用等方面对工程造价软件进行了简单介绍，帮助学生们熟悉工程造价软件。为以后的学习和工作打下坚实的基础。

实 训 练 习

一、单选题

1. ( )年代工程造价主要是恢复、重建工程预算制度，以及制定相应的规章制度，修订预算定额和预算构成。

    A. 50、60   B. 60、70   C. 70、80   D. 80、90

2. 下列选项中不属于软件使用功能上的要求的是(　　)。

    A. 电子导图对造价软件的要求   B. 造价人员操作习惯的要求

    C. 三维视图的要求   D. 工程互导的要求

3. 下面不属于工程造价软件未来发展说法的是(　　)。

    A. 造价信息和造价指标的大数据化

    B. 造价数据的精准化

    C. 造价软件的系统集成云计算化

    D. 造价交易的互联网平台化

4. 自20世纪(　　)年代开始,工业发达国家已经开始利用计算机做估价工作,这比我国要早10年左右。

    A. 70   B. 60   C. 80   D. 90

5. 进入(　　)年代逐步实行企业自主报价,由市场确定报价,并从概算、预算定额管理发展到工程造价全过程管理。

    A. 90   B. 80   C. 70   D. 60

二、多选题

1. 工程造价软件的作用包括(　　)。

    A. 速度快   B. 分类全   C. 算量准确度高

    D. 一图多算   E. 实现工程造价的信息化管理

2. 预算编制主要依据地区(　　)。

    A. 统一的预算定额   B. 统一的单位估价表   C. 统一的取费标准

    D. 不统一的预算定额   E. 不统一的单位估价表

3. 软件使用功能上的各种要求包括(　　)。

    A. 电子导图对造价软件的要求   B. 三维视图的要求

    C. 工程互导的要求   D. 运算的要求   E. 绘图的要求

4. 工程造价软件未来的主要发展(　　)。

    A. 造价信息和造价指标的大数据化 B. 造价软件的系统集成云计算化

    C. 造价交易的互联网平台化   D. 运算能力越来越快

    E. 绘图能力越来越好

5. 定额软件能根据操作者设置的(　　)等自动取费,所以要求软件必须要有所有的费用表,以便能根据不同工程类别分别计算。

    A. 工程特征   B. 项目判别   C. 建筑面积

    D. 图纸   E. 以上都不正确

三、问答题

1. 简述工程造价软件的发展历程。

2. 影响工程造价及造价软件的因素有哪些?

3. 工程造价软件有哪些作用?

第9章　课后答案.pdf

实训工作单

班级		姓名		日期	
教学项目		工程造价软件应用			
任务	学习工程造价软件应用	学习途径	一台计算机、操作软件		
学习目标		熟悉不同的软件			
学习要点					
学习查阅记录					
评语				指导老师	

参 考 文 献

[1] GB 50854—2013. 房屋建筑与装饰工程工程量计算规范[S]. 中国计划出版社，2013

[2] GB 50500—2013. 建设工程工程量清单计价规范[S]. 中国计划出版社，2013

[3] 吴洁. 建筑施工技术[M]. 北京：中国建筑工业出版社，2009

[4] 沈祥华. 建筑工程概预算[M]. 4 版. 武汉：武汉理工大学出版社，2009

[5] 河南省房屋建筑与装饰工程预算定额(HA01—31—2016)(上册)[M]. 北京：中国建材工业出版社，2016

[6] 河南省房屋建筑与装饰工程预算定额(HA01—31—2016)(下册)[M]. 北京：中国建材工业出版社，2016

[7] 车春鹏. 工程造价管理[M]. 北京：北京大学出版社，2006

[8] JGJ18—2003，钢筋工程施工及验收规范[S]

[9] 李斯. 建筑工程施工工艺与新技术新标准应用手册[M]. 北京：电子工业出版社，2000

[10] 本书编写组. 实用建筑施工手册[M]. 2 版. 北京：建筑工业出版社，2005

[11] GB/T50326—2001 建设工程项目管理规范[S]

[12] GB50500—2013 建设工程量清单计价规范[S]

[13] 齐宝库. 工程项目管理[M]. 3 版. 大连：大连理工大学出版社，2007